建筑工程施工与管理

李玉萍　编著

吉林科学技术出版社

图书在版编目（CIP）数据

建筑工程施工与管理 / 李玉萍编著． -- 长春：吉
林科学技术出版社，2019.8
ISBN 978-7-5578-5770-7

Ⅰ．①建… Ⅱ．①李… Ⅲ．①建筑施工－施工管理
Ⅳ．①TU71

中国版本图书馆 CIP 数据核字（2019）第 167387 号

建筑工程施工与管理

编　　著	李玉萍	
出 版 人	李　梁	
责任编辑	端金香	
封面设计	刘　华	
制　　版	王　朋	
开　　本	185mm×260mm	
字　　数	320 千字	
印　　张	14.5	
版　　次	2019 年 8 月第 1 版	
印　　次	2019 年 8 月第 1 次印刷	
出　　版	吉林科学技术出版社	
发　　行	吉林科学技术出版社	
地　　址	长春市福祉大路 5788 号出版集团 A 座	
邮　　编	130118	

发行部电话／传真　0431—81629529　　81629530　　81629531
　　　　　　　　　　81629532　　81629533　　81629534

储运部电话　0431—86059116

编辑部电话　0431—81629517

网　　址	www.jlstp.net
印　　刷	北京宝莲鸿图科技有限公司
书　　号	ISBN 978-7-5578-5770-7
定　　价	60.00 元

编委会

主　编

李玉萍　河南省第二建筑工程发展有限公司

前　言

　　随着我国经济和现代化建设事业的高速发展及近年来房地产业过热的大环境推动下，建筑工程规模不断扩大，尤其是高层建筑拔地而起，每年各类建筑工程项目可达十几亿平方米，给建筑工程施工与管理提出了新的挑战。

　　本书包含建筑与建筑工程、建筑工程材料、建筑工程规划设计、建筑工程施工技术、建筑施工基础管理与项目管理以及建筑工程施工管理的创新等内容，对建筑工程施工与管理过程中存在的问题进行阐释与说明，以期为广大建筑业同人提供一本切合实用的工具书，为我国建筑业的发展添砖加瓦。

目　录

第一章　建筑与建筑工程

第一节　建筑及其基本构成

建筑是建筑物与构筑物的总称，是人们为了满足社会生活需要，利用所掌握的物质技术手段，并运用一定的科学规律、风水理念和美学法则创造的人工环境。

一、对建筑学与建筑的认识

"人们需要建筑，人们关心建筑的未来，建筑必然在人们的不断实践中得到发展。"第一次读到这段饱含哲理的文字，内心仿佛受到了一种无声的鼓舞，并且每回都会多出些许对建筑的新的体悟。我想，若是从前，初中高中时代、高考结束填报志愿时，读到这段文字，自己的内心一定会心潮澎湃。而现在，经历了一个学期的建筑学学习，我们对建筑的强烈兴趣中，已经包含了一种要在未来建筑领先承担重要使命的责任感。所以我们变得深沉、成熟，不再那么容易将自己内心的激动直接表现出来，但我们内心深处的建筑梦想却愈发强烈了。

进入大学以前，我不知道建筑师需要具备哪些方面的能力，也并不清楚选择建筑学作为自己的专业需要；在大学里接受哪些方面的学习与训练，只是觉得建筑师可以将自己独特的设计创意以建筑的形式表达出来。有时在了解了某些著名的建筑之后，佩服与欣赏的同时，内心也有设计一座伟大建筑的冲动，这或许正是建筑学吸引我的原因之一，也是建筑学的魅力所在吧！

我在刚开始学习建筑学一段时期内的境况可用"山重水复疑无路，柳暗花明又一村"来形容。当我兴致极高地开始了建筑学的学习，只感觉一下子受到了很大的打击，心中存在许多不解与迷惑。首先建筑学的课程中不包含物理、化学、生物等理科科目，数学在大一第一学期也没有开设，这似乎不符合一个理科生的惯常思维；建筑学大一的美术课程包括速写和结构素描，同学们高中时都是理科学生，美术基础并不很扎实，所以开始一段的美术学习遇到了困难。专业课的前两个作业是平面构成和柱式练习，尤其是在做第一个作业平面构成时，由于不是十分明确的理解平面构成与建筑设计之间的关系，感觉到无从下手，内心苦恼极了。我还清晰地记得当时老师为了让我们明白平面构成的方向，特地将高年级同学在大一时的平面构成作业拿来给我们看。或许是他们的作业太优秀了，使我们完全忽略了自己也可以做出优秀的平面构成作品，变得有点不自信。终于在我们大家的坚持与努力下，通过老师的指导以及到图书馆查阅相关资料，我们完成了第一个作业。虽然平面构成是用时最长的一个作业，但是我们做出了优秀的作品，还从做作业的过程中学到了许多平面构成的手法和思想。在遇到困难时、因找不到方向而迷茫时，要时刻提醒自己坚持不放弃，相信自己我也能行。这也是我在做第一个作业中的收获。通过接下来的一系列作业，立体线构成、我的小房间设计、小广场设计，熟悉了人体活动尺度与室内外空间之间的关系，初步掌握了用模型来表达和完善建筑构思的方法，逐渐适应了建筑学的学习。刚开始遇到的一些问题也都解决了，虽然有时难免又会遇到新的令我迷惑抑或苦恼的问题，虽然也有建筑学的先辈指出能在大学本科五年期间完全解决自己迷惑的建筑学学生几乎没有，但我相信，只要坚持下去不言弃，一定可以找到解决之法。值得一提的是，经过一个学期的训练，同学们的美术能力都有了极大的提高，这是一个通过刻苦学习换来的奇迹，是偶然的，却又是必然的，因为我们付出了汗水。

建筑学是一门涉及面广、综合性强的学科。筑师不仅要具有扎实的自然科学基础和较强的艺术造型能力，还要掌握人文社会、历史、哲学、宗教等学科知识，因而建筑学又具有理科、文科、艺术的三重属性。所以我们既要注重专业知识的积累与专业技能的培养，又应当在课外广泛的涉猎，不断地充实自我。

在积累专业知识的同时，我认为建立建筑学的知识框架体系也是极为有用的。它可以帮助我们在做方案设计的时候提炼出多种处理方法，找准设计的方向，做到有的放矢。马克思曾经在《资本论》中指出：劳动过程结束时得到的结果，已经在劳动开始时，存在与劳动者的观念之中，所以已经观念地存在着。自然，建筑的创作设计也属于马克思所说的劳动，每次在动手做模型以前，我们已经有了一个相对完整的立意和规划，建筑物的样子已存在于我们脑海中，只是有一些不确定之处需要我们通过做模型来分析以选择一个最佳的方案。而要在每次动手做模型之前都拿出一个个性的、可行的构思方案，光有创意是不行的，还得有建筑学的知识框架来对这些创意进行更好的表达，有时，这些知识框架也可以帮助我们综合其他的限制因素，提出创造性方案。比如提到建筑空间的处理手法，我们可以根据知识框架想到：空间的限定、空间形状与界面处理、空间的围与透，空间的穿插于贯通、空间的导向与序列等，其中空间的限定又包括：垂直要素限定、水平要素限定、各要素限定的综合运用，有了类似的这些知识框架，可以使设计过程有条理地进行，提高设计效率，更好发挥设计创意。有时遇到书中未提到的可以归结到某一大的知识条目下的小项目，我们也可以自己积累下来，并不拘泥于书本，从而建立起自己的建筑学知识框架体系。

建筑是功能、形象与技术的集合体。功能是人们对建筑提出的使用方面的要求，功能的属性决定了建筑适用的基本准则；形象是人们对建筑提出的精神和审美方面的要求，形象的基本属性决定了建筑美观、和谐的基本准则，"和谐"是指建筑物与周围的环境、周围的其他建筑物相协调契合；技术是达到功能与形象两方面要求的物质和手段的统称，技术的属性决定了建筑经济、坚固的基本准则。因而，建筑的基本准则主要有：适用、美观、和谐、经济、坚固。

功能，对建筑提出大的要求的基本属性之一，决定了建筑物的形式，但这种决定是灵活的，并不是唯一的。建筑物的形式包括建筑物的内部空间与外部形体，是建筑物在设计阶段的内外部空间的组织方式。各种具有不同功能的建筑物的建筑形式一般是不相同的，比如教室与体育馆之间、饭店与电影院之间、公园广场与私人住宅之间，这种差异主要是由于功能的不同所致，因为建筑物的空间组织形式需要满足特定的使用要求。又如，公园作为一种公共建筑场所，主要到满足人们锻炼身体、娱乐游玩、欣赏美景的作用，它们的功能大致是相同的，但并不是所有的公园都是相同的，相反，它们风格各异，大都具有自己的特点。因而，功能与建筑形式之间并不是简单的决定关系，而是一种交互的、动态的制约。

建筑的空间既包括建筑物的内部空间，有包括其外部空间。一座建筑物建成之后，不但为人们提供具有某种使用价值的内部空间，而且也以自己的外部体形影响着周围的环境。但是不论建筑物的内部空间还是外部空间，都会对人的主观意识造成一定的刺激，给人以精神上的感受。形象便是建筑学家提出的一个用以解决具有某种功能的建筑物如何才能让人觉得美观，如何才能与周围的环境、其他建筑相协调契合的问题的建筑属性。作为初学者，熟悉一些基本的比例关系、熟悉人体基本尺度与室内外活动空间之间的关系、掌握一些常用的建筑艺术造型设计原则，比如均衡、韵律、对称、对比、色彩、质感等，可以帮助我们在设计时兼顾到建筑形象的要求与限制；但我们也应当在吸取先辈优秀经验的同时大胆革新，不光对于建筑形象的设计，对于建筑物的整体设计也应当如此，不必一味盲目注重对原创性构思的追求，既要吸取前人经验中好的部分，又注重个性思想的表达，用发展的眼光看待建筑设计。

建筑设计中的立意和设想都会受到施工实际可行性的检验，这是由来自技术方面的限制所决定的。但是，技术并不总是建筑发展的制约者，当一种建筑设想不具有工程可行性时，就会租金相关技术的进步，技术成熟后，反过来又推进了建筑发展的进程，在这种交替式促进中技术日益成熟起来，这里的技术包括建筑物采用的结构、材料和施工手段等。

建筑物的功能、形象、技术都对建筑提出了一定要求约束，我认为应当积极地看待这些限制因素，把它们当作建筑设计的引导性因子，而不把它们当作一种负面因子，这样会更有利于建筑设计。

下面结合我自己的切身体会，谈一下我感受到的其他建筑因素。

第一次来到中南大学新校区教学楼，便感到非常特别，可能由于我是北方人，相对而言，北方的建筑大都是封闭式的，而我看到的四座主教学楼是开放式的，楼道与建筑的外部空间相通。我想如果我高中时的教学楼采用这种空间组织形式，正常的教学秩序一定会被破坏。北方的春季会刮沙尘暴，冬天又特别地寒冷，是不适宜将空间开放的，而南方则不同，开放式的空间有降温和防潮的作用。来到南方读大学以后，我才深切明白阳台的重要性，南方空气很潮湿，如果没有阳台，洗过的衣服会干得很慢，也不方便晾晒被子。因此，地理位置和气候条件也会影响建筑。

然后是在上课时会明显地感到教室内有很大的回音，使老师讲课的声音变得模糊，有时甚至根本听不清，这影响到了教室功能的发挥。由此我想到一座本来非常杰出的建筑，可能会因为一个小小的细节而使得它的价值大打折扣。因而还有许多需要我们努力的地方，尽管有的可能是土木工程或建筑环境与设备工程等学科要解决的问题，并不在建筑学的本职范围内。

二、建筑的基本构成三要素

建筑的基本要素包括建筑功能、建筑技术和建筑形象。建筑功能是建筑的第一基本要素。建筑功能是人们建造房屋的具体目的和使用要求的综合体现，人们建造房屋主要是满足生产、生活的需要，同时也充分考虑整个社会的其他需求。任何建筑都有其使用功能，但由于各类建筑的具体目的和使用要求不尽相同，因此就产生了不同类型的建筑。

建筑技术包括建筑材料、建筑设计、建筑施工和建筑设备等方面的内容。随着材料技术的不断发展，各种新型材料不断涌现，为建造各种不同结构形式的房屋提供了物质保障；随着建筑结构计算理论的发展和计算机辅助设计的应用，建筑设计技术不断革新，为房屋建造的安全性提供了保障；各种高性能的建筑施工机械、新的施工技术和工艺提供了房屋建造的手段；建筑设备的发展为建筑满足各种使用要求创造了条件。

建筑形象是建筑内、外感观的具体体现，必须符合美学的一般规律，优美的艺术形象给人以精神上的享受，它包含建筑型体、空间、线条、色彩、质感、细部的处理及刻画等方面。由于时代、民族、地域、文化、风土人情的不同，人们对建筑形象的理解各有不同，出现了不同风格和特色的建筑，甚至不同使用要求的建筑已形成其固有的风格。

构成建筑的三个要素彼此之间是辩证统一的关系。

（1）建筑功能：是指建筑物在物质和精神方面必须满足的使用要求。

（2）建筑技术：包括建筑材料技术、结构技术、施工技术。

（3）建筑形象：是功能与技术的综合反映。

第二节　建筑的分类与等级

一、建筑物的三大分类

1. 建筑物的用途分类及特点

（1）民用建筑

供人们生活、居住、从事各种文化福利活动的房屋。按其用途不同，有以下两类：

① 居住建筑：供人们生活起居用的建筑物，如住宅、宿舍、宾馆、招待所。

② 公共建筑：供人们从事社会性公共活动的建筑和各种福利设施的建筑物，如各类学校、图书馆、影剧院等。

（2）工业建筑

供人们从事各类工业生产活动的各种建筑物、构筑物的总称。通常将这些生产用的建筑物称为工业厂房。包括车间、变电站、锅炉房、仓库等。

2. 按建筑结构的材料分类

（1）砖木结构：这类房屋的主要承重构件用砖、木构成。其中竖向承重构件如墙、柱等采用砖砌，水平承重构件的楼板、屋架等采用木材制作。这种结构形式的房屋层数较少，多用于单层房屋。

（2）砖混结构：建筑物的墙、柱用砖砌筑，梁、楼板、楼梯、屋顶用钢筋混凝土制作，成为砖—钢筋混凝土结构。这种结构多用于层数不多（六层以下）的民用建筑及小型工业厂房，是目前广泛采用的一种结构形式。

（3）钢筋混凝土结构：建筑物的梁、柱、楼板、基础全部用钢筋混凝土制作。梁、楼板、柱、基础组成一个承重的框架，因此也称框架结构。墙只起围护作用，用砖砌筑。此结构用于高层或大跨度房屋建筑中。

（4）钢结构：建筑物的梁、柱、屋架等承重构件用钢材制作，墙体用砖或其他材料制成。此结构多用于大型工业建筑。

3. 按建筑结构承重方式分类

（1）承重墙结构

它的传力途径是：屋盖的重量由屋架（或梁柱）承担，屋架支撑在承重墙上，楼层的重量由组成楼盖的梁、板支撑在承重墙上。因此，屋盖、楼层的荷载均由承重墙承担；墙下有基础，基础下为地基，全部荷载由墙、基础传到地基上。

（2）框架结构

主要承重体系有横梁和柱组成，但横梁与柱为刚接（钢筋混凝土结构中通常通过端部钢筋焊接后浇灌混凝土，使其形成整体）连接，从而构成了一个整体刚架（或称框架）。一般多层工业厂房或大型高层民用建筑多属于框架结构。

（3）排架结构

主要承重体系由屋架和柱组成。屋架与柱的顶端为铰接（通常为焊接或螺栓连接），而柱的下端嵌固于基础内。一般单层工业厂房大多采用此法。

（4）其他

由于城市发展需要建设一些高层、超高层建筑，上述结构形式不足以抵抗水平荷载（风荷载、地震荷载）的作用，因而又发展了剪力墙结构体系、桶式结构体系。

二、建筑物的等级划分

建筑物的等级一般按耐久性、耐火性、设计等级进行划分。

1. 按耐久性能划分

耐久等级耐久年限根据使用建筑物的重要性和规模大小来划分：

（1）100年以上适用于重要的建筑和高层建筑。

（2）50～100年适用于一般性建筑。

（3）25～50年适用于次要的建筑。

（4）15年以下适用于临时性建筑。

2. 按耐火性能划分

耐火等级：是衡量建筑物耐火程度的指标，它是由组成建筑物构件的燃烧性能和耐火极限的最低值所决定。

按耐火等级划分为四级，一级的耐火性能最好，四级最差。性能重要的或者规模宏大的或者具有代表性的建筑，通常按一、二级耐火等级进行设计；大量性的或一般性的建筑按二、三级耐火等级设计；次要的或者临时建筑按四级耐火等级设计。耐火等级按耐火极限和燃烧性能这两个因素确定。

燃烧性能：把构件的耐火性能分成非燃烧体、燃烧体、难燃烧体。

耐火极限：是指任一建筑构件在规定的耐火试验条件下，从受到火的作用时起，到失去支持能力；完整性被破坏；失去隔火作用时为止的这段时间，用小时表示。

3. 民用建筑设计等级划分

（1）特级工程

（2）一级工程

（3）二级工程

（4）三级工程

（5）四级工程

（6）五级工程

三、建筑风格

建筑风格指建筑设计中在内容和外貌方面所反映的特征，主要在于建筑的平面布局、形态构成、艺术处理和手法运用等方面所显示的独创和完美的意境。建筑风格因受时代的政治、社会、经济、建筑材料和建筑技术等的制约以及建筑设计思想、观点和艺术素养等的影响而有所不同。如外国建筑史中古希腊、古罗马有多立克、爱奥尼克和科林斯等代表性建筑柱式风格；中古时代有哥特建筑的建筑风格；文艺复兴后期有运用矫揉奇异手法的巴洛克和纤巧烦琐的洛可可等建筑风格。我国古代宫殿建筑，其平面严谨对称，主次分明，砖墙木梁架结构，飞檐、斗栱、藻井和雕梁画栋等形成中国特有的建筑风格。

1. 风格分类

（1）新古典主义

新古典主义风格的建筑外观吸取了类似"欧陆风格"的一些元素处理手法，但加以简化或局部适用，配以大面积墙及玻璃或简单线脚构架，在色彩上以大面积浅色为主，装饰味相对简化，追求一种轻松、清新、典雅的气氛，可算是"后欧陆式"较之前者则又进一步理性。现存中国这种建筑风格较多，属于主导型的建筑风格。

（2）现代主义

现代风格的作品大都以体现时代特征为主，没有过分的装饰，一切从功能出发，讲究造型比例适度、空间结构图明确美观，强调外观的明快、简洁。体现了现代生活快节奏、简约和实用，但又富有朝气的生活气息。

（3）异域风格

这类建筑大多是境外设计师所设计，其特点是将国外建筑式"原版移植"过来，植入了现代生活理念，同时又带有其种种异域情调空间。

（4）普通风格

这类建筑很难就其建筑外观在风格上下定义，他们的出现大概与商品房开发所处的经济发展阶段、环境或开发商的认识水平、审美能力和开发实力有关。建筑形象平淡，建筑外立面朴素，无过多的装饰，外墙面的材料亦无细致考虑，显得普通化。

（5）主题风格

主题型楼盘是房地产策划的产物，2000年流行一时。这种楼盘以策划为主导，构造楼盘的开发主题和营销主题，规划设计依此为依据展开。

2.主要类别

表1-2-1 地域区分（模糊概念）

洲	地域	细分
亚洲	中式风格	现代中式风格（新中式风格）
		中式风格
		中式古典风格
	日式风格（和式风格）	日式风格
	东南亚风格	东南亚风格
欧洲	欧式风格	北欧风格
		简欧风格（简约欧式）
		传统欧式风格
		古典欧式风格（欧式古典风格）
		欧式田园风格（欧式乡村风格）
	地中海风格	地中海风格
北美洲	美式风格	美式风格
		美式田园风格（美式乡村风格）
		美式古典风格（古典美式风格）

表1-2-2 类型区分

住宅建筑
别墅建筑
写字楼建筑
商业建筑
宗教建筑
其他公共（如学校、博物馆、政府办公大楼）建筑等

表1-2-3 流派区分

流派	年代	说明
古希腊建筑风格	约公元前800～公元前300年	
古罗马建筑风格	约公元前365～公元300年	罗马建筑风格正是欧洲建筑艺术的重要渊源

流派	年代	说明
欧洲中世纪建筑风格	公元400～1400年	封建领主经济占统治地位，城堡式建筑盛行
文艺复兴建筑风格	公元1420～1550年	建筑从经验走向科学化，不断冲破学院式、城堡式的封闭
以上四类可称为古典主义建筑风格		
新古典主义建筑风格	公元1750～1880年	它是欧洲古典主义的最后一个阶段，其特点是体量宏伟，柱式运用严谨，而且很少用装饰
	公元1900～1920年	带有一定的复古特征
	公元1982年	其主要特征是把古典主义和现代主义结合起来，并加入新形式，这一风格在当今世界各国颇为流行
现代主义风格	公元1960～1975年	缘自西方60年代兴起的"现代艺术运动"他是运用新材料、新技术，建造适应现代生活的建筑，外观宏伟壮观，很少使用装饰。整体建筑干净利落
后现代主义风格（后现代派）	公元1980年至今	这一风格的建筑在建筑设计中重新引进了装饰花纹和色彩，以折中的方式借鉴不同的时期具有历史意义的局部，但不复古。是二次世界大战结束后，一种建筑潮流

表1-2-4　方式区分

风格	年代	说明
哥特式建筑风格	盛行于12世纪～15世纪	1140年左右产生于法国的欧洲建筑风格以宗教建筑为多，最主要的特点是高耸的尖塔，超人的尺度和繁缛的装饰，形成统一向上的旋律。整体风格为高耸削瘦，以卓越的建筑技艺表现了神秘、哀婉、崇高的强烈情感，对后世其他艺术均有重大影响
巴洛克建筑风格	公元1600～1760年	17世纪起源于意大利的罗马，后传至德、奥、法、英、西葡，直至拉丁美洲的殖民地。17～18世纪在意大利文艺复兴建筑基础上发展起来的一种建筑和装饰风格。其特点是外形自由，追求动态，喜好富丽的装饰和雕刻、强烈的色彩，常用穿插的曲面和椭圆形空间。它是几乎最为讲究华丽、装饰的一种建筑风格，即使过于烦琐也要刻意追求。它能用直观的感召力给教堂、府邸的使用者以震撼，而这正是天主教教会的用意（让更多的异教徒皈依）

风格	年代	说明
洛可可建筑风格	公元1750～1790年	别称为【路易十五式】主要起源于法国，代表了巴洛克风格的最后阶段，主要特点是大量运用半抽象题材的装饰。洛可可风格的基本特点是纤弱娇媚、华丽精巧、甜腻温柔、纷繁琐细。由于这时期的建筑变化主要体现在室内装饰与陈设上，因此建筑界并不认为这是一种建筑风格，而将其看作一种有特色的装饰风格
木条式建筑风格		一种纯美洲民居风格，主要特点是水平式、木架骨的结构
园林风格	从20世纪70年代开始流行	这种风格在深圳当作概念炒作，其特点是通过环境规划和景观设计，栽植花草树木，提高绿化，并围绕建筑营造园林景观
概念式风格	从20世纪90年代至今	开始在国际上流行，其实是一种模型建筑，它更多的来于人的想象，力求摆脱对建筑本身限制和约束，而创造出一种个性化色彩很强的建筑风格

3. 哥特式

法国斯特拉斯堡大教堂的玫瑰窗哥特式建筑的特点是尖塔高耸、尖形拱门、大窗户及绘有圣经故事的花窗玻璃。在设计中利用尖肋拱顶、飞扶壁、修长的束柱，营造出轻盈修长的飞天感。以及新的框架结构以增加支撑顶部的力量，使整个建筑以直升线条、雄伟的外观和教堂内空阔空间，再结合镶着彩色玻璃的长窗，使教堂内产生一种浓厚的宗教气氛。教堂的平面仍基本为拉丁十字形，但其西端门的两侧增加一对高塔。

（1）尖肋拱顶

从罗曼式建筑的圆筒拱顶普遍改为尖肋拱顶，推力作用于四个拱底石上，这样拱顶的高度和跨度不再受限制，可以建得又大又高。并且尖肋拱顶也具有"向上"的视觉暗示。

（2）飞扶壁

扶壁，也称扶拱垛，是一种用来分担主墙压力的辅助设施，在罗曼式建筑中即已得到大量运用。

但哥特式建筑把原本实心的、被屋顶遮盖起来的扶壁，都露在外面，称为飞扶壁。由于对教堂的高度有了进一步的要求，扶壁的作用和外观也被大大增强了。亚眠大教堂的扶拱垛有两道拱壁，以支撑来自推力点上方和下方的推力。沙特尔大教堂用横向小连拱廊增加其抗力，博韦大教堂则双进拱桥增加扶拱垛的承受力。有的在扶拱垛上又加装了尖塔改善平衡。扶拱垛上往往有繁复的装饰雕刻，轻盈美观，高耸峭拔。

（3）花窗玻璃

哥特式建筑逐渐取消了台廊、楼廊，增加侧廊窗户的面积，直至整个教堂采用大面积排窗。这些窗户既高且大，几乎承担了墙体的功能。并应用了从阿拉伯国家学得的彩色玻璃工艺，拼组成一幅幅五颜六色的宗教故事，起到了向不识字的民众宣传教义的作用，也具有很高的艺术成就。花窗玻璃以红、蓝二色为主，蓝色象征天国，红色象征基督的鲜血。窗棂的构造工艺十分精巧繁复。细长的窗户被称为"柳叶窗"，圆形的则被称为"玫瑰窗"。花窗玻璃造就了教堂内部神秘灿烂的景象，从而改变了罗曼式建筑因采光不足而沉闷压抑的景象，并表达了人们向往天国的内心理想。

（4）法国亚眠大教堂双层飞扶壁十字平面

这也是继承自罗曼式建筑，但扩大了祭坛的面积。

（5）门

层层往内推进，并有大量浮雕，对于即将走入大门的人，仿佛有着很强烈的吸引力。

4. 中国建筑

中国建筑体系是以木结构为特色的独立的建筑艺术，在城市规划、建筑组群、单体建筑以及材料、结构等方面的艺术处理均取得辉煌的成就。传统建筑中的各种屋顶造型、飞檐翼角、斗拱彩画、朱柱金顶、内外装修门及园林景物等，充分体现出中国建筑艺术的纯熟和感染力。七千年前河姆渡文化中即有榫卯和企口做法。半坡村已有前堂后室之分。商殷时已出现高大宫室。西周时已使用砖瓦并有四合院布局。春秋战国时期更有建筑图传世。京邑台榭宫室内外梁柱、斗供上均作装饰，墙壁上饰以壁画。秦汉时期木构建筑日趋成熟，建筑宏伟壮观，装饰丰富，舒展优美，出现了阿房宫、未央宫等庞大的建筑组群。魏晋、南北朝时期佛寺、佛塔迅速发展，形式多样，屋脊出现了鸱吻饰件。隋唐时期建筑采用琉璃瓦，更是富丽堂皇，当时所建的南禅寺大殿、佛光寺大殿迄今犹存，举世瞩目。五代、两宋都市建筑兴盛，商业繁荣，豪华的酒楼、商店各有飞阁栏槛，风格秀丽，明清时代的宫殿苑囿和私家园林保存至今者尚多，建筑亦较宋代华丽烦琐、威严自在。近现代中国建筑艺术则在继承优秀传统与吸收当今世界建筑艺术的长处的实践中，不断发展，有所创新。

5. 近现代转变

自近代以来，西方多元的建筑文化汹涌而来，中华民族的传统建筑风格受到强烈的冲击，可以说近代是中国建筑风格的转型时期，通过对西方建筑风格的克隆，变异，与融合的过程，把传统的木构架体系与西方的混凝土结构相融合，将儒家思想影响的院落布局与西方的独立别墅融合，经过一个世纪的融合中国现代建筑逐渐有了自己的风格。

在居民建筑上，居住区的建设不仅仅停留在生存、生理需求的生物层次，而是迈向心理和精神上的愉悦的高尚层次，是对美和情的追求。

在文化建筑方面，以甘肃大剧院为例，其结合了水的流动，体现了西部彩陶文化、敦煌文化内涵，特别具有地域色彩、民族色彩，更为推动西部地区文化发展做出了巨大的贡献。这座大剧院正是由在业界享有"大剧院建设专家与领导者"美誉的中孚泰文化集团参与建设的，19年来，中孚泰参与建设了全国60%的高端精品剧院建设，在2013年评出的

"中国十大剧院"中有六座大剧院出自中孚泰之手，中孚泰的成功，是中国文化建筑发展的一个缩影，时至今日，中国已经有了自己的建筑风格。

6. 哥特式建筑

（1）法国

11世纪下半叶，哥特式建筑首先在法国兴起。当时法国一些教堂已经出现肋架拱顶和飞扶壁的雏形。一般认为第一座真正的哥特式教堂是巴黎郊区的圣丹尼教堂。这座教堂四尖券巧妙地解决了各拱间的肋架拱顶结构问题，有大面积的彩色玻璃窗，为以后许多教堂所效法。

法国哥特式教堂平面虽然是拉丁十字形，但横翼突出很少。西面是正门入口，东头环殿内有环廊，许多小礼拜室成放射状排列。教堂内部特别是中厅高耸，有大片彩色玻璃宙。其外观上的显著特点是有许多大大小小的尖塔和尖顶，西边高大的钟楼上有的也砌尖顶。平面十字交叉处的屋顶上有一座很高的尖塔，扶壁和墙垛上也都有玲珑的尖顶，窗户细高，整个教堂向上的动势很强，雕刻极其丰富。

西立面是建筑的重点，典型构图是：两边一对高高的钟楼，下面由横向券廊水平联系，三座大门由层层后退的尖券组成透视门，券面满布雕像。正门上面有一个大圆宙，称为玫瑰窗，雕刻精巧华丽。法国早期哥特式教堂的代表作是巴黎圣母院。

亚眠主教堂是法国哥特式建筑盛期的代表作，长137m，宽46m，横翼凸出甚少，东端环殿成放射形布置七个小礼拜室。中厅宽15m，拱顶高达43m，中厅的拱间平面为长方形，每间用一个交叉拱顶，与侧厅拱顶对应。柱子不再是圆形，4根细柱附在一根圆柱上，形成束柱。细柱与上边的券肋气势相连，增强向上的动势。教堂内部遍布彩色玻璃大宙，几乎看不到墙面。教堂外部雕饰精美，富丽堂皇。这座教堂是哥特式建筑成熟的标志。

法国盛期的著名教堂还有兰斯主教堂和沙特尔主教堂，它们与亚眠主教堂和博韦主教堂一起，被称为法国四大哥特式教堂。斯特拉斯堡主教堂也很有名，其尖塔高142m。

百年战争发生后，法国在14世纪几乎没有建造教堂。及至哥特式建筑复苏，已经到了火焰纹时期，这种风格因宙棂形如火焰得名。建筑装饰趋于"流动"、复杂。束柱往往没有柱头，许多细柱从地面直达拱顶，成为肋架。拱顶上出现了装饰肋，肋架变成星形或其他复杂形式。当时，很少建造大型教堂。这种风格多出现在大教堂的加建或改建部分，以及比较次要的新建教堂中。

法国哥特时期的世俗建筑数量很大，与哥特式教堂的结构和形式很不一样。由于连年战争，城市的防卫性很强。城堡多建于高地上，石墙厚实，碉堡林立，外形森严。但城墙限制了城市的发展，城内嘈杂拥挤，居住条件很差。多层的市民住所紧贴狭窄的街道两旁，山墙面街。二层开始出挑以扩大空间，一层通常是作坊或店铺。结构多是木框架，往往外露形成漂亮的图案，颇饶生趣。富人邸宅、市政厅、同业公会等则多用砖石建造，采用哥特式教堂的许多装饰手法。

（2）英国

英国的哥特式建筑出现的比法国稍晚，流行于 12 ～ 16 世纪。英国教堂不像法国教堂那样矗立于拥挤的城市中心，力求高大，控制城市，而是往往位于开阔的乡村环境中，作为复杂的修道院建筑群的一部分，比较低矮，与修道院一起沿水各方向伸展。它们不像法国教堂那样重视结构技术，但装饰更自由多样。英国教堂的工期一般都很长，其间不断改建、加建，很难找到整体风格统一的。

英国的索尔兹伯里主教堂和法国亚眠主教堂的建造年代接近，中厅较矮较深，两侧各有一侧厅，横翼突出较多，而且有一个较短的后横翼，可以容纳更多的教士，这是英国常见的布局手法。教堂的正面也在西边。东头多以方厅结束，很少用环殿。索尔兹伯里教堂虽然有飞扶壁，但并不显著。

英国教堂在平面十字交叉处的尖塔往往很高，成为构图中心，西面的钟塔退居次要地位。索尔兹伯里教堂的中心尖塔高约 123m，是英国教堂中最高的。这座教堂外观有英国特点，但内部仍然是法国风格，装饰简单。后来的教堂内部则有较强的英国风格。约克教堂的西面窗花复杂，窗棂由许多曲线组成生动的图案。这时期的拱顶肋架丰富，埃克塞特教堂的肋架象大树张开的树枝一般，非常有力，还采用由许多圆柱组成的束柱。

格洛斯特教堂的东头和坎特伯雷教堂的西部，窗户极大，用许多直棂贯通分割，窗顶多为较平的四圆心券。纤细的肋架伸展盘绕，极为华丽。剑桥国王礼拜堂的拱顶像许多张开的扇子，称作扇拱。韦斯敏斯特修道院中亨利七世礼拜堂的拱顶作了许多下垂的漏斗形花饰，穷极工巧。这时的肋架已失去结构作用，成了英国工匠们表现高超技巧的对象。英国大量的乡村小教堂，非常朴素亲切，往往一堂一塔，使用多种精巧的木屋架，很有特色。

英国哥特时期的世俗建筑成就很高。在哥特式建筑流行的早期，封建主的城堡有很强的防卫性，城墙很厚，有许多塔楼和碉堡，墙内还有高高的核堡。15 世纪以后，王权进一步巩固，城堡的外墙开了窗户，并更多地考虑居住的舒适性。英国居民的半木构式住宅以木柱和木横档作为构架，加有装饰图案，深色的木梁柱与白墙相间，外观活泼。

（3）德国

德国最早的哥特式教堂之一科隆主教堂于 1248 年兴工，由建造过亚眠主教堂的法国人设计，有法国盛期的哥特式教堂的风格，歌坛和圣殿同亚眠教堂的相似。它的中厅内部高达 46m，仅次于法国博韦主教堂。西面双塔高 152m，极为壮观。

德国教堂很早就形成自己的形制和特点，它的中厅和侧厅高度相同，既无高侧窗，也无飞扶壁，完全靠侧厅外墙瘦高的窗户采光。拱顶上面再加一层整体的陡坡屋面，内部是一个多柱大厅。马尔堡的圣伊丽莎白教堂西边有两座高塔，外观比较素雅，是这种教堂的代表。

德国还有一种只在教堂正面建一座很高钟塔的哥特式教堂。著名的例子是乌尔姆主教堂。它的钟塔高达 161m，控制着整个建筑构图，可谓中世纪教堂建筑中的奇观。砖造教堂在北欧很流行，德国北部也有不少砖造的哥特式教堂。

15 世纪以后，德国的石作技巧达到了高峰。石雕窗棂刀法纯熟，精致华美。有时两层图案不同的石刻窗花重叠在一起，玲珑剔透。建筑内部的装饰小品，也不乏精美的杰作。

德国哥特建筑时期的世俗建筑多用砖石建造。双坡屋顶很陡，内有阁楼，甚至是多层阁楼，屋面和山墙上开着一层层窗户，墙上常挑出轻巧的木窗、阳台或壁龛，外观很富特色。

（4）意大利

意大利的哥特式建筑于 12 世纪由国外传入，主要影响于北部地区。意大利没有真正接受哥特式建筑的结构体系和造型原则，只是把它作为一种装饰风格，因此这里极难找到"纯粹"的哥特式教堂。

意大利教堂并不强调高度和垂直感，正面也没有高钟塔，而是采用屏幕式的山墙构图。屋顶较平缓，窗户不大，往往尖券和半圆券并用，飞扶壁极为少见，雕刻和装饰则有明显的罗马古典风格。

锡耶纳主教堂使用了肋架券，但只是在拱顶上才略呈尖形，其他仍是半圆形。奥维亚托主教堂则仍是木屋架顶子。这两座教堂的正面相似，总体构图是屏幕式山墙的发展，中间高，两边低，有三个山尖形。外部虽然用了许多哥特式小尖塔和壁敦作为装饰，但平墙面上的大圆窗和连续券廊，仍然是意大利教堂的固有风格。

意大利最著名的哥特式教堂是米兰大教堂，它是欧洲中世纪最大的教堂之一，14 世纪 80 年代动工，直至 19 世纪初才最后完成。教堂内部由四排巨柱隔开，宽达 49m。中厅高约 45m，而在横翼与中厅交叉处，更拔高至 65m 多，上面是一个八角形采光亭。中厅高出侧厅很少，侧高窗很小。内部比较幽暗，建筑的外部全由光彩夺目的白大理石筑成。高高的花窗、直立的扶壁以及 135 座尖塔，都表现出向上的动势，塔顶上的雕像仿佛正要飞升。西边正面是意大利人字山墙，也装饰着很多哥特式尖券尖塔。但它的门窗已经带有文艺复兴晚期的风格。

另外在这时期，意大利城市的世俗建筑成就很高，特别是在许多富有的城市共和国里，建造了许多有名的市政建筑和府邸。市政厅一般位于城市的中心广场，粗石墙面，严肃厚重；多配有瘦高的钟塔，建筑构图丰富，成为广场的标志。城市里一般都建有许多高塔，总体轮廓线很美。

威尼斯的世俗建筑有许多杰作。圣马可广场上的总督宫被公认为中世纪世俗建筑中最美丽的作品之一。立面采用连续的哥特式尖券和火焰纹式券廊，构图别致，色彩明快。威尼斯还有很多带有哥特式柱廊的府邸，临水而立，非常优雅。

7. 流行趋势

（1）北美风格

美国是一个移民国家，几乎世界各主要民族的后裔都有，带来了各种各样建筑风格，其中尤其受英国、法国、德国、西班牙以及美国各地区原来传统文化的影响较大。它们互相影响、互相融合，并且随着经济实力的进一步增强，适应各种新功能的住宅形式纷纷出现，各种绚丽多姿的住宅建筑风格应运而生。因此美国的建筑风格呈现出丰富多彩的国际化倾向。美国的建筑，尤其是住宅，是集当今世界住宅建筑精华之大成后，又融合了美国人自由、活泼、善于创新等等一些人文元素，使得其住宅成为国际上最先进、最人性化、最富创意的住宅。

北美风格就是一种混合风格，不像欧洲的建筑风格是一步步逐渐发展演变而来的，它在同一时期接受了许多种成熟的建筑风格，而相互之间又有融合和影响。

（2）西班牙风格

现代主义建筑运动的发展，是以工业革命后的工业化为前提的，西班牙作为欧洲最早脱离中世纪的国家，所掀起的航海运动导致了新大陆的发现，并直接促进了工业革命的发生。加泰罗尼亚地区是西班牙境内最早有现代建筑运动的萌芽地区，其中的巴塞罗那建筑和高迪建筑成了西班牙建筑风格的主要组成部分。

（3）巴塞罗那的建筑特色

从1830年起，西班牙的加泰罗尼亚地区就开始了工业化道路；到1880年，巴塞罗那已经成为西班牙工商业重镇，并于1888年成功地举办了世界博览会，树立了它的国际地位。在这样的工业化城市中，现代建筑的萌发是必然的。因此，加泰兰主义的建筑多半集中在巴塞罗那。在这一时期，巴塞罗那形成了很鲜明的建筑风格。主要有两个特点：一是这些建筑仿佛从传统的古典形式中走来，但是却少了烦琐，具有建筑形式趋于简化、注意应用新技术的现代派建筑特征；二是按照西班牙的传统，建筑物的装饰及雕塑成分和建筑结构同等重要。

（4）高迪的建筑特色

在上述多种原因的共同作用下，在这片土壤上诞生的高迪建筑，处处结合了时代和地域的特点。高迪的建筑作品无论是宅邸和公寓，还是教堂和园林建筑，都表现出别出心裁的独特创造，他的很多作品被后世所推崇和借鉴。最有名的是他在巴塞罗那设计的两座公寓：巴特罗公寓和米拉公寓。这两座公寓都以造型怪异而闻名于世。巴特罗公寓的墙面有意模仿熔岩和溶洞的状态，阳台栏杆犹如假面舞会的面具，屋顶突出部位形状各异，屋脊如带鳞片的兽类脊背。米拉公寓则墙面曲折不平，屋檐和屋脊呈现波浪形。建筑模仿被水侵蚀了的岩体，海面式的墙面更富于动感，阳台栏杆扭曲如同岩体上的杂草。

第三节　建筑结构与历史

一、建筑结构

建筑结构是指在房屋建筑中，由各种构件（屋架、梁、板、柱等）组成的能够承受各种作用的体系。所谓作用是指能够引起体系产生内力和变形的各种因素，如荷载、地震、温度变化以及基础沉降等因素。

1. 组成

建筑结构是由板、梁、柱、墙、基础等建筑构件形成的具有一定空间功能，并能安全承受建筑物各种正常荷载作用的骨架结构。

板是建筑结构中直接承受荷载的平面型构件，具有较大平面尺寸，但厚度却相对较小，属于受弯构件，通过板将荷载传递到梁或墙上。梁一般指承受垂直于其纵轴方向荷载的线型构件，是板与柱之间的支撑构件，属于受弯构件，承受板传来的荷载并传递到柱上。柱和墙都是建筑结构中的承受轴向压力的承重构件，柱是承受平行于其纵轴方向荷载的线型构件，截面尺寸小于高度，墙主要承受平行于墙体方向荷载的竖向构件，它们都属于受压构件，并将荷载传到基础上，有时也承受弯矩和剪力。基础是地面以下部分的结构构件，将柱及墙等传来的上部结构荷载传递给地基。

2. 作用

在建筑物中，建筑结构的任务主要体现在以下三个方面。

（1）服务于空间应用和美观要求

建筑物是人类社会生活必要的物质条件，是社会生活的人为的物质环境，结构成为一个空间的组织者，如各类房间、门厅、楼梯、过道等。同时，建筑物也是历史、文化、艺术的产物，建筑物不仅要反映人类的物质需要。还要表现人类的精神需求，而各类建筑物都要用结构来实现。可见，建筑结构服务于人类对空间的应用和美观要求是其存在的根本目的。

（2）抵御自然界或人为荷载作用

建筑物要承受自然界或人为施加的各种荷载或作用，建筑结构就是这些荷载或作用的支承者，它要确保建筑物在这些作用力的施加下不破坏、不倒塌，并且要使建筑物持久地保持良好的使用状态。可见，建筑结构作为荷载或作用的支承者，是其存在的根本原因，也是其最核心的任务。

（3）充分发挥建筑材料的作用

建筑结构的物质基础是建筑材料，结构是由各种材料组成的，如用钢材做成的结构称为钢结构，用钢筋和混凝土做成的结构称为钢筋混凝土结构，用砖（或砌块）和砂浆做成的结构称为砌体结构。

3. 特点

（1）安全性

安全性是指建筑结构应能承受在正常设计、施工和使用过程中可能出现的各种作用（如荷载、外加变形、温度、收缩等）以及在偶然事件（如地震、爆炸等）发生时或发生后，结构仍能保持必要的整体稳定性，不致发生倒塌。

（2）适用性

适用性是指建筑结构在正常使用过程中，结构构件应具有良好的工作性能，不会产生影响使用的变形、裂缝或振动等现象。

（3）耐久性

耐久性是指建筑结构在正常使用、正常维护的条件下，结构构件具有足够的耐久性能，并能保持建筑的各项功能直至达到设计使用年限，如不发生材料的严重锈蚀、腐蚀、风化等现象或构件的保护层过薄、出现过宽裂缝等现象。耐久性取决于结构所处环境及设计使用年限。

4. 分类

（1）建筑结构按所用材料分类

按照所用材料不同，分为混凝土结构、钢结构、砌体结构和木结构。

①混凝土结构。混凝土结构是以混凝土为主要建筑材料的结构，包括素混凝土结构、钢筋混凝土结构和预应力混凝土结构。混凝土结构作为近百年内新兴的结构，应用于19世纪中期，随着生产的发展，理论的研究以及施工技术的改进，这一结构形式逐步提升及完善，得到了迅速的发展。

②砌体结构

砌体结构是由块体（如砖、石和混凝土砌块）及砂浆经砌筑而成的结构，大量用于居住建筑和多层民用房屋（如办公楼、教学楼、商店、旅馆等）中，并以砖砌体的应用最为广泛。

砖、石、砂等材料具有就地取材、成本低等优点，结构的耐久性和耐腐蚀性也很好。缺点是材料强度较低、结构自重大、施工砌筑速度慢、现场作业量大等，且烧砖要占用大量土地。

③钢结构

钢结构是以钢材为主制作的结构，主要用于大跨度的建筑屋盖（如体育馆、剧院等）、吊车吨位很大或跨度很大的工业厂房骨架和吊车梁，以及超高层建筑的房屋骨架等。钢结构材料质量均匀、强度高，构件截面小、重量轻，可焊性好，制造工艺比较简单，便于工业化施工。缺点是钢材易锈蚀，耐火性较差，价格较贵。

④木结构

木结构是以木材为主制作的结构，但由于受自然条件的限制，我国木材相当缺乏，仅在山区、林区和农村有一定的采用，具体应用于单层结构。

（2）按结构承重体系分类

①墙承重结构

用墙体来承受由屋顶、楼板传来的荷载的建筑，称为墙承重受力建筑。如砖混结构的住宅、办公楼、宿舍等，适用于多层建筑。

②排架结构

采用柱和屋架构成的排架作为其承重骨架，外墙起围护作用，单层厂房是其典型。

③框架结构

以柱、梁、板组成的空间结构体系作为骨架的建筑。常见的框架结构多为钢筋混凝土建造，多用于10层以下建筑。

④剪力墙结构

剪力墙结构的楼板与墙体均为现浇或预制钢筋混凝土结构，多被用于高层住宅楼和公寓建筑。

⑤框架——剪力墙结构

在框架结构中设置部分剪力墙，使框架和剪力墙两者结合起来，共同抵抗水平荷载的空间结构，充分发挥了剪力墙和框架各自的优点，因此在高层建筑中采用框架——剪力墙结构比框架结构更经济合理。

⑥筒体结构

筒体结构是采用钢筋混凝土墙围成侧向刚度很大的筒体，其受力特点与一个固定于基础上的筒形悬臂构件相似。常见有框架内单筒结构、单筒外移式框架外单筒结构、框架外筒结构、筒中筒结构和成组筒结构。

⑦大跨度空间结构

该类建筑往往中间没有柱子，而通过网架等空间结构把荷重传到建筑四周的墙、柱上去，如体育馆、游泳馆、大剧场等。

5. 极限状态

在建筑结构使用中，整个结构或结构的一部分超过某一特定状态就不能满足设计的某一功能要求，此特定状态称为该功能的极限状态。极限状态是区分结构工作状态可靠或失效的标志。结构的极限状态可分为两类：承载力极限状态和正常使用极限状态。

（1）承载力极限状态

承载力极限状态是指对应于结构或结构构件达到最大承载力，出现疲劳破坏或不适于继续承载的变形。包括：当结构构件或连接因超过材料强度而破坏（包括疲劳破坏），或因为过度变形而不适于继续承载；整个结构或结构的一部分作为刚体失去平衡（如倾覆等）；结构转变为机动体系；结构或结构构件丧失稳定（如压屈等）；地基丧失承载力而破坏（如失稳等）。超过承载力极限状态后，结构或构件就不能满足安全性的要求。

（2）正常使用极限状态

正常使用极限状态是指对应于结构或结构构件达到正常使用或耐久性能的某项规定的极限值。当结构或结构构件出现下列状态之一时，应认为超过了正常使用极限状态。影响正常使用或外观的过大变形；影响正常使用或耐久性能的局部损坏（包括裂缝）；影响正常使用的其他特定状态。超过了正常使用极限状态，结构或构件就不能保证适用性和耐久性的功能要求。

结构构件按承载力极限状态进行计算后，再根据设计状况，按正常使用极限状态进行验算。

二、中国建筑发展史

1. 原始住居与建筑雏形的形成

早在五十万年前的旧石器时代，中国原始人就已经知道利用天然的洞穴作为栖身之所，北京、辽宁、贵州、广东、湖北、浙江等地均发现有原始人居住过的崖洞。到了新石器时代，黄河中游的氏族部落，利用黄土层为墙壁，用木构架、草泥建造半穴居住所，进而发展为地面上的建筑，并形成聚落。长江流域，因潮湿多雨，常有水患兽害，因而发展为杆栏式建筑。对此，古代文献中也多有"构木为巢，以避群害""上者为巢，下者营窟"的记载。据考古发掘，约在距今六、七千年前，中国古代人已知使用榫卯构筑木架房屋（如浙江余姚河姆渡遗址），黄河流域也发现有不少原始聚落（如西安半坡遗址、临潼姜寨遗址）。这些聚落，居住区、墓葬区、制陶场，分区明确，布局有致。木构架的形制已经出现，房屋平面形式也因造做与功用不同而有圆形、方形、吕字形等。这是中国古建筑的草创阶段。

公元前21世纪夏朝建立，标志着原始社会结束，经过夏、商、周三代，而春秋、战国，在中国的大地上先后营建了许多都邑，夯土技术已广泛使用于筑墙造台。如河南偃师二里头早商都城遗址，有长、宽均为百米的夯土台，台上建有八开间的殿堂，周围以廊。此时木构技术较之原始社会已有很大提高，已有斧、刀、锯、凿、钻、铲等加工木构件的专用工具。木构架和夯土技术均已经形成，并取得了一定的进步。西周兴建了丰京、镐京和洛阳的王城、成周；春秋、战国的各诸侯国均各自营造了以宫室为中心的都城。这些都城均为夯土版筑，墙外周以城濠，辟有高大的城门。宫殿布置在城内，建在夯土台之上，木构架已成为主要的结构方式，屋顶已开始使用陶瓦，而且木构架上饰用彩绘。这标志着中国古代建筑已经具备了雏形，不论夯土技术、木构技术还是建筑的立面造型、平面布局，以及建筑材料的制造与运用，色彩、装饰的使用，都达到了雏形阶段。这是中国古代建筑以后历代发展的基础。

2. 中国古代建筑发展史上的第一个高潮

公元前 221 年，秦始皇吞并了韩、赵、魏、楚、燕、齐六国之后，建立起中央集权的大帝国，并且动用全国的人力、物力在咸阳修筑都城、宫殿、陵墓。今人从阿房宫遗址和始皇陵东侧大规模的兵马俑列队埋坑，可以想见当时建筑之宏大雄伟。此外，又修筑通达全国的驰道，筑长城以防匈奴南下，凿灵渠以通水运。这些巨大工程，动辄调用民力几十万，几乎都是同时并进，秦帝国终以奢欲过甚，穷用民力，二世而亡。

汉代继秦，经过约半个多世纪的休养生息之后，又进入大规模营造建筑时期。汉武帝刘彻先后五次大规模修筑长城，开拓通往西亚的丝绸之路；又兴建长安城内的桂宫、光明宫和西南郊的建章宫、上林苑。西汉末年还在长安南郊建造明堂、辟雍。东汉光武帝刘秀依东周都城故址营建了洛阳城及其宫殿。

总秦、汉五百年间，由于国家统一，国力富强，中国古建筑在自己的历史上出现了第一次发展高潮。其结构主体的木构架已趋于成熟，重要建筑物上普遍使用斗栱。屋顶形式多样化，庑殿、歇山、悬山、攒尖、囤顶均已出现，有的被广泛采用。制砖及砖石结构和拱券结构有了新的发展。

3. 传统建筑持续发展和佛教建筑传入

两晋、南北朝是中国历史上一次民族大融合时期，此期间，传统建筑持续发展，并有佛教建筑传入。西晋统一中国不久，就爆发了"八王之乱"，处于西北部边境的几个少数民族领袖，率部进入中原，先后建立了十几个政权，史称十六国时期。到了公元 460 年，北魏才统一了中国北方，继而又分裂。在南方，晋室南迁建立了东晋政权，接着先后出现了宋、齐、梁、陈四个朝代。这就是历史上的南北朝时期。自此，中国南北两方社会经济才逐渐复苏，北朝营建了都城洛阳，南朝营建了建康城。这些都城、宫殿均系在前代基础上持续营造，规模气势远逊于秦、汉。

东汉时传入中国的佛教此时发展起来，南北政权广建佛寺，一时间佛教寺塔盛行。据记载，北魏建有佛寺三万多所，仅洛阳就建有一千三百六十七寺。南朝都城建康也建有佛寺五百多所。在不少地区还开凿石窟寺，雕造佛像。重要石窟寺有大同云冈石窟、敦煌莫高窟、天水麦积山石窟、洛阳龙门石窟、太原天龙山石窟、峰峰南响堂山和北响堂山石窟等。这就使这一时期的中国建筑，融进了许多传自印度（天竺）、西亚的建筑形制与风格。

4. 中国古代建筑发展史上的第二个高潮

隋、唐时期的建筑，既继承了前代成就，又融合了外来影响，形成一个独立而完整的建筑体系，把中国古代建筑推到了成熟阶段，并远播影响于朝鲜、日本。

隋朝虽然是一个不足四十年的短命王朝，但在建筑上颇有作为。它修建了都城大兴城，营造了东都洛阳，经营了长江下游的江都（扬州）。开凿了南起余杭（杭州），北达涿郡（北京），东始江都，西抵长安（西安），长约 2500 km 的大运河。还动用百万人力，修筑万里长城。炀帝大业年间（605 ~ 618 年），名匠李春在现今河北赵县修建了一座世界上最早的敞肩券大石桥安济桥。

唐代前期，经过一百多年的稳定发展，经济繁荣，国力富强，疆域远拓，于开元年间（714～741年）达到鼎盛时期。在首都长安与东都洛阳继续修建规模巨大的宫殿、苑囿、官署。在全国，出现了许多著名地方城、商业和手工业城，如广陵（扬州）、泉州、洪州（南昌）、明州（宁波）、益州（成都）、幽州（北京）、荆州（江陵）、广州等。由于工商业的发展，这些城市的布局出现了许多新的变化。

唐代在都城和地方城镇兴建了大量寺塔、道观，并继承前代续凿石窟佛寺，遗留至今的有著名的五台山佛光寺大殿、南禅寺佛殿、西安慈恩寺大雁塔、荐福寺小雁塔、兴教寺玄奘塔、大理千寻塔，以及一些石窟寺等。此期间，建筑技术更有新的发展，木构架已能正确地运用材料性能，建筑设计中已知运用以"材"为木构架设计的标准，朝廷制定了营缮的法令，设置有掌握绳墨、绘制图样和管理营造的官员。

5. 宋、辽、金时期建筑的发展与《营造法式》的颁行

从晚唐开始，中国又进入三百多年分裂战乱时期，先是梁、唐、晋、汉、周五个朝代的更替和十个地方政权的割据，接着又是宋与辽、金南北对峙，因而中国社会经济遭到巨大的破坏，建筑也从唐代的高峰上跌落下来，再没有长安那么大规模的都城与宫殿了。由于商业、手工业的发展，城市布局、建筑技术与艺术，都有不少提高与突破。譬如城市渐由前代的里坊制演变为临街设店、按行成街的布局。在建筑技术方面，前期的辽代较多地继承了唐代的特点，而后期的金代，建筑上则继承辽、宋两朝的特点而有所发展。在建筑艺术方面，自北宋起，就一变唐代宏大雄浑的气势，而向细腻、纤巧方面发展，建筑装饰也更加讲究。

北宋崇宁二年（1103年），朝廷颁布并刊行了《营造法式》。这是一部有关建筑设计和施工的规范书，是一部完善的建筑技术专书。颁刊的目的是为了加强对宫殿、寺庙、官署、府第等官式建筑的管理。书中总结历代以来建筑技术的经验，制定了"以材为祖"的建筑模数制。对建筑的功限、料例作了严密的限定，以作为编制预算和施工组织的准绳。这部书的颁行，反映出中国古代建筑到了宋代，在工程技术与施工管理方面已达到了一个新的历史水平。

6. 中国古代建筑发展史上的最后一个发展高潮

元、明、清三朝统治中国达六百多年，其间除了元末、明末短时割据战乱外，大体上保持着中国统一的局面。由于中国古代社会的发展已尽尾声，社会经济、文化发展缓慢，因此建筑的历史也只能是最后的发展高潮了。元代营建大都及宫殿，明代营造南、北两京及宫殿。在建筑布局方面，较之宋代更为成熟、合理。明清时期大事兴建帝王苑囿与私家园林，形成中国历史上一个造园高潮。喇嘛教建筑的营造，完全是出于清朝廷的政治需要，一时间蒙、藏、甘、青等地广建喇嘛庙，仅承德一地就建有十一座。这些庙宇规模宏大，制作精美，是中国古代建筑发展史上的一个畸形。明清两代距今最近，许多建筑佳作得以保留至今，如京城的宫殿、坛庙，京郊的园林，两朝的帝陵，江南的园林，遍及全国的佛教寺塔、道教宫观，及民间住居、城垣建筑等，构成了中国古代建筑史的光辉华章。

第四节 我国建筑业的发展现状和趋势

一、我国建筑行业发展现状

改革开放以来，我国建筑行业成就显著，促进了经济社会发展、增进了民生福祉，行业市场容量持续扩张。但是建筑行业仍然存在技术水平低、劳动力密集、环境污染严重、施工效率低、产业链割裂等痛点，行业参与主体碎片化竞争特征明显。为解决上述痛点，建筑行业已经开始从技术水平、商业模式等方面转型升级。

1. 两大技术的产生及应用

为解决建筑行业在施工效率、质量安全、成本控制方面的痛点，建筑行业最重要的技术革新体现在装配式建筑和 BIM 两大领域。

（1）装配式建筑

装配式建筑区分于传统的建筑方式，是将建筑所需要的墙体、叠合板等 PC 构件在工厂按标准生产好后，直接运输至现场进行施工装配，实现了从"建造"到"制造"的转变。与传统现场浇筑的生产方式相比，装配式建筑具有提高施工质量和效率、环境友好、缩短工期、提高施工安全等优势。

（2）BIM 技术

BIM 是以建筑工程项目的各项信息数据作为基础，建立起三维的建筑模型，通过数字信息仿真模拟建筑物所具有的真实信息。这一模型既包括建筑物的信息模型，同时又包括建筑工程管理行为的模型，可以通过信息的共享和传递将两者结合，为设计团队和施工团队提供协同工作的基础，从而提高施工效率、节约成本、缩短工期，有效实现建筑的全生命周期管理。

BIM 技术自 2002 年左右诞生以来，经过十多年的发展，已在全球范围内得到广泛认可。2007 年斯坦福大学，通过对 32 个项目案例的调研总结指出使用 BIM 可以节省成本10%，节省工期 7%。2004 年左右我国开始引入 BIM 概念，从 2013 年开始，BIM 在我国进入了一个快速发展的时期。

（3）装配式建筑和 BIM 技术相辅相成

由于装配式建筑将标准化的 PC 构件在工厂生产，然后运输到施工现场装配，因此从建筑设计的初始阶段即需要考虑构件的生产、安装、维护等，并在设计过程中与结构、设备、电气、内装等紧密沟通，进行全过程的一体化思考。

在装配式建筑设计中应用 BIM 技术，可将设计方案、制造需求、安装需求集成在BIM 模型中，从而在建造前统筹考虑各种要求，提前消除实际制造、安装过程中可能产生的问题。此外,通过建立装配式建筑的BIM构件库,还可模拟工厂加工,以"预制构件模型"的方式进行系统集成和表达。因此,通过BIM技术的应用,装配式建筑可整合建筑全产业链,实现全过程、全方位的信息化集成。

2. 两大商业模式的产生

建筑行业在施工效率、质量安全、成本控制方面的痛点,很大部分原因是建筑工程的目标、计划、控制都以个体为主要对象,项目管理的阶段性和局部性割裂了项目的内在联系。"专而不全""多小散"企业的参与,导致了项目信息流通的断裂和信息孤岛现象,致使整个建设项目缺少统一的计划和控制。

工程总承包和全过程工程咨询可以充分发挥设计在整个工程建设过程中的主导作用,有利于工程项目建设整体方案的不断优化;可有效克服设计、采购、施工相互制约和相互脱节的矛盾,有利于设计、采购、施工各阶段工作的合理衔接,从而加快建设进度、控制成本和提升质量;建设工程质量责任主体明确,有利于追究工程质量责任和确定工程质量责任的承担人。

在国家产业政策的鼓励下,具有设计研发和人才优势的建筑设计企业,可利用装配式建筑和BIM技术的广泛应用,通过业务的转型升级,拓展企业的发展空间。

二、我国建筑行业发展趋势

1. 我国建筑行业发展历程

建筑是人类社会生产和生活的重要场所,建筑设计服务于人类社会生产和生活对建筑的需求,建筑设计的发展伴随着人类文明的进化和升级不断进步,人类社会工业化、信息化和智能化不停演进,要求建筑设计行业也相应地不断调整和自我更新,顺应社会进步和建筑发展的趋势。

我国建筑设计行业的发展规律和趋势也不例外。在改革开放之前,我国建筑设计主要服从于计划经济建设需要,以计划和指令的形式,由国有主体完成相关设计,技术手段较为简单,以满足生产经营基本需求为主。改革开放之后,市场经济的发展和市场主体的多元化,催生了建筑的不同需求,建筑设计行业也随之蓬勃发展,尤其是在住房市场化改革之后,民营主体逐步兴起,建筑理念和设计技术也日新月异,建筑文化、施工工艺、建筑材料和设计工具等随着社会工业化和信息化的提升而发展。

2. 我国建筑行业未来发展趋势

伴随我国社会对资源集约、环境友好的追求,装配式建筑、BIM技术、绿色建筑、工程总承包和全过程工程咨询等新型建筑理念、技术和业态已逐渐成为我国建筑行业的发展方向,建筑行业的设计理念、技术手段、商业模式以及组织结构也随之进行转型和升级。

（1）建筑理念更人性化

在美感、空间结构、质量和安全等常规要素外,节能降耗、成本控制、工期考核、施工组织和全生命周期管理等要素已成为建筑行业的重要考量因素，装配式建筑、BIM 技术、绿色建筑等建筑理念受到国家的鼓励和支持，有望成为未来建筑行业的主流。

（2）技术手段数字和智能化

建筑理念的发展推动了技术的进步，信息技术、互联网技术和智能技术逐步进入建筑行业，自动绘图、协同设计平台、BIM 技术和 3D 打印等技术在建筑设计行业已普遍使用，并成为必不可少的工具，未来仍将不断深入发展。

（3）商业模式全产业链化

建筑理念和技术手段升级和创新，为建筑业打造全产业链的商业模式创造了条件。建筑设计为建筑业的前端和核心环节，设计企业在打造全产业链的商业模式方面具有天然优势，向下游业务延伸，拓展工程总承包、全过程工程咨询等业务已成为建筑设计行业的重要发展方向。

（4）组织结构平台化

新型理念、技术和业态的发展趋势，一方面要求设计成果标准化、数字化和精细化，从业人员需要具有更加精湛的专业技能；另一方面，全产业链的发展趋势，又要求企业和设计人员具有全方位的综合视野和技能，个体能力已难以胜任新理念的要求，因此要求企业进行必要的管理调整或变革，建立高度协同的设计管理平台。平台化已成为大型建筑设计企业组织结构的趋势。

随着建筑市场监管越来越严，新形势下建筑市场多向发展，而小型、民营建筑企业在大趋势下，如何在大环境中分一杯羹，抓住机遇、获取项目，增加企业盈利，这将是许多民营企业要着重考虑的问题。

第二章 建筑工程材料

第一节 建筑的表皮与材料

一、建筑的表皮

表皮在最近几年一直是建筑界里的热门话题，先是极少主义建筑的兴起让人们注意到这个自建筑起源以来就一直存在的事实，而后一些著名建筑师如赫尔佐格和德默隆、彼得·祖母托、库哈斯等成功的作品，以及大卫·勒斯巴热的著作《表皮建筑》，开始让人们重新思索表皮与建筑的关系。表皮一直存在着，而且每个历史时期存在着不同的表皮观。最先是古典主义的建筑表皮观，其中结构隐喻男子，表面装饰则暗喻女子；随后是现代主义理论下的建筑表皮观，依旧是二元对立的表达，只是以功能取代了结构；再者就是后现代主义用以表现精神的"装饰皮"表皮观，至此表皮取得了与功能同等的地位；最后是后工业信息时代建筑表皮与内部功能严格对应关系解体后的表皮观，概念被放大，表皮开始独立。

1. 表皮的概念

表皮在《现代汉语辞海》中的定义是："人和动物皮肤的外层……它是植物体和外界环境接触的最外层细胞，其结构特征与其功能密切相关……有防止水分失散、微生物侵染和机械或化学损伤的作用……为体内外气体交换的孔道，调节水分蒸腾的结构……"。虽然建筑表皮也有类似的功能，但是这些生物学概念还是很难直接运用到建筑领域，即便最智能化的建筑，目前也达不到生物表皮所具有的全部功能，建筑表皮只是不同空间的分隔物。对建筑而言，将表皮理解为"有厚度的外界面"或"交界面"是比较贴切的，它包括建筑外立面、屋顶、内部立面乃至门窗等建筑构件，是连接室内外空间的界面。

2. 表皮的功能

作为界面，建筑表皮可以分为内表皮和外表皮，其中外表皮的作用是围护、交流和装饰。

（1）维护功能

建筑表皮将建筑内部空间与外界环境加以区分、分割。建筑表皮最基本的围护功能主要包括：

①安全要求，即建筑表皮应该是可以逃避来自外界危险性攻击的屏障，如野兽或外敌入侵建筑。

②遮蔽要求，即与外部空间的暴风、雨、雪等恶劣自然现象隔离开来。

③视线隔离要求，即避免室内空间暴露在外部空间的视线之内，保证室内活动具有一定的隐私性。

④声音隔离要求，即避免外部空间的声音干扰室内活动。

⑤防寒隔热要求，即保证室内空间的温度适合人的生存。

⑥遮阳要求，即防止阳光暴晒和眩光等现象。

（2）交流功能

交流功能主要体现在建筑的内部与外部环境之间的交流。包括：

①能源交流，即从外部环境获得自然光能，通过自然和人工处理使得建筑内外实现合适的通风、换气。

②景观交流，即建筑内部和外部空间景色的互动，营造建筑和自然环境的"共生"。不同的建筑对这方面要求有所差别，对于居住和办公建筑来说，能够有广阔的视野观赏优美的景色，能够大幅提升居住或办公空间环境的品质。

（3）装饰功能

建筑表皮的装饰性主要是反映建筑表皮的性格，包括：

①建筑的地方性，即反映不同地区，不同国家的文化。

②建筑的工艺性，即技术作为人类文明的一种体现，被广泛应用于建筑表皮装饰设计。

③ 建筑的生态性，也就是说，建筑表皮的生态化设计在一定程度上和建筑表皮的技术性有关系。

④表皮的情感性，建筑装饰随着人们对建筑文化认识的加深，对环境艺术概念的扩展，开始注重人的生理需求和心理感受。

二、表皮材料的基本概念

1. 材料的定义

材料，在《现代汉语辞海》中被定义为可以直接制造成产品的东西。在英文中，材料对应的单词是 Material，在《牛津现代高级英汉双解词典》中的定义是 "thatof which something is or can be made or with which something is done"，即材料指的是组成或制成物品的东西，或者是通过其完成某件事情的东西。可见，材料与一般物质的区别在于，它是被赋予了实际用途的物质形式。

在建筑方面，用于建筑表皮的材料一般有木材、砖石、混凝土、金属、玻璃材料、塑料、陶瓷材料、涂料等。我们知道建筑是技术与艺术在人类社会发展中的结晶，而建筑材料就是人类从事各项建筑活动的物质基础。材料的运用是建筑设计的内在组成部分，材料的变革与发展直接引发建筑形式的变革，材料和设计的紧密统一是建筑设计的成功展现。

2. 材料的属性

材料的属性包括材料的物理属性、化学属性、生态属性、视觉属性等方面。其中，材料的物理属性包括材料的力学性能及声学、光学、热工学等性能；化学属性主要表现在材料组成的稳定性、在大气或特殊环境下的耐腐蚀性、抗冻抗渗性等方面；生态属性是指材料在生产加工以及使用过程中对外界环境的影响，包括能源的消耗情况、对环境保护有无污染与破坏等内容。材料的视觉属性是指材料由于其特定的组成和生产加工方式等所导致的特定的外在视觉特征。视觉是人体各种感觉中最为重要的一种，与触觉不同，后者往往是单独的感知一个物体的存在，而视觉所感知的却是环境的大部或者全部。

研究建筑表皮设计的材料表达，必然离不开表皮材料的表现力，也就必然离不开材料的视觉属性。正是由于材料丰富的视觉属性，才形成了我们周围多姿多彩的建筑环境。而物理属性和化学属性是材料的内在属性，也是材料的基本属性；生态属性是评价材料选择和运用的重要指标，对人类生存与发展具有重要的指导意义。当然在对材料的视觉属性进行充分挖掘与扩充的时候，不能违背了材料最本质的物理属性、化学属性和生态属性。

三、表皮材料的形、色、质

表皮材料及其构造设计是现代建筑表皮创作中的一个重要手段，而我们在表皮设计的各个阶段，都要对材料的形态、色彩、质感的表现研究考虑，正是有了他们的精彩展现，建筑才有了生命力。

1. 材料的形

形状，是眼睛把握物体最基本特征之一。主要涉及物体的边界线和它的基本空间特征。从视觉上看，一方面，材料是由各种微小的形状组成，如木纹是由几何线性组成，大理石是由一颗颗形状不规则的晶体构成，这形成了材料表面质感的一部分内容。另一方面，材料在被加工后会形成一定的形状，这是我们普遍看到的材料在建筑中表现出来的材形。二者相互作用影响人对材料的认识。

二者在设计中普遍存在着两种情形，和谐与对抗。前者比如木材的使用，由于它的韧性特质，因此它既有石材的坚硬，又有麻草的柔性。于是木材既可以雕成植物花鸟状，也可以做成支撑结构的杆件状，而且木材做支撑结构也常常由于其韧性而被做成各种复杂的弧线形状，表达木材特性的同时，满足人们的审美需求。二者的对抗比如石材的一些用法，本来是承重的材料，显示的是其坚固刚硬的个性，但在哥特式建筑中却表现出与其沉重感相反的内容，设计师将石头设计成植物的形状，像藤蔓一样生长，枝叶招摇，变成纤细生长的石材线条，在这里的建筑表现中，石材像石膏一样具有了可塑性，丰富变化的形态让石材取得轻盈、飘逸和柔韧的气质。这种形状与质感的对抗也是表达材料质感的一种方式，是对材料的反常态表现。

在建造过程中，块状材料和散状材料需要通过一定的构造方式组成建筑的外表皮，这其中，如何构造和连接也是影响材料形状表现的一大因素，构造的层次，显示与不显示，构造的连接方式、连接构件这些因素都会影响到材料整体给人的视觉印象。

2. 材料的色

色彩是抽象的，必须借助某种"载体"才能得以表现。在这里，以建筑材料为基础，以材料作为色彩的载体，色彩作为材料的一个属性方面，从属于材料，称为"材料色"。

色彩能够对人的生理、心理产生影响，例如冷暖、轻重、软硬、强弱以及联想搭配的种种情感等。色彩的使用与建筑功能可以有着密切的联系，例如医院常常使用较为温馨、柔和的颜色，幼儿园则适合选用活泼、动感较强的色彩。

在材料的视觉特征中，色彩属于敏感的、最富表情的要素，本身就具备视觉美感。由于人的视觉对于色彩有着较强的敏感性，因此色彩所产生的美感魅力往往可以直接打动我们。对色彩的使用一定要合理谨慎，明确设计中想要表达的主题，例如使用不透明的油漆，色彩直接与建筑的形体相结合，突出了色彩与"形"的表达，但却掩盖了材料的物质概念，失去了本性。当然如何取舍在于建筑师自身的设计观，这里是希望真实的表现材料，紧密联系材料的局部特征和建筑整体，材料色的表现与自身美学价值的内容相互统一。然而材料真实性的实现需要建筑师深刻的思考、体验、主动的实验和把握，并需要一定的技术与工艺条件的支持，因而有相当的局限性和适用范围，需要建筑师适当地运用和调节。

3. 材料的质

材料的质感融合了视觉和触觉的综合印象，质感一般是指物体表面或实体经触摸或观看所得之稠密或疏松以及质地松散、精细、粗糙之程度。主要是强调人对某种材料外表面特有结构的感受。人们通过质感体验材料的表面特征和物质性（类别，性质）。材料的视觉质感（视觉肌理）与视距有着密切的关系，只有在适合的观赏距离，材料才能充分展现其质感美。不同材料在建筑中展现出不同质感的对比可以加强视觉效果，而同一种材料，采用不同的加工方式，改变其表面特征，也可以体现出不同的视觉质感，这也是发掘材料美的有效手段。另外质感同样能够对人的情感产生影响。

以上分别对材料的基本视觉要素以及它们各自的特性进行了分析，在实际使用中，形、色、质是同时作用体现材料的表现力的，三种要素在感受过程中是不可分割的。比如材料在视觉上获得的质感在感受过程中实际是通过色彩信息来获得的，人往往是根据材料表面的色彩信息感知材料的肌理效果，进而推断出其质地特征。因此可以说，质感依赖于材料的色彩，同时质感也丰富了材料的色彩。材料的形状与质感、色彩也有非常紧密的关系，同种材料即使有着相同的质感和色彩，但如果把它们制作或组合成不同形状后，它所带给人的视觉感受也是截然不同的。在我们观察一个物体时，不同的观赏距离，材料的形状、色彩和质感所起作用大小不同。当观赏距离较远时，质感对人的视觉作用较弱，这时对视觉感受起决定作用的是材料的形状和色彩；在近距离观赏时，材料的质感与色彩起的作用相对较大。由上述分析可见，材料的形状、色彩和质感在表达材料的外型特征上是相辅相成的，不可能独立于材料整体特征之外单独存在，好的材料表达一定是三者共同作用的结果。

四、材料的"真实性"表达

上面曾谈到对材料的真实表达，但由于多种原因导致现代建筑材料的真实性开始有了不同的内涵。过去对于石材饰面干挂于混凝土结构表面，或砖砌的建筑外表下覆盖着的却是钢结构等做法，常被认为是缺乏材料真实性的表现。然而，在地球资源医乏的今天，节省能源追求可持续发展成为时代的主题，我们不可能依然尽情地使用纯天然的传统建筑材料，但人类依赖传统材料带来的亲切、自然的感觉，在这个矛盾的基础上如何表达材料真实性，是给每一位建筑师出的难题。随着各式各样解决方法的提出，材料真实性的含义渐渐变得比过去更加宽广、丰富。

1. 无确切定义的自然属性

从功能、空间占主导地位的现代主义时期到流行"表皮"的当代，对表达材料真实美的追求从未间断。但是，现在值得思考的是：材料的自然属性究竟是什么？以石材为例，如某建筑是粗石墙面，不对石材作任何处理，使其看上去像刚开采的一样，呈现一种凹凸不平的嶙峋效果，强调了墙体的坚实感和厚重感，是为了表现石灰岩粗糙的"自然属性"？而康在他设计的肯贝尔美术馆中，采用机械加工而成的石材贴面，显露出石材内部的微结构，即石材内在的特征。这可以说是与以坚固粗放著称的粗面石材完全不同的另一种"特性"。高迪的巴塞罗那米拉公寓，波浪曲折的石材墙体，很容易被误解为是混凝土浇筑的，在这里，质地坚硬难于加工的石材竟像泥一样被切削雕琢，石材在人们观念中的重量一言蔽之。显然，材料的自然属性没有简单化的定义。不同建筑师对材料自然属性的观点也各不相同，因而他们运用材料的手法也各不一样。

2. 现代建材技术条件下材料真实性的含混

随着建材工业技术的发展，材料传统的特征属性已发生了变化。张永和在2000年北京梁思成建筑展上曾表达过这样一个观念，他认为今天或许可以这样来理解传统的"土木"概念，"土"已从过去大量使用的黏土发展成为今天大量使用的混凝土，"砖"已演变为混凝土砌块、面砖；"木"在过去建筑里频繁使用的都是"大木"，随着木材资源的减少，大木逐渐演变为小木、细木、碎木，最后是现在大量的"胶合板""细木工板""集成木"等人工木制品。在建材工业迅速发展的当代，已是此土非彼土、此木非彼木了。而且各种复合板材和人造石材大量涌现，颠覆了人们对材料的传统概念，人们已经无法从原来的角度理解材料的真实性。对于混凝土来说，也许塑性和多变即是它最真实的"自然属性"。不考虑现代建材技术的发展情况来谈材料的真实表达，将使"真实"问题永远停留在永无止境的争辩之中。

近几年，"建构"从西方移植到国内，很多中国建筑师渴望通过对建筑学的还原，清除意识形态的重负和审美意识的不确定性。从而出现了各种实验性建筑以及对其理论的探讨，各种文章中也开始大量谈论材料、建造这些建筑本体的东西。然而很多对"建构学"的认识、理解还普遍停留在"对建筑结构的忠实体现和对建筑材料的真实表达"这一简单化的层面上。

应该看到：当代建筑材料工业已抽空了传统材料建构的"本体"内涵，传统的土木概念已经改变，"真实性"已远离它产生的土壤。

在马里奥·博塔的建筑中，砖的作用是装饰化的，为了消除装饰的痕迹，博塔采取了新的方式。他采用两层墙的形式，内层承重，外层的砖一般采用砌筑的方式。从外观上看起来，好像真实地表达了砖的承重角色。而且由于砖墙只需承担自重，所以砖在砌筑方式上有了很大的自由，如出现大量的漏空。这使博塔的建筑呈现出大量对砖砌筑精美的表现，是另外一种对砖的物质性的表现。在博塔的设计里，虽然砖在装饰化运用中有时仍呈现为承重的"假象"，但砖已很少履行传统的承重功育旨。

对于砖石、混凝土等材料来说，本身已很难定义其自然属性，再加上当代建材工业对材料本身语意的丰富，"真实性"的含义已变得含糊不清了。分析完博塔的建筑实例，如果再狭隘地认为砖的真实表达就是清水砖墙，或者认为采用清水混凝土就等于真实地运用材料，无异于画地为牢，限制了设计师对材料的选择范围和运用方式。相对于自然材料而言，玻璃、金属等人工材料具有的极强可塑性，使得强调固定不变的"自然属性"的说法变得几乎毫无意义。

五、材料的发展趋势

未来材料的发展大概有以下几种主要趋势：

1. 本性使用材料

生活于网络时代的人们，长时间沉浸在虚拟现实和电脑图像之中，越来越渴望真实，渴望自然，反映在建筑上也是如此。因此，建筑师又开始使用自然的传统建筑材料，因为人们重新需要可识别性、归宿感，需要简洁，需要对材料天性的忠实表达，只不过这时的自然材料经过技术加工，以更加生态、环保的新面貌出现。

2. 强调体现地域文化特性

今天，随着全球经济一体化的进程，交通运输便捷，成本低廉。各种当地传统建筑材料可以运往世界各地，如绿色、白色的大理石，红色、黄色的烧制砖，热带木材等等。随之而来的是苍白的国际化的千城一面形象，城市失去了独特个性。纽约、东京、上海等世界各国的大都市看上去都似曾相识。人们开始渴望本土文化的认同感，开始倡导"民族的才是世界的"。

3. 可循环利用

可循环是指一个物品被再次用作该物品的适应性再利用为其他产品的可能性，可高效循环使用的产品将减少原材料的用量、能源消耗及建筑垃圾的浪费。然而，并不是所有建造材料的可循环利用都如人们所期待的那样高效。事实上，在材料循环利用的过程中往往需要消耗大量能源，通常说，只有那些耗能低、可循环比例高或具有显著环境效益的产品，才是可持续设计的正确选择。如今，一般废弃物在建筑中的可循环利用作为一种可持续发展理念，正在为更多的人所接受，尽管有各自不同的标准，各国建筑师已开始对一般废弃物的再利用进行大量探索与实践。

4. 环保主题

今天我们在强调发展的同时，必须要与整个人类的长远利益结合起来，将一个地区的局部利益与整个世界的整体利益结合起来，与他人与后人分享我们这个地球上有限的资源，最大限度地杜绝资源浪费和环境污染，使人类能够长久的生存下去。人类应该从与自然的对抗和征服到协调与共生，走可持续发展的道路。

未来建筑材料的发展离不开节能，离不开环保，离不开建筑废弃物的循环利用等而这一切又和科技的发展息息相关，也和政府的决策控制管理有关，当然更和建筑师的设计创新有关，和谐的环境、和谐的建筑当然都离不开更绿色、更环保、科技含量更高的建筑材料。

第二节　建筑材料的生态认知

自从 20 世纪 80 年代以来，人类意识到了由于自身活动带来的环境问题，逐步提出了生态建筑，生态建材的概念，世界各国已经开始采取措施控制建筑对生态环境的破坏。提倡生态建筑，是保护生态环境的重要措施之一，生态建材的发展担当着重要的历史使命。

一、建筑材料的发展与人类生存环境的变化

建筑材料是人类从事建设活动的物质基础，直接影响建筑或构筑物的性能、功能、寿命和经济成本，从而影响人类生活空间的安全性、方便性和舒适性。因此，长期以来人类一直在从事着建筑材料的性能研究工作，并不断的开发新材料。

但是这些研究开发工作，多数是为了满足建筑物的承载安全尺寸规模、功能和使用寿命等方面的要求，以及人们对所构筑的生存环境的安全性，舒适性，便捷性和美观性等更好的追求，而很少考虑到材料的生产和使用给生态环境、能耗等方面造成的影响。

1. 古代天然材料的利用与居住环境

距今大约 50 ~ 10 万年前，原始人过着群居的生活。他们只有天然的石块和木棍，不会制作和使用工具，尚不具备建造房屋的技术和条件。大约距今 1 万 ~ 6000 年前，人类

进入了新石器时代，人们开始利用简单的工具砍伐树木，搭建简单的房屋，由于所使用的建筑材料承载力小，尺寸有限，所以房屋的规格较小，结构形式简单，为了减少墙体和屋顶等围护部分多采用半地穴式房屋。所用的结构材料多为天然的木材和石材。

随着生产工具的进步，人们开始利用天然石材建造房屋及纪念性结构物。由于石材强度高，承载力强，可以建造较大型的结构物。最早利用石材的构筑物当属公元前 2500 年左右的埃及金字塔。

最早的天然石灰岩的胶凝材料。很久以前，人类可以烧烤的动物，一个加热和偶然发现天然贝壳烧灰。公元前第 16 世纪～21 世纪（商代）在青铜时代，由于大量使用青铜，使社会生产力水平有了大大提高。同时，青铜器的使用木结构建筑和"版筑技术"提供了极大的便利。所谓"版筑技术"是用木材或木电杆的边界，然后在木框架黄土，夯实后，会删除。这是一个非常经济的方式原位土壁。采用该技术的自然土壤，加工简单，人类住区和其他建筑物。混凝土浇筑技术，但也来自于最早的"版筑技术"。

还有以天然黏土类物质为原料，经过高温烤烧制造而成的非金属无机材料叫作烧土制品。烧土制品是人类最早加工制作的人工建筑材料，可以说是与人类的文化、历史同步发展的一种建筑材料。

2. 近代建筑材料与建设水平的提高

直到 18 世纪，以 1760 年的英国工业革命为契机，在 19 世纪以后，工业生产的建筑材料取得了长足的进步，特别是第二次世界大战之后，更加有了令人瞩目的进步。我国直到新中国成立以后，水泥工业才得到飞速的发展，如今我国已经是世界上水泥产量最多的国家。

水泥混凝土，钢筋混凝土及预应力混凝土的出现，是建筑材料发展史上的一大革命。首先它打破了传统材料的形状，尺寸的限制，使建筑物向高层，大跨度发展有了可能。其次，无论是强度还是耐久性能，混凝土材料都远远优于木材、砖、瓦等传统的材料。

除以上钢铁、水泥和混凝土等主要的结构材料以外，19 世纪末期平板玻璃的工业生产方法被确立，具有透明的房屋建筑采光材料得以大量生产和使用。同时，随着黏结剂材料的开发和应用，各种木纤维水泥板以及集成木材等材料得以迅速发展，各种功能性建筑材料的品种更加多样化。

3. 现代建筑材料与多姿多彩的建筑

1940 年以后，建筑材料进入了飞跃发展时期。钢材、钢筋混凝土、预应力混凝土，钢骨钢筋混凝土等作为主要的结构材料，其使用量达到了历史上空前的水平。到 1997 年，全世界的钢产量已经达到 7.70 亿吨，水泥年产量达到 11.5 亿吨，每年的混凝土生产量大约为 80～90 亿吨。20 世纪中叶，我国钢材和水泥的产量曾经落后于先进国家，但增长速度很快，1985 年我国水泥产量跃居世界第一，并在以后一直保持领先地位，1996 年我国钢产量跃居世界第一。

20 世纪建筑材料另一个明显的进步就是各种复合材料的出现和使用，包括有机材料和无机材料的复合、金属材料与非金属材料的复合以及同类材料之间的复合。例如钢纤维、玻璃纤维、有机纤维等各种纤维强混凝土，利用纤维材料的抗拉强度高的特点以及它们与混凝土的黏结性，提高了混凝土的抗拉强度和冲击韧性，改善了混凝土脆性大、容易开裂的缺点，使混凝土的适用范围得以扩大。除此之外，石膏板、矿物吸声板等各种无机板材，可代替天然木材做内墙隔板、吊顶材料、使建筑物的保温性能、隔音性能等功能更加完善。

综上所述，在人类历史的进程中，建筑材料的进步伴随着生产力水平的提高，促进了建筑物尺寸规模的增大、结构形式的改变和使用功能的完善，建筑材料经历了从无到有、从天然材料的简单利用到工业化生产，从品种简单到多样化，性能不断改善，质量不断提高的历程，使我们的生活空间、生存环境变得越来越美好。

4. 未来建筑材料的出现与发展

随着城市化进程的加快，城市人口密度日趋加大，城市功能日益集中和强化，因此需要建造高层建筑，同时为了满足人们日益丰富的品质生活，大型公共建筑的需求量也将增多，而要建造这样的大型、超超高层建筑物，轻质高强型材料将会有更广阔的前景。随着人类对地下，海洋等苛刻环境的开发，材料的耐久性也是一个重要方面。2000 多年来，我国房主建筑材料一直沿用了传统的黏土砖。

由于材料的运输距离过长，外墙厚度一般为 37cm 而且不设置保温层，基于以上原因，墙体材料的改革已作为国家保护土地资源、节省建筑能耗的一个重要环节。国家已经制定了在"九五"期间墙体材料的改革和建筑节能的目标。

未来的建筑材料发展的内涵是"用新的工艺技术生产的具有节能、节土、利废、保护环境特点和改善建筑功能的建筑材料"，例如，透明的绝缘材料，相变材料，纤瓷板，玻璃砖等。在国外未来的建筑材料主要有删繁就简、贴近自然以及强调环保三个观点，主要包括有益于人的身体健康，有益于环境，减少环境负荷。

在我国未来的建筑材料发展主要是必须树立可持续发展的生态建材观；要提高全民的环保意识，提倡生态化的建材；建立和完善建材业技术标准，加快实施标志认证制度；加强生态建材的研究和开发以及要做好技术的引进、消化和吸收工作。

二、建筑材料的生态影响因素

生态建筑材料从广义上讲，不是一种单独的建材产品，而是对建材"健康、环保、安全"等属性的一种要求，对原材料生产、加工、施工、使用及废弃物处理等环节，贯彻环保意识并实施环保技术，达到生态要求。

1. 建筑材料的生态特性

日本东京大学的山本良仁等人指出："生态材料（生态材料）应该有先进性、环境协调以及舒适三大特点。工业生态学是用系统的观点，系统中的早期地球的物质资源，生态系统，在系统中，本演化的资源已成为一个限制因素，系统内相互作用，形成一个网络系统，其中的资源流动形式和浪费资源储量和环境废物容量约束的二级系统。生态系统的资源利用效率显著提高，但内部物质流是单向的，无法维持，理想的状态是一个系统的内部资源最大化，能够回收所有废旧材料。"

2. 建筑材料生态标签和全生命周期的评估

国外（欧共体）对不同工业和加工过程中的产品都不贴生态标签。生态标签的原则是让消费者明了这些生态建材产品在环境方面所具有的影响。产品在它们全生命周期阶段——从原材料采集到制造、使用和处置——都会影响环境。生态标签的体制意味着，以系统的方式提供所有环境信息，并未建材产品的功效分级提供基础，以使消费者可以在不同产品之间进行选择。

建筑材料和产品的生态标签，需要使用生命周期分析、影响评估、能量模式和环境审核等研究，以充分测量它们的生态影响。生命周期评估，是测量建筑材料"从摇篮到坟墓"的全部影响的有效工具。它的优点在于，呈现了图景的整体式，还有它以概括和平衡的风格显示了影响方式。例如，根据生命周期评估，能量是一个考虑因素，但不是考虑的唯一因素；而且评估是从能量公式的两方面来体现，既实用中的消耗的能量和在处置时候可以提取的能量。

生命周期评价原则，是减少的不利影响，提高回收率，并根据最小生态损害使用材料。建筑设计应遵循生态原则（增加生物的丰富和多样性），减少对资源的影响。在一个成熟的生态系统，降低材料的高层次的多样性提供了该建筑块，使资源可以连续循环；建筑设计应遵循相同的规则。生命周期评价原则，人类活动是符合自然的工具。

在原则上，生命周期评估鼓励减少资源、材料、排放和垃圾的总吞吐量。像所有设计和生产的产品一样，建筑也是有生命周期的，生命周期的评估不仅是评估总体环境影响的一个有效方法，而且它作为一个工具，来预测不同设计选择的生态效率。

三、基于全生命周期下的建筑材料生态选择标准

生命周期评估可被用做一种评估方法。过去20年间，这一评估过程得到了新的发展，并被纳入了 ISO 14040-14043 国际标准认证的标准化轨道——对重要建筑材料进行完整评估必不可少的部分。

1. 建筑材料定量生命周期评估

依靠这些标准，人们必须首先从生态学角度对建筑构造或各种可以替代的材料进行分析，并依据其对环境造成的影响对其进行量化。此外，可被量化的评估的生态影响——如果是可验证并已知的——必须把被进一步细化，并权衡其重要性。然后，人们调查出替代材料的价值，并最终列出社会——文化方面的要求。后者包括以下方面：集中关注某一特定地区，以加强区域经济，使用者提出的一些建筑需求，或是与周围的环境融为一体。最

终决策得出是以把所有单独的结果总结到一起作为前提的，下列以 DIN ISO 14042 "影响评估"为基础的是生命周期评估标准中所列出的最重要的指标或影响类别，它们应被用于依据现有数据进行的评估中：直接能源输入 (PEI)、所耗能源中可再生能源 (ER) 和不可再生能源 (NER) 之间的比率。

通常，对比评估中只包括材料使用过程中所必需的直接能源输入。不过，这种所谓的灰色能源应被进一步细分成可再生形式和不可再生形式的能源，以便区分出环保型和非环保型的生产途径。

此外，VDI4600 规定指出，整个生命周期中所需的能源，包括任何有可能回收的能源，都可被用做"累积能源输入"。建筑使用周期间所需要的能量通过假设或设计方案得出。

在进行综合量化评估的过程中，直接能源输入包括在借助能量产生所引起的环境效应而进行的评估过程中。

（1）全球变暖潜能 (GWP)。

（2）臭氧层损耗潜能 (ODP)。

（3）酸化潜能 (AP)。

（4）富营养化潜能 (EP) 或营养化潜能 (NP)。

（5）反应活性当量 (POOP)。

（6）（可再生原料的）二氧化碳储量。

（7）空间需求量。

由于数据比较复杂，描述生产过程中毒性大小的指标（这些指标同样是为生命周期评估标准规定的）大多数情况下只被用于重要的单项评估。简单地说，在必要的物质提取和生产过程中——有可能的话，也包括使用和处理过程，其各个单项步骤都在 ISO 14040 量化生命周期评估范围内得到了描述。需要对比的产品单元在功能上必须完全吻合。

以这种方法得出的输入—输出分析被称作生命周期创新分析。在任何可能的情况下，前述各类影响的单项记录只会被总结到一起（效果评估）。预计可以使用 80 或 100 年的建筑组件或单独的建筑组件层的更新周期会被当作一个因素计算出来，并且会根据效果评估的结果乘以一定的倍数。

根据情况的不同，人们会依据后果的严重性，各变量间的相对比较结果或是与现存环境负担（与目标之间的距离）相关的影响的重要性把所定的指标计算出来。后者的评估原则往往是通过几个指标进行生命周期评估之后得出的，这尤为重要。

2. 建筑材料生态运用中的定性环境影响

在我们进行总体评价中，无数种基本上得到了普遍认可但却有害的环境影响类别之中——部分由于它们之间的关系还完全没有被人们所理解。除了上面提到的生命周期评估的运算结果之外，还要从定性的角度对其进行考察。其中包括对生态系统造成的无法挽回的损失或毁坏、生产和处理过程中所需的基础设施、维护工业流程和工业加工阶段的范围所需的监管工作、中间产物的潜在危险以及回收利用的可能性。

进行定性逻辑思考的一个典型例子是避免使用从热带雨林过度砍伐得来的木材，这种做法是值得提倡的。毁坏生态系统所造成的损失难以估量，因此颁布了适当的禁令，或者出示可持续木材砍伐凭证，便是基于定性评价做出的环保决策。即使在形成了一套全面的生命周期评估之后，评估的结果也未必可以适用于所有的项目或地区。我们必须对每个具体的案例进行检验，以确定其中具体的影响是否发挥着重要的作用。

3. 建筑材料中成本比例与细部设计

（1）成本比例

对建筑成本进行对比通常是借助众所周知的成本预测、成本评估和成本控制方法进行的。成本对比问题的关键在于预测使用成本，因为这需要人们清楚维护和翻新过程中预计要投入多少资金。人们可以利用几种以 DIN276 成本细目为基础制定出来的计算机辅助方法。不过，这并不意味着人们可以任意处理建筑组件或建筑层的耐久性（在优化可持续性过程中）。这些包括使用成本和处理、拆除成本在内的成本统称为生命周期成本。为了配合人们协调各种方法并开发出建筑的可持续性指标，一种对建筑组件和产品的质量耐久性进行动态预测的方法正在开发过程中。

（2）细部设计

细部设计以节省材料、尽量减少环境影响为目的的产品和加工过程的选择方法：建筑基础设施（电、冷、热水、供暖）规划，通过优化组合卫生区和储物区、服务通道和供给线，达到节省材料的目的。

①选择有多重用途的耐用、可修复的组件，以减少使用期间的改装和更新工作。

②在建筑过程中始终秉承回收利用这一理念，使用那些可以借助机器将其分离开来的可分解组件层或是统一质地的材料构件。

细部设计的质量保证包括对耐久性进行优化就是一条重要标准，第二条标准：如何从技术和构造角度弥补可能有特殊荷载集中和不同材料身上潜伏的具体危险所导致的损失，第三条标准则是关于建筑组件连接部分的可拆卸问题，因此也关系到可修复性和进行局部更新的问题。

第三节　木材的属性与表现力

从古至今，木材一直是深受人们喜爱的建筑材料之一，被世界各地普遍使用，在创造各种建筑文明的历史中，起到了举足轻重的作用。在现代建筑中，木材作为结构用材基本消失，多出现在室内外的装修、装饰中，可是尽管木材作为建筑材料已经被使用了很多年，但木材装饰外立面还不是很普及。近十几年来、随着人们生活水平的不断提高，人们开始追求返璞归真，木材是最容易引起人们对大自然的联想的建筑材料，因此，在许多建筑的表皮设计中，木材开始以其全新的形式出现。

一、木材的属性

1. 木材的物理性质

木材重量轻、强度高、保温隔热、自然，无论是视觉还是触觉感都比较好。吸音、隔声、吸收紫外线，给人的感觉亲切、但木材天然的特点决定了其耐候性较差、耐久年限较低、易损伤、易燃，维修保养较为复杂，节子、变色、腐朽、虫害、裂纹、伤疤等也会影响木材的使用，因此直接将未经处理的木材用于室外条件是不太适宜的，需要防腐、防火的措施保护。

2. 木材的视觉、心理感受

首先，木材具有柔和的自然光泽，属于多孔性材料，表面有许多小的凹凸，在光线的照射下，会呈漫反射现象，或吸收部分光线，光仿佛渗透进木材的表面，使它产生柔和的光泽，表现出温暖而亲切的性格。其次，木材具有吸收紫外线，反射红外线的功能，可以减少紫外线对人体的危害，同时又能反射红外线，带给人柔和细腻的触觉和视觉效应，在寒冷的冬季给人温暖的感觉。此外，树木生长时会有年轮，上下大小不一，经过加工成为板材后，根据对年轮切割的角度不同，年轮线或成优美闭合的曲线或似层叠的山峰，各种抽象的图案层出不穷，经过仔细选择，可以用来营造不同的环境氛围。例如，按木通常是直纹理，有真菌活动形成的暗色斑点，这些斑点使得木材具有珍贵的装饰价值；白栎木纹理多为交错的波纹状，在径切面上形成带状花纹、在弦切面上展现带麻点的波状花纹。根据此特点，建筑师可以充分利用木材的天然色彩创造不同的视觉环境和心理感受。

二、木材在表皮设计中的表现力

1. 木材的材质表现力

带皮的木材显得野性、粗糙，呈现出自然野生的本质，让人感觉与大自然亲近和谐。去皮的原木则洁净、光滑，使人在体味自然的同时产生纯洁高雅的感觉。经加工后的板材根据木材的细密程度和所含树脂的多少，表面会呈现不同的光泽，用于不同的表现需要。建筑大师阿尔瓦•阿尔托的家乡芬兰盛产木材，从他作品中经常看到条形木板的拼接，水平或垂直的，与整块木板相比，更具有造型的灵活性，可以拼成自由的波形面，这是阿尔托设计手法的一大特征，纽约博览会芬兰馆的波形墙反映了他诗意使用木材的方式和功能因素。

荷兰 24H 建筑事务所在瑞士一个湖畔建造的一个小木屋，建筑的表皮为红雪松木瓦。厚 1 cm 的木瓦通过龙骨叠压在覆盖着塑料膜层的矿物棉隔热墙体上，墙体预制结构使墙身呈曲面变化，木瓦所生成的肌理密度松散地变化着，产生自然、动态、原始的效果。暴露在空气中的红雪松木瓦色泽逐渐黯淡，与环境中的灰色花岗岩更加紧密的融合。虽然木瓦在欧洲是传统的地方性材料，但在这个建筑中，它的组织具有很强的随意性，因此产生粗犷的美感。

除了采用经过处理的原木板材作为建筑表皮的材料外，国外还有采用各种经过防水防腐处理的饰面胶合板及饰面密度板作为外墙面材料。胶合板是一组木纹理方向相互垂直的木薄片经过组坯胶合而成的板材，胶合板与天然木材相比其最大的优势在于节省原料资源，同时经过人工处理后板材的平整度及变形度受到控制，因此板材的规格受到自然树木大小、变形及开裂的限制较小。

2. 木材的色彩表现力

色彩是材料给人的第一印象，有强烈视觉控制性，并且以色彩的特性为基础。如黄、红、橙等暖的色彩可加强材料视觉上的温暖感。蓝、紫色增加材料的沉静感。木材色彩分固有色和加工色两种，木材的固有色是由于细胞内含有各种色素、树脂、树胶、单宁及油脂等渗透到细胞壁中，导致不同种类木材呈现不同的颜色，例如：黑胡桃木为浅褐色，大叶桃花木为浅黄或白色，李叶苏木和山榄树木材呈金黄色。木材的加工色指的是在材料成型后通过喷涂或镀膜的手段所赋予的色彩，如各种木材的清漆喷涂，透明的漆膜露出木材本身的色彩和纹理，这种处理对木材的其他要素一般不会发生影响，清漆饰面一般要求木材表面平整光滑，不用腻子打底，加工后色彩在效果上基本和固有色彩效果一样。而混油则是由不透明的漆膜覆盖木材外表面，色彩可以根据设计和使用需要，非常随意地调配和更换。混油饰面一般由于对木材表面要求不高，使用时通常用腻子打底刮平再上油漆，但当喷涂厚度较大时，油漆的特性很容易掩盖木材的感觉。在中国古代的寺庙里厚厚的油漆掩盖了木材本身的特性，色彩成为唯一的材料要素。此外粗糙表面的木材的色彩由于光线漫反射的缘故，明度会比较低，而有复杂肌理的木材会降低色彩的纯度。

色彩还对材料的重量感起作用，色彩的明度越大感觉越轻，反之越重。这是由生活经验和心理感知共同作用造成的，羽毛、雪花这些浅色的高明度的材料自然和轻联系在一起的；泥土、岩石等重的材料往往是深色和低明度的。同样是用木头做成的方盒子，假如用的是黑色的木头，盒子会显得很厚实，甚至可以想象在手中沉甸甸的感觉，如果将盒子的材料换成浅黄色或白色的木材，盒子马上感觉变轻了许多。吉彰真树在日本筑波市设计的艺术者之家，采用黑色橡木为建筑表皮，给人的感觉深邃沉静，或许这也体现了居住其中主人的性格。

三、木材的美学意义

建筑材料是构筑建筑空间、形体的重要物质条件，建筑的表现特征取决于建筑材料不同的物理性能，而这些性能反过来又影响建筑物的艺术造型，也决定了建筑物的质感、色彩以及人在其中的精神感受。木材和其他材料由于结构特性不同，其建筑艺术表现力上有很大的差别。木建筑有其独特的美学意义。

木材是与人类关系最为和谐的建筑材料，尤其在中国，我们对建筑的印象很多来自木材。它记录了建筑的发展史，对建筑发展有着深远的影响。木材有很强的亲和力，属于可再生资源，这是其他材料不能企及的。总体上看，现在，建筑由于受工业化的影响与人类之间隔膜渐渐加深。人们都愿意亲近木材，能触摸它和欣赏它。由此，建筑师希望以木材为线索重新铸造人与建筑之间的亲密关系。木材因天然生长形成美丽的纹理，尤其是锯开和抛光以后，木材会带着光泽而显现出来，这正是木材最美妙的展示。木材之所以珍贵，也许不仅仅是它日渐的稀缺，更多因为我们可以从木材中寻找自我，它影响着我们感官的方方面面：听觉（粗木有无法忽视的吸收特性），嗅觉（北方木屋中，依然散发着松木的清香），总是让我们无法释怀。

彼得·卒姆托在汉诺威 2000 年世博会上设计的瑞士馆是一个四面开放，近似露天的建筑，由 12 组共 98 堵木垛墙组成，每堵墙高达 7m，有长有短，按照东西南北的方位组合出一些通道、内院和中庭。所有的木墙都由规格统一的方形松木条构成，37000 块全部来自瑞士本土，彼此间靠钢片弹簧搭接。人们在其中可以嗅到木材的芳香，感触木材的肌理，唤起人们最初的感知力，用心去体验，去看、去闻、去抚摸。

模仿天然木材纹理、颜色及质感的室外用饰面人造板材，用于建筑外表可以创造出与众不同的形象，带给人们亲切、真实、自然的感官享受，随着技术的不断进步，解决了日趋减少的资源问题，相信以木材为表皮的建筑一定会越来越繁荣。

第四节　砖石的属性与表现力

"建筑开始于两块砖被仔细地连接在一起。"——密斯

砖和石材都是直接采自大地的建筑材料，通过砌块的形式砌筑成墙体，两种材料对于恶劣天气都有较强的抗御能力，无须后期频繁维护，所以能延续上千年，成为古代建筑文化的重要见证。

砖石最早作为结构材料出现，由于砌体结构特性的限制以及建筑对空间形式的要求越来越高等原因，现在以砖石为主体结构的建筑已经少之又少，但由于人们对用砖石砌筑形成肌理的自然感的偏爱，二者作为表皮饰面材料渐渐回归。不过传统的土坯烧结砖需要毁田取土，与我国地少人多的国情相矛盾，国家已经强调禁止使用实心勃土砖。传统的实心勃土砖被空心、多孔勃土砖、矿物废料和工业废料烧结的粉煤灰砖、烧结煤研石转、蒸压灰砂砖取代。同理，由于对石材的过度开采使得自然环境遭到破坏，一些天然石材稀缺，价格昂贵。近些年来随着石材技术的发展，一种由石材与结构增强板相互黏结而成的轻质高强石材复合板应运而生，这种复合石材相对价钱低廉，规格方便控制，可以最大限度地减少天然瑕疵，而且还保留了天然石材的自然纹理和色彩，安装也相对简便高效。

一、砖石的属性

1. 砖石的物理性质

砖石材料都属于脆性材料，具有密度大、坚硬，抗压性好但韧性差的特点，耐火性能、保温隔热性能都比较好。

清水砖墙在我国有着悠久的历史，以朴质凝重的色彩和独特的肌理，孕育着清水建筑特有的表现力。随着人们环境意识的加强，环保理念上升到很高的地位，靠毁坏田地为代价的实心黏土砖被新型砌体砖取代，新的砌体砖也为当代砖的表现提供了新的源泉。从发展趋势来看，砖的改革主要从减轻自重和利用工业废渣两方面考虑。当前利用碎石料、火山渣、煤矸石、粉煤灰、钢渣等工业废料所形成的各种新型的砌块材料，具有比以往黏土砖更丰富的质感、种类及实用性。如混凝土小型空心砌块砌筑的墙体自重较黏土砖可减轻20% ~ 40%，砌块色泽肌理美观而富于变化；加气混凝土砌块充分利用了大工业生产所造成的废弃材料。国内著名建筑师张永和设计的西南生物工程工业化中间试验基地是国内设计师。对砌块外墙作为外表皮而非仅仅围护墙的一次成功尝试。

石材是人类历史上应用最早的建筑材料之一，由于大部分石材具有强度高、耐高温、耐久性好、色彩美观，易于清洁等特点，因此它为各个时期、地区的人们所青睐。石材现在常作为装饰材料使用，给人带来深厚凝重的文化感和历史感。一般建筑表皮石材基本可分为天然石材和人工石材两大类，天然石材一般有大理石、花岗岩、砂岩等。马清运的"父亲住宅"，采用了钢筋混凝土框架为承重结构，用石材做维护构件。石材就地取于陕西蓝田当地河边的鹅卵石，它们之间没有用灰泥黏结，直接垒叠，展现出的表皮质感和肌理效果亲切自然，令人耳目一新。

人造石材是以天然大理石、花岗石碎料或方解石、白云石、石英砂等无机矿物骨料，拌和树脂、聚酯等聚合物或水泥等黏结剂，以及稳定剂、颜色等，经过真空强力拌和震动、混合、浇注、加压成型，再经打磨、抛光以及切割等工序而成。现代的科学技术不仅使得各种人造石材变得轻质高强，而且模拟自然石材肌理质感逼真，极大丰富了建筑材料的选择余地并大有取代天然石材的趋势。

2. 砖石的视觉、心理感受

砖石是常用的材料之一，历史上长期的使用造就了砖的传统感，甚至具有符号般的意义，我国传统的砖主要为预制勃土砖及烧结勃土实心砖，这种砖从视觉上让人易感受到整齐、自然、朴实，心理上让人觉得亲切、温馨。一段时间内由于各种原因，传统的清水砖墙一度受到冷落，砖的生产精度也较早期大幅下降，随着我国现代化水平的提高，当我们周围充斥着太多的现代材料时，我们开始厌倦。传统砖砌体的真实感，自然气息重新打动了我们。

石材外观粗糙、坚硬、色彩鲜明、纹理清晰，给人感觉坚固、厚重、高贵、永久，在活跃的建筑时代，石材一直以其特有的历史感、人情味和自然感为世人所喜爱。砖石应用在现代建筑中，与竹木相比它们硬朗、厚重，与绿树、林荫组合所形成恬静幽雅的宜人环境；与玻璃、钢相比它们粗糙而又实在，置身其中仿佛可以闻到泥土的芳香。

3. 砖石的砌筑

谈到砖石必须要谈到它们的砌筑形式，用小尺寸砌块通过砂浆的黏结形成大尺寸构件，各式各样的砌筑方式产生的肌理，使得砖石建筑表现力更加丰富。

清水砖墙表面的细部与它的砌筑方式密切相关，砌筑方式的灵活程度直接决定了清水砖墙细部的丰富程度。当然，许多现代建筑使用清水砖墙并不是突出砖本身的细部表现力，但如果决定以砖本身做材料的表现，那么提高砌筑方式的灵活性将是丰富其表现力的必需手段。

砖的砌筑关键是错缝搭接，使上下砖的垂直缝交错，这样才能保证砖墙的整体性。在保证结构受力及稳定性的基础上，砖墙可以局部斜砌或立砌，立面的光影和肌理变化会更加丰富，砌体中部分丁砖还可以出挑，以形成立面的凸起，产生丰富的光影效果。同理在砌筑过程中也可局部不砌满或局部凹入，甚至利用砖砌出孔洞，使清水砖墙表面效果更加丰富。在北京通州艺术中心门房悬挑而出的西立面和东立面与地面接近的部位，建筑师以交错的丁头砖进行表现，砖块 (240mm × 120mm × 6mm) 的组织方式很简单，采用一顺一丁的砌筑方式，将内表面取平，未被砍断的丁砖自然就间隔着突出表面，产生极强的肌理效果，改变了传统砖墙的质感。为了进一步拓展表皮的变化，而将渐次砌筑的丁砖切去 2cm、4cm、6cm 直至 12cm，形成退晕的效果直至融于砌筑墙面。简单组织方式的改变使砖的使用具有了更大的自由度，让表皮肌理与建造方式有了深层的联系。

清水石材砌筑墙体直接采用天然石材，通过水泥砂浆，石灰砂浆，水泥石灰砂浆或黏土作为胶结材料进行砌筑，也有不加任何胶结材料进行砌筑的实例。石材可以不作任何加工，砌筑时形成错落有致的有机图案，也可以加工成一定规格的方形块材，砌筑时则像砖墙一样分层砌筑。赫尔佐格与德默隆在石墙的砌筑方面进行了大胆的尝试。在他们设计的美国加利福尼亚多米尼斯酿酒厂，表皮石材像集装箱的货物一样被"装"在铁笼子里，形成建筑四个方向上的外墙和屋顶，这种使用材料的方式有些像我国民间防洪护堤时用竹笼装石的方法，彻底颠覆了传统石材砌筑的概念，在这里墙体以一种前所未有的形式出现，既没有石墙的完全封闭感，也不同于玻璃的透明或半透明，处在一种实与虚的交错状态。石材在此体现不出其重量，而是构成墙体的一种填充物，提供隔热保温的性能，它以自身的自然形体、质感和色彩展现在铁丝网笼中。由于石块形状的各异而无法密实的贴拢，靠自身的重力而散落、交织，每块进入我们视野的石头形状各异，没有任何两堵墙是相同的。根据房间采光和通风的不同需求，石墙的疏密程度也不同。石头越小，越容易填补彼此间的空隙，透光通风也就会差一些，在光纤的照射下建筑中形成斑驳的光影，神秘而诗意。

砖石砌体砌缝的处理也颇具学问，不同形式的缝处理在日光下会造成不同的阴影效果，从而具有不同的审美情趣。同时接缝的宽度可以形成建筑立面丰富的细部变化，宽一些的接缝在建筑立面上形成划分，能对建筑立面进行细化，接缝也可以根据需要做得很窄，甚至无缝，充分展现建筑工艺的精湛。

二、砖石在表皮设计中的表现力

1. 砖石的材质表现力

普通黏土砖的表面较平整　但并不光滑。砖墙表面的质感主要通过灰缝的凹入或凸出，或者通过砌筑方式的变化形成光影。也可以对砖墙采用凿剁的方法形成粗糙的质感。在当今国际建筑界，对砖的热爱，对砖墙表面细部的追求，恐怕马里奥·博塔要排在第一位，他在40多年的设计生涯中对清水砖的魅力进行了无数突破性的探索，他的作品大多是从细部处理着手，原为他觉得细部处理就是善于使用材料而局部地赋予作品新的意义。他选择经济廉价的材料——空心砖，而且他的住宅和大多数公建都是以空心砖这种单一的材料建造的。博塔历经种种的尝试，不断追求隐藏在这一廉价材料中建筑表现的可能性。在他的自宅设计中，有许多对砖的细节设计值得品味，比如上下两端几行砖采用立砌方法，区别于大面积的横砌，达到起讫和收尾的目的，对砖的用法达到洗练而成熟的境界。

石头作为表面围护材料的传统，可以追溯到古典建筑在承重墙外面拼贴各种古典柱式的时期。这类建筑的外观通常是厚重敦实的，石头表皮极力伪装成承重构件，石材在这里变成了一种"虚伪"的材料。石材粗糙的肌理能给人以近的感觉，可以使一个面感觉更近，从而减小了面的尺度感，同时加大了它在视觉上的重量感。限研吾设计的日本石之美术馆原为一个旧的谷仓，受一家生产石材公司的委托，这个项目的基本设想就是建一座博物馆来展示石头艺术，石头被沿着现有建筑和限研吾设计的新建筑之间的一条通道安置。美术馆总体有两种石墙：一种是由传统砌筑方法而构成的墙体，另一种是以百叶形式而造的墙体，部分砌筑墙体被移位或被大理石代替，还有被改造成有孔洞可以通风的墙体，用多层芦野石的厚平板在墙上造成多孔状，并且这些板层得到一些空缺，自然光可以从这些白色带蓝纹的大理石薄板间照射进来。限研吾用一种独创的方法对石材工艺的"轻质"和"透明"进行了探索。

2. 砖石的色彩表现力

清水砖墙的色彩由大面积的砖的色彩和大面积的砖缝色彩两部分组成。砖的色彩取决于砖的种类。砖的种类十分丰富比如黏土砖有青砖和红砖两种，水泥砖则为灰色。红砖是在泥土进模焙烧后通氧而成可以通过控制火候，以及黏土中拌入添加剂而形成土黄、柠檬黄、橙红、深红的暖色系列；青砖是烧制以后不通过氧的砖块，青砖也可以形成青灰、灰白、银灰等冷色系列，这里面青砖庄重朴实，红砖亲切温暖。在砖石砌筑过程中利用砌块颜色的细微差别，插色砌筑，进退相间，会使人在色彩的变化中感到生动、活泼、富有生气。水泥砖也可以通过在水泥中加入石灰，混合一定比例的白水泥或者混合一定的颜料添加剂来形成不同的色彩。砂浆可以用水泥砂浆，或水泥石灰混合砂浆，或纯石灰砂浆，也可以形成灰色、灰白色、白色的效果。清水砖墙的远观色彩呈现的是砖和砂浆色彩的混合作用，但近距离观赏时二者则形成图的关系，一般采用的是突出小面积砖缝的做法。如果采用普通的灰色水泥砂浆，较难突出，所以一般采用明度高的白色砖缝，与砖的色彩相互映衬，突出砌筑的肌理效果。

石材家族种类繁多，由于其产地不同而拥有极为丰富的色彩。磨光后的石材有着十分丰富的纹理效果。贝幸铭先生设计的华盛顿国家美术馆东馆，外墙采用的是一种暖灰色大理石，其表面的纹理也较为丰富。之所以选用这种材料，最主要的是为了照顾该建筑与对面老馆之间的协调。建筑呈现出强烈的雕塑感，大片石材墙面由于大理石材质细微的色彩差异与纹理差异而并不单调。

深浅两色石材的间隔重复是鲜明的马里奥·博塔个人标记，博塔创造出一种"斑马"似的建筑立面图案。这种图案简洁、明了，几何秩序感强，具有浓厚的装饰意味。以位于瑞士提契诺州玛吉亚山谷的蒙哥诺教堂为例，建筑立面采用了深灰色花岗岩和白色大理石两种材质进行组合拼贴。建筑外墙通过窄的白色大理石带与宽的深灰色花岗岩带间隔重复，构成极富韵律的立面图案。冷灰色的色调，使整个建筑呈现出一种冷峻的表情，带给人宁静、平和的感觉。鲜明的形式特征，使建筑从环境中独立出来，凸现教堂在地方的神圣地位。建筑整个墙面，甚至连楼地面，都采用了这两种材质组合的构成方式。在这里，双色石材的运用，不但完美地阐释了建筑形体，而且赋予了建筑立面独特的表情，传达出了丰富的意义，充分挖掘出石材表现艺术的潜力。

三、砖石的美学意义

建筑从属于人类的使用，人类的居住活动是构成建筑人文主义价值的决定因素，而建筑的建造也同样会受到社会文化的影响。砖石建筑曾在建筑的发展史上创造了高度文明，砖石建筑一般都具有较长的生命周期，带有一定历史时期的文化烙印，与当时的建筑技术条件、材料加工条件和某个特定地域人们的欣赏倾向有关，以丰富的历史文化信息在人的脑中产生共鸣，给观者带来审美感受。

砖石材料直接取自大自然，自身质朴的美使得外露的材料质感成为感人的艺术形式，无须刻意掩饰，充分利用砖石材料自身的纹理和天然色彩便可达到美轮美奂的效果。砖石柔和的颜色，略显粗糙的表面质感，不规则的图案肌理，以及由这些所构成的建筑实体和艺术造型，形成了无法抵挡的艺术感染力。尤其他在创造亲切的居住环境时，作用更是明显。如赖特所倡导的"有机建筑"也是以与接近泥土的色彩，低层的质朴造型，来获得与自然和谐的关系。来自于大自然的材料经过人的建筑活动重新编织到大自然中去，既提供人们居住的空间，又成为大地的景观。"自然就是美"，在建筑美学的研究中得到越来越多的证实。

第五节 金属的属性与表现力

"对我来说，金属就是这个时代的材料，它们可以使建筑成为雕塑。"

——弗兰克·盖里

虽然金属应用于建筑有着悠久的历史，但刚开始只是出现在桥梁、工厂、仓库等建筑中，而后逐渐在商场、学校、办公楼等民用建筑中以建筑结构材料的形式出现。所以一直以来，金属作为一种工业化的建筑材料，带给人们的印象就是"钢结构""金属构件"。随着金属在建筑表皮设计中以全新的材料语言闪亮登场，它们开始焕发出新的活力。金属在建筑中的应用开始由内而外，由主体结构到表皮，不同的应用领域和功能定位对金属在色、形、质的需求不尽相同。作为建筑表皮的金属材料需要有着丰富多彩的表现力，如此一来也促进了金属在加工工艺和施工技术上的不断创新发展。作为表达建筑表皮的新语汇，金属材料有其自身的优越性和很大的发展潜力，它们多手法的加工工艺使建筑师在使用时可以表现出多样化的表皮语言，预制化的生产安装为建造施工带来很大的方便，而可回收、可重复使用又有其经济价值和环保节约的作用。随着技术的发展，金属材料的应用范围会越发扩展。

一、金属的属性

1. 金属的物理性质

金属材料，质地坚硬，其内部分子排列紧密，一般具有光泽，有良好的延展性、导电性、导热性等特征，建筑工程用的金属材料按色彩可分为黑色金属和有色金属两大类。黑色金属是指钢铁材料，包括铁、碳素钢和合金钢；有色金属是指除钢铁材料外的其他金属材料，包括铝及铝合金，铁及铝合金、铜及铜合金、锌及锌合金、镁及镁合金等。根据组成又可以分为单一金属材料与合成金属材料。事实上，建筑用的绝大部分金属都是合金，合金的性能因组成因素各异而大不相同。此外金属材料形式众多、色彩丰富，易于延展成型，重量较轻，并且有着很好的耐候性、耐久性。这里主要研究适宜用于建筑表皮的金属材料，如钢、铝、锌、铜、铁及其金属合成材料等。

2. 金属的视觉、心理感受

金属材料带有极鲜明的时代特点和工业文化特征，它们细腻、光洁、均匀、柔韧，给人简洁明快、冷峻，富有动感和力度的感觉。肌理呈现出的质感给人最初的视觉印象是坚硬、冰冷且粗糙，然而它们也可根据需要，经过细加工显示出光滑细腻、温暖亲切的一面，以适应不同的建筑表皮想要表达的形式语言。伊东丰雄设计的东京银座Mikimoto珠宝旗舰店，表面用12mm的白色金属板包裹，光滑的表皮配合形状不规则但却十分简洁的窗户造型，远观干净利落，轻盈优美，近看冷峻锐利、优雅细腻。到了晚上，它被点亮成了五颜六色，因为它光滑的表面印出了四周建筑的霓虹灯，如同万圣节的南瓜灯，光影靡丽。外墙既是表皮又是支撑结构，非常轻盈优美。在这里原本冰冷坚硬的锌板经过技术手段和建筑艺术手段的处理，营造出了感性、柔和的氛围。

金属有着其他材料所不具备的特点，就是它的光泽。金属光学性能良好，可使空间界面虚化和模糊，消除实体材料有可能带来的压抑和沉闷感。经过抛光处理的金属板材有镜面一般的反射特性，可以对周围景物产生直接的映射，将发光物体的光依照镜面反射原理进行反射。用金属装饰的建筑表面在某一角度可以达到令人眩目的光亮，而在另一角度却黑暗的难以分辨，正是这样强烈的对比，造就了金属的魅力。而经过压光处理的金属板材没有镜面反射的影像，它们发出金属特有的微淡光泽，含蓄、富丽、韵味十足，所以，以复合铝板为代表的压光金属板材颇为流行。

二、金属在表皮设计中的表现力

1. 金属的材质表现力

金属材料本身具有极强的表现力材料的细腻、光洁而且均匀的表面质感。经过处理的金属材料获得了更多不同于其他未经处理的金属材料表面虽然光滑，但实质却凹凸不平，对光线的反射仍以漫反射为主，在经过打磨、抛光等处理后，会对光线产生镜面反射，呈现晶莹剔透的光泽。

金属材料的表达语言很丰富，比如钢材可以通过磨光、酸洗获得光滑的表面，也可以通过滚轧、蚀刻、喷砂形成表面的凹凸或纹理图案。铝合金表面也可以进行氟碳喷涂形成多种丰富的色彩。穿孔的金属板材表面，表面的空洞也会形成一定的纹理效果，减少了充当围护材料时的封闭感，有其独特的魅力。

韩国建筑师李承孝在北京长城脚下的公社会所设计中，运用了大量未处理耐候性钢板作为建筑的表皮，这可能是国内建成的第一个该类型表皮的建筑。自然未处理耐候性钢板的色彩及质感与周围环境以及其他建筑材料的对比显得协调而自然，时间的痕迹在建筑中得以彰显，使得建筑整体沧桑之中透着精致。

这里要特别提一下铁锌板材，它是锌与铜及铁金属的合金，由于成分内不包含铁，所以不会生锈。经过一段时间与空气作用后，它表面会形成一层浅灰色的氧化层，这为建筑提供有效持久的保护。铁锌板即使在污染严重的地区仍可以颇为长寿，由于有保护层，表面不需要加涂料并且不需要经常清洗。锌表面有自动恢复的能力，就算有了划痕，经过一段时间后，它就能恢复本来的色彩。钛、锌都有高度的延展性，适合各种类型复杂的行装，容易在工地上被弯曲与焊接。弗兰克·盖里设计的西班牙毕尔巴鄂古根海姆博物馆，形状十分不规则，外墙就是采用闪闪发光的铁金属板，由于铁锌板这种特殊材料的使用，它在建成之后便被报刊誉为"世界上最美丽的博物馆"。

2. 金属的色彩表现力

金属材料本身的色彩是由组成其结构的分子颜色来决定的，多为冷色调，也有少数是暖色系，经过氧化或是其他方式加工后也会有色调的变化。例如铝、钢、锌是青灰色，属冷色调；铜则是棕红色，属暖色调；铁平常是银白色，但在光线下又会显得温暖且有个性。由于金属在空气中会被氧化或腐蚀，因此多数金属表面要经过处理。钢铁由于氧化后形成的铁锈会不断脱落，因而必须上漆或者采用不锈钢。上漆的方法中以烤漆效果为最佳，漆膜光泽度好，但工艺成本较高。使用上漆的方法，钢材可以形成绚丽的色彩，但同时材料也失去了自身特有的光泽。图为弗兰克·盖里的作品，西雅图摇滚音乐厅，表皮使用了大量的彩色金属板，自由穿插在银白色的展厅之间，各个形体错落有序，高低起伏，表达了音乐欢乐的色彩和动人的旋律，闪闪发光的金属表皮更为整个城市增添了动感和活力。

三、金属的美学意义

金属材料最早可以追溯到早期的宗教建筑和皇室建筑中，如中国和日本的皇家建筑，还有宗教建筑中常用黄金贴面，这是因为黄金的价格昂贵，储量很少，又特别耐腐蚀，用黄金的装饰不但表达华丽、辉煌，更能展现主人崇高的地位。

现代的金属材料，带有极鲜明的时代特点和工业文化的特征：简洁、明快、洗练，这些都是金属材料独有的表面质感，当今时代新的科技、技术在成倍的涌现，冲击着人们的生活，改变着人们的生活方式，以金属为代表的材料准确表达了人们对高技术的情感。

如今，金属表皮成为关注的焦点，成为一种"时尚"。如果说，以往人们把建筑当作一种客观、长久的物质存在，因而主要关心它具有的内容和性质的话，今天建筑则更多地被视为一种与人之间的交流、对话中不断发展的、变化的存在，对它的认识也是一个不断生长的过程。人们对于建筑的要求是全方位的，重视建筑给人视觉、触觉、味觉等方面的生理感受和与此而来的心理感受，人们开始"品味"建筑，在"品味"中发现和体验人生乐趣，使生活更加丰富并充满意义。观念的转变，反映在建筑表皮上，则出现了多元、复杂化的局面，以此来满足个性化的要求而改变了以往均质化的抹杀个性差异的一统局面。于是建筑师们在设计过程中开始让金属表皮上演一场华丽时尚秀的时候，我们应该去把握时尚的脉搏，让建筑作为一个时代的艺术成为记忆时间的载体。我们同样可以看出金属表皮的发展演变已经从技术走向了艺术，也从物质走向了精神。

赫尔佐格和德默隆在瑞士巴塞尔设计的沃尔夫中心信号楼，通过对包裹混凝土核的铜片进行简单的一次构造处理，使建筑看似高技，以表征铁路监控的建筑性质。设计者将部分铜片做微弯曲处理。弯曲后不仅使建筑上为数不多的窗户有机会获得自然光的照射，而且产生出奇特的局部退晕的视觉效果。铜皮的弯曲形成类似百叶的叠加，渐开的铜片以很小的三角形铜构件斜撑在背后的竖向杆件上，通过调整三角形构件的角度来引导铜片的弯曲，产生渐变。这个简单的构造过滤了光，解决了视线遮挡的问题，使得里面的人可以看外面，而外面的人看不到里边。在立面上，人们所能看到的是一个整洁却富有变化的图案，有深有浅，加上铜本身的色泽，在视觉上有着类似烘烤而成的自然美感。内部隐约可辨的窗户成为点缀，整幢建筑好似一座巨大的极少主义雕塑。

第六节　玻璃的属性与表现力

玻璃是种相对均质的人工材料，种类繁多，作为建筑物的要素之一，它的使用打破了原始的封闭盒子空间，把室外自然光线引入室内空间，为使用者提供了良好的视野。1851年，英国工程师约瑟夫·帕克斯顿建造了人类历史上第一座完全玻璃建筑物"水晶宫"，创造了在短时间内完成大工程建设的壮举，纯玻璃表皮在建筑史的发展中具有划时代的意义。现代技术的发展使玻璃呈现出丰富多彩的表现面貌，为建筑师进行建筑创作提供了更为宽广的选择余地。玻璃已经不再是仅仅满足基本采光与通风要求的材料，而是进一步演化成为一种现代技术的象征；一种有着纯净审美标准的精神化要素；一种能创造特殊气氛的元素或者创造室内外均匀光环境的物质材料。

玻璃作为建筑的表皮，充分展示了它特有的透明、半透明、不透明和反射、折射等审美价值，以及经济、适用、加工优良等工业产品特性。玻璃的反射性、锐利性和明确性符合了时代本身的性质，我们通过应用玻璃的视觉特性表达材料的现代感，也通过其"虚无"的存在做到建筑与环境的和谐共生。玻璃表皮在建筑中经历着一个不断发展与创新的过程，作为建筑不可或缺的表现手段之一，其自身的表现力随着材料的变化与探索不断增强。

一、玻璃的属性

1. 玻璃的物理性质

玻璃是用石英砂、纯碱、长石和石灰石等为原料，在 1550℃ ~ 1600℃高温下烧至熔化后再冷却而成的一种无定型硅酸盐物质，在凝结过程中，由于黏度急剧增加，分子来不及按一定规格有序的排列，而形成无定型结构的玻璃体，因而其物理性质和力学性质是各向同性的。玻璃的抗压强度极限由于玻璃的化学组成不同，相差极大。荷载的持续时间相对抗压强度影响很小，但在高温下，抗压强度就会急剧下降，这一点对建筑的防火特别不利。玻璃的抗拉强度并不高，属于脆性极大的建筑材料，但经过特殊处理的高强度玻璃则有着惊人的抗拉承载力。玻璃的弹性模量受温度影响极大，常温下玻璃具有弹性，弹性模量非常接近其断裂强度，因此脆而易碎。玻璃在常温中导热系数为砖的 3 倍，故单层玻璃的建筑热工性能并不好。普通玻璃的热稳定性比较差，所以不适宜应用在建筑中温度变化较大的部位。

建筑玻璃的种类繁多，在建筑中大量采用的有平板玻璃、镀膜玻璃和各种安全玻璃，它们的材料特性深刻影响到建筑的功能和使用。玻璃按建筑中的应用可分为普通玻璃、磨光玻璃、磨砂玻璃、花纹玻璃、有色玻璃、钢化玻璃、夹层玻璃、夹丝玻璃、釉面玻璃、吸热玻璃、热反射玻璃、电热玻璃、中空玻璃等。

2. 玻璃的视觉、心理感受

玻璃作为一种有独特个性的现代建筑材料，有自己与众不同的特点。它清澈明亮，自身光洁细腻，致密的结构使得玻璃显得简洁、明快、坚硬、冷漠富有动感，而其透明的物理特性又使它显出温柔浪漫的一面。对光线可以进行透射、折射和反射等多种物理特性，使得它在众多材料中脱颖而出，在建筑中被广泛使用。在普通平板透明玻璃的基础上发展了很多玻璃艺术加工技术，例如背涂颜色、窑烧、蚀刻、熔铸等手法。切刮、抛光、弯曲或涂漆等可以为玻璃增加闪闪发光的波段；喷砂可以引入光线，起遮挡的作用，把那原来清亮的特性变成了柔情似水，调和了光线；窑烧则增加了表面的纹理和立体感，把那原来可以让光线透过的特性改变，加工后的玻璃能够把光线及颜色保留在玻璃内，令本来是透明无色的平面产生出千变万化的颜色和肌理。图为建于荷兰的"桑斯比克86"，它仅是一个小型的雕塑展览廊，却被广泛认为是最完美、最薄的透明玻璃建筑，其自身也很像一个雕塑。展廊分为四个单元，长向的稳定通过玻璃墙来支撑，横向的稳定靠柱子支撑的同时，还通过玻璃肋和钢析架所组成的钢架来进一步加强。该设计的合理性在于，它努力建造一种完全透明、视觉上接近于虚无的表皮，即为雕塑品提供一个遮蔽风雨的空间，同时让空间外的人无遮挡的观赏这些雕塑。简洁的形体，透明的构件和充分的漫射光，以及环境的绿色掩盖了玻璃本来的一点淡绿色，达到了设计融于环境的目的。

二、玻璃在表皮设计中的表现力

1. 玻璃的材质表现力

玻璃材料最显著的特征就是其透光性，在建筑设计中具有不可替代性。建筑大师密斯·凡·德·罗在早期的玻璃摩天楼设想中，试图将玻璃面表现为除去结构与装饰的完全透明的建筑表皮，意在使建筑的室内暴露在外，表达玻璃透明精美的质感。时至今日，以点支式玻璃幕墙为首的玻璃表皮才完全表达了密斯当年的初衷，透明的玻璃毫不掩饰建筑的结构和构造，建筑可以向外部展示其内部空间，使视觉层次拉大，消减了建筑物界面的封闭感，从而有着极强的表现力，是一种极端追求透明肌肤的效果。当然，透明的玻璃也许会对室内的私密性产生一定的影响，但是，私密性完全可以通过窗帘、百叶等方式来加以保证。

半透明的玻璃如玻璃砖、磨砂玻璃、压花玻璃其明度介于实墙和透明玻璃之间，它的半透明性即使室内外空间有明确的界限，又避免了传统建筑过于沉闷的围合。而且，对于观者来说，它可以将处于对面的建筑物内容若隐若现，含而不露的展现，使建筑呈现一种朦胧而含蓄的美。玻璃表面往往通过磨砂、压花、蚀刻等方法形成不同的纹理和凹凸的质感，磨砂玻璃和花纹玻璃的凸凹也使建筑在立面上有了细微而丰富的细节，正是这些小小的细节使得光线以弥散的方式混合。爱范特·塔沃斯特在设计法国科伦布斯某餐饮中心时，为了尽量减小对当地植被的影响，将建筑布置得很紧凑，并用植被覆盖屋顶，立面采用了印刷图案，力图恢复公园的空间秩序。这个印有植物图案的幕墙，同时保证了隐私、凉爽以及与室外的隔声。

镜面反射玻璃可以映衬周围的景致，扩大建筑之间的空间。反射玻璃最终发展成连续的表皮，围裹整幢建筑物，使其成为一座独立的带有光滑质感的雕塑品。光线的反射及有层次的透明性造成的视觉幻影可以增添现代派摩天楼所缺乏的趣味。

2. 玻璃的色彩表现力

通过在透明玻璃中加入钴、铁、硒等元素或其氧化物可以使玻璃呈现出茶、蓝、灰、绿等颜色，这称为有色玻璃。曾几何时，绿玻璃、蓝玻璃被大量应用在住宅小区的窗户中，虽然它可以减少一定的辐射热能，加强室内的私密性，但却削弱了建筑的通透性，现在基本已经被弃用。可见透明玻璃本身自然而朴素的外表，才是它真正的魅力所在。玻璃也可以用多种生产方法在玻璃表面涂以金、银、铜、铬、镍、铁等金属或金属氧化物薄膜，从而呈现出灰色、青铜色、茶色、金色、蓝色、棕色古铜色等，被称为反射玻璃，它们可以反射周围景物的颜色，表面光感十分丰富。但是，反射玻璃降低了建筑物室内外的通透性，这样的做法是牺牲了玻璃的透明性而获得了人工色彩。

在新材料和新技术的支持下，玻璃表皮的发展已经达到了前所未有的高度，建筑师们争先恐后利用各种技术来获得具有独特视觉效果和纹理质感的玻璃表皮。在很多建筑中，建筑的玻璃表皮完全脱离了结构体系的干扰，被赋予了更多的装饰性信息，它已经完全不同于传统的由柱子和窗户分割的立面，而以高科技的图像和抽象符号取而代之。人们所追逐的焦点已不再是如何将建筑的表皮非物质化，而是致力于挖掘玻璃这种材料在通常状态下无法表现出的新特性、新视觉效果和触觉感受，诸多建筑师在这方面进行了积极的探索和尝试。例如赫尔佐格和德默隆设计的伦敦拉班现代舞中心的案例中，建筑物的里面采用特殊处理的有色玻璃，使建筑的外观活像一个穿着鲜艳的舞者，但又不失肃穆和稳重，有着强烈的视觉冲击力。

三、玻璃的美学意义

玻璃是一种暧昧的材料。一方面，它光滑、冷漠、技术精湛。另一方面，它具有所有感官和美学特性的风格。它反射光线，也被光线穿透。它透明，但仍具有物质存在感。它可以聚焦、反射、分散光线，也可以把光线分成光谱中的各种单独色彩。

玻璃与"窗"有着不可分割的历史联系。窗最初是"风之门"的意思，是控制空气流动的装置；另外，也是"风之眼"的意思，可以通风和观景。玻璃制品的长期研发实践促生了普通玻璃与开窗墙面的融合。作为一种极具特色的建筑材料，玻璃不仅仅是一个"虚"

字可以概括。在不同的国家、不同的时期、不同的技术发展中乃至在不同的建筑师手中，它的各种性能被加以不同的应用，散发着不同的光彩。这很难从理论上总结和论述，因此，深入作品中间，从欣赏和评析中可以让我们从不同角度更为深刻地认识玻璃，从而更好地理解和应用它，为我们的建筑设计提供更具体的借鉴。利用材料本身的特性——透明、不透明、半透明及反射交融混合，形成真实虚幻的美学效果。

例如赫尔左格和德默隆在东京青山区普拉达旗舰店的设计中，通过对玻璃砌体进行创造性组织，使建筑呈现出水晶般晶莹剔透的效果，重新解释了玻璃表皮设计时的灵活性。整栋建筑采用了多种玻璃：平板玻璃、凹面玻璃、凸面玻璃、曲面玻璃和防火玻璃等。根据网状的结构体系将不同种类玻璃混用，产生出连续的凹凸变化的界面，是极其非常规的做法。玻璃的造型在视觉美感上由曲面向外围平面的过渡是极其重要的，在其制作过程中严格控制玻璃的曲线，并在 15 ㎝ 的曲线深度上获得 3 ㎝ 的最大容差。网状结构限定出菱形玻璃砌块的形式，结构在组织表皮的同时强化了表皮肌理的走向，也强化了凹凸的对比。为了达到完全的通透效果，该建筑没有使用任何额外的遮阳设施，而是在室内那些会直接暴露在日光下的地方使用带防紫外线膜压层的玻璃，这一做法又成为表皮材料的隐性组织。由于多种玻璃砌体的混用，使得不论是从内向外看还是从外向内看，都产生"哈哈镜"般的效果，看与被看以新的视角演绎，景象被表皮分解，不再是单纯二维的。为了满足结构的弹性要求并没有使用锚定条的窄节点，而是通过装在两侧边缘的夹具来限位，以使玻璃在发生地震时能够保持稳定，同时采用湿法密封以配合菱形的接合。这些特殊构造的采用均是为了配合玻璃的非常规组织方式，以达到富有变化的极简效果。

第七节　混凝土的属性与表现力

混凝土是现代建筑中应用最为广泛的材料之一，混凝土的大发展时期正是现代主义建筑思潮盛行的时期，纯粹功能主义的思想、经济条件不发达、施工技术较差等多方面原因导致这个时期的混凝土作品形式雷同，缺乏细部，施工粗糙，混凝土在这段时间里被人们认为是一种单调乏味、冷漠丑陋的，毫无人性化可言的建筑材料。当然这不是材料本身的错，20 世纪 60 年代在勒·柯布西耶、路易斯·康等现代主义建筑大师的影响下，混凝土被广泛地运用在建筑的结构、造型、外墙材料中，混凝土逐渐从单纯的结构材料发展为一种富有外在表现力，功能齐全的建筑材料。由此混凝土逐渐与设计开始很好地结合，建筑师们努力挖掘混凝土的特性，控制施工精度，混凝土展现出自身丰富的内容，形态和色彩变化无穷，可以表达特定的情感，渲染各式的气氛。20 世纪 70 年代后，质朴的混凝土开始繁荣在建筑舞台，一些建筑师追求混凝土的精致，力争表达出混凝土的雅致、自然、细腻的效果，比如安藤忠雄；一些建筑师追求混凝土自然粗犷的力度美感，保留施工的痕迹甚至瑕疵，他们更加注重真实性的表现，不去苛求施工工艺，主要依靠建筑的整体性表达效果；另外一些建筑师如贝幸铭等则将混凝土的粗犷与精致协调结合使用，建筑整体由于对体块比例的推敲显得精致细腻，接近建筑时混凝土表皮又显示出粗犷的力度，除此之外还有一些建筑师通过在混凝土中混入添加剂以追求混凝土的色彩以及特殊的质感。至此，混凝土开始成为建筑材料语言在表皮设计甚至整个建筑设计中的主角。

一、混凝土的属性

1. 混凝土的物理性质

混凝土作为建筑材料能够通过模版成型，制成各种形状和尺寸的构件或构筑物，可塑性极强。它是水泥、水、细骨料、粗骨料以及必要时掺入外加剂与矿物的混合材料，按一定比例配合并通过搅拌、浇注、硬化而成的块体，水起到调和作用，水泥是一种结合材料，与水反应而硬化，骨料形成混凝土的骨骼，在使用优质骨料的前提下，水灰比和水化速度决定着混凝土硬化的速度，添加剂则起到润滑作用和加强各种机能的作用。混凝土有很好的抗压强度，但抗拉强度相对较低，温度变化会引起材料的膨胀、干缩等现象。混凝土的物理性质很大程度和它的浇筑工艺有关系，在这一方面，安藤忠雄做得非常的好。他的每一件混凝土作品无不是他执着追求和兢兢业业致力于对混凝土整个设计施工过程把握的结果。粗糙的混凝土在安藤的建筑中变得细腻柔和，混凝土墙面非常平滑光洁，这主要得益于其施工浇注过程的极度精确性和一丝不苟的细部处理。

2. 混凝土的视觉、心理感受

混凝土材料色彩丰富，一般的视觉特征是枯燥、粗糙、致密，让观者感觉冷漠、稳定、理性，可以粗野也可以精细，一般容易形成真实、自然、朴质无华的视觉印象。普通混凝土表面没什么纹理变化，当采用小模板时，模板的排列方式在最终效果中呈现出来成为纹理。骨料一般在浇筑完成之后，在外观上是看不到的，但是如果后期采用初凝后去除表现一些砂浆，露出骨料的做法，那么，骨料的大小及色彩，骨料排列的方式就会在最终效果中体现一定的纹理。平整的模板产生的混凝土表面也是平整的，为了达到表面的凹凸，可以通过模板表面的凹凸来达到这一效果。此外，可以在初凝前后，对混凝土表面用带一定花饰图案的模具或手工工具对外墙面进行加工，或用酸洗法、水洗法、水磨法去除表面部分砂浆，也可以在混凝土硬化成型后用凿剁法、火焰喷射法、抛丸撞击的方法去除表面部分砂浆从而形成粗糙的质感。

二、混凝土在表皮设计中的表现力

1. 混凝土的材质表现力

根据混凝土的流动—凝固—硬化的特征，混凝土表皮可以创造出丰富多彩的纹理和质感，产生不同的环境氛围。同时，它也作为一种结构体，将构造的力度注入其中，使混凝土显得粗犷而富有力度。混凝土作为表皮材料以一种质朴的形式展示富有力度的内在性格，作为一种沉默却有力的存在，烘托整个建筑的气氛。混凝土在很多情况下表现的光滑、平整，对表面光洁度的追求既是对混凝土表面的光滑、精度和耐久性的技术挑战，也是对混凝土材质表现力的挑战，光洁的表面在光线的作用下形成轻盈、细腻的形象。在安藤忠雄的建筑中，混凝土常以此形象示人，他的作品因此被人们称为"纤柔若丝"的混凝土艺术。安藤的名作小筱邸由一组平行布置的矩形体块构成，白天阳光照射在光滑平整的混凝土墙壁上，光影变化丰富，晚间光洁细腻的表面在柔和的漫射光作用下罩了一层朦胧的光晕，弱化了冰冷僵硬的混凝土墙面，使人们产生触摸它的冲动。

混凝土还有很强的拓印功能，利用此特征，使用天然木板做磨具可将木纹原封不动的印下来，有一种取之于自然又融于自然的返璞归真的质感效果。在浇筑混凝土前预先埋入大理石、花岗石、铁板等其他材料，脱模以后，与混凝土墙体融为一体形成饰面，可以说是一种异质体共生，能柔化混凝土僵硬的表情。例如黑川纪章设计的日本久慈市文化会馆，清水混凝土外墙面上装饰一些不规则布置的铁板，他在铁板内表面涂上一层树脂涂料，以解决铁板和混凝土的伸缩性不同的问题，无序点饰的镜面把周围景观映射到建筑上，形成丰富的变化。

2. 混凝土的色彩表现力

对于色彩而言，混凝土材料比其他建筑材料蕴含着更多的可能性和丰富性，微妙的色彩变化及其在自然要素影响下产生的效果令人叹为观止。混凝土的色彩大致分两类，彩色类和灰色类，彩色类依靠各种颜料添加剂，灰色类则是依靠使用不同的水泥种类、骨料的种类和色调调配出从浅到深层次不同的灰色调，加之与生俱来的丰富多彩的纹理、质感，使其具有超强的表现力，也使混凝土饰面与其他各类建筑材料很好的协调共处。

在研究总结大量实践作品的基础上，混凝土色彩在历史文化传统中有着重要的作用，在环境协调，空间氛围塑造中也有着的非凡表现力。混凝土材料色彩的多重性与丰富性使其在探求建筑的民族传统特色中发挥着不可或缺的作用。例如拉丁美洲地处热带地区，其潮湿炎热的气候特征，使木材、金属等建筑材料极易腐烂，钢筋混凝土作为主要的现代建筑材料被广泛使用于拉美地区，该地区民族性格热烈奔放，喜好鲜明的建筑色彩，其传统建筑就经常应用火山熔岩等色彩丰富的材料。在墨西哥建筑师路易斯·巴拉甘的作品希拉迪住宅的设计中，各种各样的墙面、水面、地面等均成为建筑的重要组成因素，庭院里一堵临空悬立的墙壁可能作为一棵树的背景，几只陶罐陪衬着一堵色彩丰富的墙面，这些墙面富于色彩和质感，富于视觉变化和优美的对比。对于色彩的运用，在巴拉甘晚期的作品中显得更重要也更大胆。红色是墨西哥人喜爱的颜色，在民间艺术中比比皆是，从箱柜、衣装、玩具到护符和死者面具，都用红色。过去墨西哥人使用红色，带有迷信和神秘的因素。但它到了巴拉甘手里，却成了增强视觉美感和取得色彩和谐的手段。他的红色变化多端，樱桃红、珊瑚红以至于掺柠檬色的红，在墨西哥的气候条件下，衬托着灿烂的阳光和明朗的天空，它们显得分外动人。

三、混凝土的美学意义

混凝土是一种可塑性极强的材料，它特殊的化学性能使其表现为：初期柔软而终期坚硬，具有既似石材又不是石材的美学价值。虽然我们可以找到千百种理由来抨击混凝土材料，它都是我们不可缺少的经典材料之一。我们的前辈曾用它塑造了鬼斧神工的杰作。最初的混凝土仅仅是基于实用目的而营造的，随着技术的发展和社会生活水平的提高，建筑越来越具有审美的性质。近代荷兰著名的实验建筑师威尔·阿莱兹在平面上充分表达混凝土的可塑性，得到了一种粗野、连续的表皮肌理，而不是像其前辈们那样主要是通过曲面或折面形态来强调塑性。他在鹿特丹所做的高层住宅项目中，将混凝土喷在叠有橡胶网格的模板中。由于网格具有一定的厚度，取走后在混凝土模块上留下了连续的深缝。并且故意在喷模过程中自由地调整喷洒厚度，使模块整体产生自然的起伏，表现混凝土粗野的一面。由于缝的存在，表皮的整体上有了均匀而又连续的划分，在阳光下产生很深的阴影。

这种"液体之石"在忠实于结构和材料的原真性表达上具有非凡的表现力，它所代表的"简意"和"真趣"正是医治当前"涂脂抹粉"的恶俗建筑的苦口良药。在现代建筑发展的历史中，混凝土不仅具有良好的工程性能，它在环境中极具表现力的因素，其可塑性、连续性和体积感构成了内涵丰富的弹性文化。混凝土所具有的性能使它在建筑中的色彩、质感、结构、空间等种种影响建筑艺术造型的因素中起着决定性的作用，这些都赋予了混凝土建筑不同于其他材质建筑的美学效果和意义。

第八节 建筑材料污染及可持续发展

一、建筑材料中有害物质

目前，已在室内空气中检测出 500 多种有机化学物质，其中有 20 多种有致癌或致突变作用。这些物质的浓度有时虽不是很高，但装饰装修中的污染物释放是一个持续、缓慢的过程。它们在长期综合作用下，可使居住在被这些挥发性有机物污染的室内人群出现不良建筑物综合征，建筑物相关疾患等疾病。尤其是在通风不良的建筑物内，由于室内污染物得不到及时地清除，就更容易使人出现不良反应及疾病。氟碳铝单板，高温烤漆零甲醛，无放射性，健康环保产品。

1. 甲醛

甲醛，分子式为 HCHO，是一种具有特殊刺激性的无色气体，易溶于水。甲醛对黏膜有刺激作用，低浓度的甲醛可导致结膜炎、鼻炎、咽炎等；高浓度可发生喉部痉挛、肺水肿、肺炎甚至死亡。流行病学研究发现，长期接触甲醛的人可引起鼻腔、口、咽喉部癌，消化系统癌，肺癌，皮肤癌和白血病。它是世界卫生组织公认的致癌物之一。

2. 氡

氡是由放射性元素镭或钍衰变而产生的自然界唯一的天然放射性惰性气体。它无色无味，在不通风处聚集，不易被人察觉。由于氡是放射性气体，当被吸入人体后，衰变过程中产生的 α 粒子会对人的呼吸系统造成辐射损伤，长期吸入高浓度氡最终可诱发肺癌。在美国，每年因建筑材料释放氡而受到氡辐射导致肺癌的人数有 1.5 ~ 2.0 万。我国每年因氡导致肺癌而死亡的人数竟有 5 万。氡已成为仅次于香烟的第二号引发肺癌的"杀手"

挥发性有机气体（VOC）装饰装修材料中所产生的挥发性有机气体常见的有苯、甲苯、二甲苯等。

3. 苯苯，分子式为C6H6。

苯苯，是一种无色透明的液体，具有强烈的芳香气味，易燃、易挥发。苯对人体危害较大，短期内吸入大量的苯可发生急性中毒，症状与酒精中毒相似。慢性苯中毒可引发再生障碍性贫血，还可引起白血病。苯已被国际癌症研究机构确认为有毒致癌物质。

4. 甲苯二甲苯

甲苯，分子式为 C_7H_8，是无色透明的液体，有特殊的气味。甲苯能被无损伤吸收，有普通的毒性作用，还有刺激作用；接触高浓度的甲苯可导致急性中毒作用，也可产生麻醉作用。甲苯对心、肾会有损害。二甲苯，分子式为 C_8H_{10}，是易燃液体。它既能通过呼吸道吸收，又能通过皮肤吸收；接触高浓度的二甲苯时产生麻醉作用。二甲苯对心、肾也会有损害。

装饰材料中引发室内空气污染的主要化学物质及危害装饰装修材料中造成室内空气污染的主要化学物质有甲醛、氡、挥发性有机气体（VOC）等。

二、建筑材料对环境造成的污染

1. 对室外环境的污染

（1）建筑材料造成的有害气体污染。在水泥等建材的生产过程中，煤、油、燃气大量燃烧排出 CO_2、SO_2、SO_3、H_2S、NO_x、CO 和有机物二噁英、呋喃等有毒气体对大气的污染及人体健康的危害十分严重。CO_2 可以造成大气污染，造成温室效应。硫化物可以形成酸雨，CO 等气体可与人的红细胞结合，将会给人的身体造成很大的损害。

（2）建筑材料造成的粉尘污染。某些建筑材料在生产过程中不合格，在使用的过程中会产生大量的粉尘，这些粉尘飘浮在空气中，被人们呼吸进去，会造成一定的呼吸道疾病。而且这些粉尘长期飘浮在空气中会影响空气的可见度，会影响整个大气的环境，使人们生活的环境笼罩在一片朦朦胧胧的氛围中，严重影响人们正常的工作和生活，从而影响整个社会的进步，甚至对全球的环境造成影响。

（3）建筑材料造成的水污染。某些建筑材料中含有可以与水发生作用的物质，或者在使用过程中造成一定的水污染。水乃生命之源，如果人们最基本的，生活必需的水资源被污染了，将会造成大面积的不可估量的影响。南方刚刚经历了旱灾，在这个特殊时期，水资源尤其显得重要。所以，建筑材料造成水资源的污染也是不可忽视的。

（4）建筑材料造成的光污染。城市高层建筑中的某这些建筑材料不利于汽车尾气及光化学产物的扩散，使 NO_x 等气体对人体产生光化学作用，危害人体健康。还有，某些建筑材料会造成一些不利的光反射，给交通带来一定的危害，使交通事故的发生增多。

2. 对室内环境的影响

当建筑材料成为建筑物后，健康性能是建筑物使用价值的一个重要因素，人们每天都要在自己的居室里生活一半以上的时间，尤其是夜间人们在休息以恢复体力和精力时，居室的环境就更显得尤其重要，当一个居室不利于人体健康时，它的价值会大打折扣。

（1）室内放射性因素的污染。建材的放射性污染有两个方面：体内辐射和体外辐射。体内辐射主要来自于放射性元素铀、镭、钍等的衰变产物氡。氡除了能溶解于水和许多液体中（如酒精、石油、甲苯等），还能溶解于血液和脂肪中。氡在人体内组织的溶解度很低。人体吸入氡后，氡的衰变产物不断在人的呼吸道表面沉积，不断积累在局部区域。所以人在高浓度氡气长期存在的环境下生活，会导致肺癌。

（2）有机物挥发及含重金属颜料的污染。据报道，我国现在的建筑物中使用的很多装饰材料都不同程度地含有有机溶剂、甲醛、苯、氯化烃等有机物，室内的苯主要来源于油漆、涂料和胶粘剂等化工原料。如果人在短时间内吸入高浓度的甲苯、二甲苯将会出现中枢神经系统麻醉；若长期接触则会引起慢性中毒，出现头痛、失眠、精神萎靡、记忆力减退等症状。苯化合物已经被世界卫生组织确定为强烈致癌物质。另外，装修板材中的胶粘剂也都或多或少地含有甲醛，据报道，甲醛释放量超标会导致鼻癌和呼吸系统癌变。

3. 治理污染的相关措施

（1）加强宣传

多组织相关的宣传活动，提高人们的环保意识和自我保护意识，开展宣传讲课活动，尤其使人们学习关于建筑材料相关污染方面的知识，使人们意识建筑材料对环境污染造成问题的严重性，号召大家从自我做起，从身边做起，人人树立保护环境的基本意识，真正做到"保护环境，人人有责"。

（2）规范建筑材料的生产使用过程

建筑材料的生产使用过程在建筑材料是否对环境造成污染的问题上起着尤为重要的作用，建筑材料在生产过程中是否合格，在使用过程中是否标准，很大程度决定着建材的环保性能。因此，必须完善建筑材料在生产和使用过程中的标准和监督，相关部门必须负起相应的责任，对其生产和使用过程进行严厉的监督。建筑材料在使用前和在生产利用工业废渣前必须抽取一部分样品，送到权威机关做相关的检测，使生产厂家对自己的产品做到心中有数，根据检测结果完善自己的产品。

（3）利用先进的科学技术

利用先进的科学技术处理室内污染的元素。开发抗菌材料，空气净化材料，研究可以中和室内有毒气体的物质。目前，以纳米材料技术为代表的光催化技术是解决室内污染的关键技术。

另外，还可根据实验进行相关植物的选择，以对抗有毒有害气体。目前可利用的技术有转基因技术，基因重组技术，嫁接技术等等。可以和相关的技术部门合作，利用这些技术对室内以及室外污染的因素进行相关的处理，更好地服务于大众。

（4）建立新概念、发展新理论使新型建材问世

生产建筑材料不仅要进行科学技术的创新，还要进行观念和理念的创新。利用新兴的纳米材料科学、功能材料科学理论和技术解决材料的环境协调问题；研究动、植物的环境协调理论，将仿生科学应用到建材领域。利用动物变色，调节温度的能力等各种适应环境的能力，接受相应的观念，开发新产品。不断生产环保产品，结合环保理念，进行建筑材料的改进，是建筑材料行业发展的重大进步。

（5）完善法律法规

法律不管在什么情况下都起着很严肃的作用，目前虽然已经存在相关的法律法规，我们可以更加完善。完善有关的法律法规，确实实行法律的强制作用，可以对生产厂家，豆腐渣工程进行一定的督促。严厉打击违规生产和处置违法行为，可以惩罚那些无视人们健康的不法分子，让其对自己的行为付出应负的责任，以起到警示作用，从而规范建材行业，提高建材行业的服务质量和服务水平。

三、建筑材料可持续发展

1. 建筑材料可持续发展的必要性

建筑材料体系由建筑材料、无机非金属新材料、非金属矿物材料三部分组成，其中建筑材料有水泥、玻璃、建筑卫生陶瓷、新型建筑材料等行业。建筑材料工业作为我国重要的基础材料工业和原材料工业，是国民经济的支柱产业之一。

建筑材料在生产过程中会给环境带来巨大负荷。迄今为止的传统建材从生产到使用直至废弃的全过程可以说是一种从大量资源中提取出来再将大量废弃物排放回到环境中去的恶性循环过程，对生态环境造成了越来越严重的破坏，对人体的危害也越来越严重，是现代城市4大污染的重要责任者之一。

我国建材工业仍处于高资源消耗、高污染、低效益、粗放型的阶段，不利于生态环境的可持续发展。建筑材料工业的这种生产方式对人类生存环境、保护生态系统、保持与环境的协调性极为不利。如果再不采取措施改变建筑材料业的生产现状，矿物资源的破坏性、不计后果的开采利用，在不久的将来，人类赖以生存和发展的环境和资源遭到越来越严重的破坏，人类已不同程度地尝到了环境破坏的苦果。因此，选择资源节约型、污染最低型、

质量效益型、科技先导型的发展方式，把建材工业的发展和保护生态环境、污染治理有机结合起来，实现我国建筑材料可持续发展是历史发展的必然，也是我国建材工业的战略目标。

2. 建筑材料可持续发展的可行性

（1）建筑材料与环境之间存在较高程度的协调性，与可持续发展有得天独厚的优势

许多建筑材料本身就具有一定的环保性。例如抗菌建材、空气净化建材等。一些有毒可燃废弃物及垃圾可作为燃料用于煅烧。

（2）建筑材料是消纳废弃物的大户，大部分固体废弃物都可用于建筑材料的生产中

在水泥制品和混凝土行业，利用工业废渣作掺和料，已经得到了较为广泛的应用。通过技术进步，努力提高混凝土的性能，延长其使用寿命，也是减少废弃混凝土、减少资源消耗的方法之一。目前高性能混凝土(HPC)的研究已经显示出了水泥混凝土提高耐久性、延长使用寿命的潜力。而开发直接有益于生态环境的生态混凝土更为混凝土行业的发展提出了新的思路。

在墙体材料工业中，可以大量消纳和利用工业废渣和农业废弃物，替代天然资源制造环保利废型墙体材料，如粉煤灰砖、煤矸石砖、建筑用纸面草板等产品，显著节省资源和能源，保护环境。

玻璃行业实践循环经济也大有潜力可挖，除了工艺线内 20% 左右的废玻璃自身回炉利用，实现企业内部的小循环外，像一些发达国家那样实现 80% ~ 90% 的废旧玻璃的回收利用，对中国玻璃工业来说将产生巨大的节能、节省资源和保护环境的效益。

木材是天然的建筑材料，是可再生和可以永续利用的传统建材资源。当我国森林覆盖率达到相当水平之后，只要遵循砍伐率小于再生率的循环发展原则，就可实现使用可再生的木质建筑材料代替部分不可再生的矿物。

（3）随着我国城市改造规模的日益扩大，城市建筑垃圾的推荐量将越来越大

建筑垃圾大多为固体废弃物，经处理后可作为再生资源重新利用。从理论上说，大部分的建筑垃圾都可以循环利用。如砖石、混凝土等废料经破碎后，可以代替砂和骨料，用于生产砂浆、混凝土和其他建材产品，其中的钢筋可以挑选出回炉，达到资源多层次循环利用的目的。利用建筑材料实现固体废弃物的再生资源化将成为环境保护，实现建筑材料可持续发展的重要途径之一。

3. 建筑材料可持续发展的对策

为尽快使我国建筑材料生产迈上科学可持续发展的道路，应从以下几个方面着手：

（1）加大教育引导力度

提高建材使用者和消费者对发展生态建材的重要作用和意义的认识，对推动我国生态环境建材的发展，最终实现可持续发展具有现实的和长远的意义。我们要利用各种宣传媒介进行环境意识、绿色建材知识的教育，使全民树立强烈的生态意识、环境意识，自觉地参与保护生态环境、发展绿色建材的工作，以推动绿色建材的健康发展。如果每一个建材

的生产者和消费者都意识到自己使用建材的行为不仅会影响到个人和社会的利益，还会影响到我们的后代能否健康舒适地生活在这个地球上这样一个重大的问题，那么发展生态建材实现社会的可持续发展将是一件容易的事情。所以，加强教育引导和舆论宣传是非常必要的和重要的。

（2）建立和完善建材业技术标准，加快实施环境标志认证制度

建立建材领域的 LCA 评价体系，建立严格的生态建材生产、使用和废弃对环境的影响的评价指标。建立生态绿色建材的新标准，利用标准来规范和引导企业向生态建材发展。通过制定实施相应的法规和标准，加强建材行业质量监督，培育和规范市场，促进建材企业的技术进步，引导绿色建材的健康发展。对于合理利用资源，综合利用工业废料的低能耗、低消耗建材企业，予以扶持；对于利用资源不合理、毁坏农田、高能源的生产企业，采取高额征税或限期整改等干预手段；对设备落后、污染严重的小型企业，予以淘汰。通过实行环境标志认证制度，可使建材企业加快技术改造和科技进步；提高其产品在国内外市场上的竞争力。

（3）加强科技创新

要实现全社会重视发展生态环境建材，还要加强科技创新，利用新技术、新工艺解决材料的环境协调问题。科技创新是解决生态环境建材发展实现人类社会的可持续发展的根本途径。实现建材工业的可持续发展，关键是解决如何减少、甚至不消耗化石能源资源，一方面解决化石能源资源日益匮乏，同时也解决了温室气体的排放，减轻环境恶化。加强自然能（太阳能、风能、水能、地热、核能等等）的利用，是解决能源环境问题的可行途径。建筑物的节能保温要靠材料的新设计和新技术。加强废弃物的循环利用是解决资源匮乏和环境污染的主要途径。例如，日本太平洋水泥公司 2001 年以城市垃圾灰为原料开始发展生态水泥国内外利用废弃混凝土进行了再生混凝土的研究，利用玄武岩代替黏土作水泥原料。澳大利亚开发出新型含稀土的红外吸收玻璃等。

（4）墙体尽量采用绿色材料

墙体材料在房屋建材中约占 70%，是建筑材料的重要组成部分。因而使用墙体材料，一定要按照建材绿色化的要求，与资源综合利用、保护土地和环境紧密结合起来，通过限制黏土砖，优化墙体材料产业与资源、环境、社会发展的关系，实现墙体材料的可持续发展，促进人与自然的和谐发展。如利用资源丰富的粉煤灰、煤矸石、矿渣等，取代黏土生产粉煤灰烧结砖、煤矸石烧结砖、矿渣砖。

（5）门窗最好使用塑料门窗

门窗能耗占我国高能耗建筑中总能耗约 40%，因而门窗最好使用塑料门窗，塑料门窗不仅隔热性能比常用的钢、木、铝合金门窗要好得多，同时塑料门窗生产过程中采用清洁的生产技术，少用天然能源，生产出的门窗无毒害、无污染、无放射性，有利于环境保护和人体健康，符合人们提出的"绿色建材"的概念。

第三章　建筑工程规划设计

第一节　建筑工程总体规划

一、建筑规划

（1）建筑总平面布置和平面设计，宜利用冬季日照，减少夏季得热和充分利用自然通风。

（2）建筑的主体朝向宜采用南北向或接近南北向，主要房间宜避开冬季主导风向、北向、东北向，和夏季最大日射向西向。

（3）建筑的体形系数应小于或等于 0.40。当不能满足本条文规定时，必须按本标准的规定进行围护结构热工性能的权衡判断。

（4）建筑每个朝向的窗包括透明幕墙墙面积比均不应大于 0.70。当窗包括透明幕墙墙面积比小于 0.40 时，玻璃或其他透明材料的可见光透射比不应小于 0.40。当不能满足本条文规定时，必须按本标准的规定进行围护结构热工性能的权衡判断。

（5）外窗可开启面积不应小于窗面积的 30%；透明幕墙应具有可开启部分或设有通风换气装置，可开启部分的面积不宜小于幕墙的 15%。

（6）屋顶透明部分的面积不应大于屋顶总面积的 20%，且中庭屋透明部分面积不得大于中庭部分屋顶面积的 70%。

（7）设有中庭的公共建筑，夏季宜充分利用自然通风降温，必要时设置机械排风装置。外墙与屋面热桥部分的内表面温度不应低于室内空气露点温度。

（8）人员出入频繁的外门宜设置门斗或采取其他减少冷风渗透的措施。

（9）建筑总平面布置和建筑物内部的平面设计，应合理确定冷热源和通风空调机房的位置，制冷和供热机房宜设置在空调的负荷的中心。

（10）建筑的东、西、南、向外窗包括透明幕墙宜设置外部遮阳，外部遮阳系数按本标准附录 A 确定。

规划部门提供规划设计条件，一般包括，建筑高度、日照间距系数、红线退界、容积率、覆盖率、绿化率（含集中绿化率）、停车位、配套公建指标、ETC。

二、建筑施工企业发展规划

现今全国建筑业投资规模呈不断扩大的趋势，各地城市化建设在加快，这为我们建筑施工企业提供了新的发展机遇。同时市场竞争日趋激烈，生存环境优胜劣汰的步伐日益加快，企业不能紧跟社会发展节奏，就意味着落后，甚至很快消亡，因此，探讨一条企业可持续发展之路，已成为每一个建筑施工企业必须面对的问题。

1. 建筑公司的发展环境分析与竞争力分析：

（1）机遇分析

①社会经济的持续稳步发展，使建筑业投资规模在不断扩大。

②集团房地产项目迅猛发展成为建筑公司发展的助推器。

③集团对建筑公司未来发展的高标准要求和高度重视。

（2）影响发展因素分析

①行业间的恶意竞争。

②政府政策的变化。

③ 公司业务拓展力度不够。

2. 公司优劣势分析

（1）优势分析

①品牌影响力较大。

②决策层高效精干。

③积累起了一定的项目管理经验。

④拥有了一定的社会资源。

（2）劣势分析

近期没有有影响力的工程拿下。

（3）潜能分析

①着手联系，拟承接项目的状况分析，及对公司提出的挑战和提供的机遇分析。

②公司资质等级、业务范围的不断提升。

4. 公司发展目标和指导思想

（1）中长期发展目标

（2）发展指导思想

5. 近几年公司发展规划

（1）经营发展规划

（2）内控管理规划

（3）品牌建设规划

（4）人力资源发展规划

（5）财务规划

（6）公司文化建设规划

6.规划实施措施：

（1）加强市场开发

①在目前公司经营工作的基础上，合理制定今后几年发展目标，统筹安排，保证今后几年持续增长。

②要积极参加各项社会活动、广泛利用一切社会资源，采取多种形式，加强对公司及公司品牌的宣传。

③对现有在建工程加强管理，争取各种荣誉奖项，增强公司的品牌知名度。

④实施"大项目战略"，着力关注一些社会影响力大、关注度高的工程招投标活动动态，积极参与其中，增强公司知名度和影响力。

⑤按照市场需求、优势互补、互利互惠的原则，实行多领域、多项目的联合，壮大企业经营能力。

⑥在区域上重视培养关系融洽，合作良好的关系。

⑦充分利用公司资质等级的优势资源，突出资质主打业务，将其做强做大，形成优势，同时采取措施向市政、钢构、园林等其他领域延伸，增强公司影响力。

（2）加强内控管理

①进一步完善、健全公司内部的各项管理制度和管理程序，以制度管人，按程序办事，使企业管理进一步走向规范化。

②加强企业培训工作的策划性和针对性，积极发展提升性、适用性培训，造就一支高素质的、能忠实执行企业发展战略、实现企业发展目标的管理队伍；建成一支好学上进、功深业精的企业技术队伍。

③建立、完善公司信息交流渠道与平台，确保公司各职能管理部门之间，管理部门与集团公司决策层之间的管理信息和决策精神能及时传送，避免因信息渠道不顺畅而影响公司的正常业务经营工作。

④积极建立和拓宽外部相关信息的收集渠道，为公司不断调整战略决策和日常管理决策提供坚实的信息基础。

⑤组织结构的调整是制度创新的核心内容，公司组织结构的不断优化要与创新项目管理体系相结合。

⑥完善内控措施，加强内控管理，内控的主要职能要从查错防弊向为内部管理服务方面逐步转变。

⑦加强公司证照管理，保证资质实力，充实相关证照的数量与质量，提高企业参与竞争的综合实力，为企业进一步拓展业务奠定坚实的基础。

（3）加强项目管理

①对于自营项目，编写"公司工程项目管理执行标准"，使工程项目从项目部的成立

到工程实施过程管理，再到工程项目的验收备案及保修整个过程的实施都有章可循，各项管理工作有据可依。

②对于挂靠及联合项目，制定相应管理制度，内容包含项目的选择，项目的跟踪管理，项目挂靠和合作延续的激励措施等。

③增强项目核算意识，规范工程项目成本的核算制度和成本控制方法，理顺关系，形成科学完整的项目前期测算—项目过程核算与控制—项目后期的评估与分析体系。

④积极开展技术创新活动，根据公司实际状况有选择的推广应用新技术、新工艺，减少技术、资源浪费，节约成本，用创新提升经济收益。

⑤强化项目合同管理，建立项目实施风险评估机制，加强风险的预防和控制，全面提高公司抗风险能力。

⑥加大工程结算工作力度，落实结算措施，快速回收工程承包款项。

⑦加强对项目资金的监控，有计划的安排公司的现金流。

（4）加强企业文化建设

①建立并形成符合本公司长远发展需要的企业文化体系，倡导企业精神，鼓动和引导员工深刻认识认同企业精神，增强企业凝聚力。

②企业文化是支持企业长期发展的"软环境"，通过收集多方面的信息，客观评估并不断修订完善企业文化建设。

三、建筑工程规划设计

1. 建筑工程的设计管理的重要性

建筑的设计工作在工程项目管理工作具有非常重要的地位，设计质量直接关系到业主的利益与现场施工情况。设计质量还与施工进度与施工质量密切相关，所以设计管理在建筑工程中具有非常重要的地位，直接影响到工程项目的成败。因此，在建筑工程着手开始准备时，一定要认真研究设计工作，这是由于设计管理工作在建筑设计方案决策中具有核心性作用。再有，设计质量将会直接影响到项目投资与取得效益。建筑工程管理在建筑设计中也占据重要位置，项目设计管理工作的重中之重就是做好投资金额的工作，假如不能科学确定建筑工程项目的投资金额，则会直接与建筑工程的施工成本有关，因此，建筑工程项目在建设前，首先应该制订任务书，才能合理确定建筑工程项目的投资数量。再有，只有拥有合格的施工设计图，才有利于做好施工项目的全面造价工作。还有，一定要认识到设计环节专家会审工作的重要性。

2. 建筑工程设计管理措施

（1）做好方案审核

在建筑工程设计管理过程中，首先要进行的工作是方案审核，在工程设计管理工作中应该做到对设计方案的全面审核。在审核方案过程中，主要就是要求做到全面审核建筑工程的设计方案。

（2）做好设计方案经济需求

确定科学合理的设计方案，不但有利于选择较好的施工技术，而且可以收到较好的经济效益，只有保证取得较高的经济效益，才能确定是较好的设计方案。这是由于建筑项目的设计方案经济性可以决定建筑工程的经济效益。因此，一定要重视分析和研究经济需求状况。一成本问题：设计方案要体现建筑的外观、实用性与功能效果，不但如此，还需进一步重视建筑工程的预算工作，依据目标成本范围规定，要选择与应用科学性最强的设计方案。如，在选择建筑外墙的装饰材料过程中，如果建筑外墙装饰材料的价格不同，如不同的玻璃幕墙具有不同的价格，这些材料的外观和性能也会有较大差别，因此要做到全面研究和分析。二整体效益：也就是要重视建筑工程项目中的成本问题，但也需注意不能过于强调压缩成本，而不顾整体效益，则不利于提高建筑工程项目的质量。这是由于如果只考虑到节约成本，不兼顾材料的质量与施工质量。如建筑楼层间的楼板厚度直接影响到楼层的稳定性与安全性，假如为了节约建设资金而减少材料的使用量，或者直接应用不合格的施工材料，都会严重影响建筑质量，进一步会影响到建筑的安全性．

（3）做好施工图的审核

在严格审核施工图过程中首先应该明确的是，设计方与施工方在明确设计图以后，施工一方依据设计要求，制订详细的施工方案图纸，而这一做法对后期施工质量具有决定性影响，一定要进行严格和全面的审核，保证施工图纸具有较高水平的实用性与合理性。在审核施工图纸过程中，要依据设计方要求进行审核，防止与最初的设计出现冲突；再有，对施工图纸中的各项指标也需进一步进行审核，及时明确图纸中存在的不合理之处，制定相应的修正措施。

（4）做好图纸会审

在设计建筑工程过程中，图纸会审就是指在实际开工建设之前，而举行的专家会审工作，参与会审的不但应该包括单位的专业人员，而且应该包括施工部门的人员。进行图纸会审的目的就是为了利用会审进一步提高大家的工作热情，发挥不同方面的智慧与才智，从而进一步确定图纸中存在的不科学之处，防止设计图纸出现问题而对建筑工程后期的施工造成一定的影响，如，在设计消防设施过程中，假如设计的位置与建筑的整体功能不相适应，那么进行会审过程中就要发挥不同人员的优势，从而确定最好的设计方案，对原图纸中的消防设计方案进行必要的修改。

（5）做好设计变更

根据实际情况在建设过程中要不断修改建设设计方案，一旦出现设计方案与施工实际情况不符时，则需迅速进行设计变更工作。在实际生产建筑过程中，一定程度的存在这种情况，如，当设计出现问题，应用的设计材料与施工不符时，都要迅速进行设计变更。设计变更要通过设计部门的全面研究与分析，对变更后的设计要进行严格的审核，看其是否与实际施工情况相符，是否具有经济性与实用性特点。进行设计变更首先要取得设计部门与业主的同意。而两者通常情况下都会考虑到自身利益，意见不易达成一致。所以，对设计中存在的数额尽量保持不变，而做到这一点则需在设计前期做到设计管理工作。

3. 注意事项

（1）设计工作应该具有核心，不管什么设计工作都应该确定一个核心，在建筑工程设计中，这个核心就是指在设计进度、设计质量与项目造价方面都要考虑到业主的利益，而其他的专项设计都要以核心设计管理为主，不得与核心设计管理相抵触，再有，核心设计单位也需兼顾不同设计单位之间的协调工作，协调不同专业设计单位与业主的关系，协调不同施工部门之间的关系。

（2）协调不同职能部门之间的关系。建筑工程在进行设计前，应该要求不同职能部门各负其责，这样才能在工程设计过程中体现不同部门的要求，保证设计方案与物业、营运、市场销售与工程管理等的要求相一致，最好不要出现施工过程中的设计变更，保证设计方案不断提高质量。

（3）对设计方案进行修改。单位不同对于设计方案的要求也会不同，在市场经济条件下，为了取得最大的经济利益，设计单位与业主之间有时会为了自身经济利益而出现矛盾，所以，一定要不断强化设计管理力度：设计单位首先要设计高质量的图纸，防止过多出现修改图纸的现象；工程项目的总包方应该负责设计方案的深度加工，要随时依据施工过程中出现的实际问题而选择最为合理的解决措施，保证设计与实际施工相一致。

第二节　结构设计

建筑结构又包括上部结构设计和基础设计。主要分为框架结构、框架 - 剪力墙结构、剪力墙结构、砖混结构、钢结构、轻钢结构。

一、框架结构设计

框架结构是当前建筑应用最广泛的结构之一，利用框架结构不仅可以最大化地保证建筑内部的可使用面积，而且能够节约材料，有效减轻自重，更重要的是建筑框架的抗震性能良好，可以满足复杂条件下的使用需求。建筑框架结构设计是建筑工程的重点，也是难点，只有确保建筑框架结构的设计才能够保障项目的安全和质量。

1. 框架结构设计原则

框架结构是指由梁和柱刚性连接而成的承重体系，这种承重体系不仅要承受来自建筑物外部的作用力，还要承受内部的荷载。而框架结构的房屋墙体并不承受重量，仅仅起到了分隔的作用。一旦作为受力的主体的框架结构在设计上出现问题，整体建筑的质量就得不到保证，为建筑物的使用者带来了巨大的安全隐患。

（1）刚柔并济

建筑物的刚性和柔性是不可调和的两个方面，刚性越大则柔性越差，柔性越大则刚性越差。在自然环境下建筑物框架结构设计需要考虑到的因素有很多，刚性可以满足建筑物在绝大多数情况下的需求，但在较强的外力作用下，刚性太强意味着变形能力差，无法抵抗建筑物的形变，在外力作用下整个建筑物会出现整体倾覆的情况。而柔性太强就意味着抗压能力弱，难以支撑建筑整体的重量，将会严重的影响建筑的整体质量。因此，在设计的过程中还是要注意刚柔并济的原则，在设计的过程中要兼顾刚性和柔性，在刚性和柔性之间找到良好的平衡，以确保建筑物的稳定性和安全性。

（2）多道防线

建筑物的稳定性依靠的不是某一结构，而是整体结构的作用。因此，在设计的过程中要树立多道防线的原则，避免某一结构承重过大，要让整体建筑所有的结构都能分担外力。土建结构中多肢墙比单片墙好，框架剪力墙比纯框架好，多肢墙和框架剪力墙能够将建筑的重量均匀地分担在整体建筑体上，提高了建筑体的整体质量。

（3）抓大放小

在建筑框架结构的设计中我们经常可以见到"强柱弱梁……强剪弱弯"等说法，刚性较强的柱子要搭配较弱的横梁，这是因为如果所有的构件都很强，这种结构体系是存在安全隐患的。在建筑框架结构的设置上是没有绝对安全的结构的，组成同一结构的各个构件担任的角色不同，功能不同意味着其重要性也有主次之分。一旦遇到意外情况，各个构件之间虽然能够协作抵抗外力，但为了最大限度地保证整体建筑的稳定性，必须保障重要的结构在最后才遭摧毁，而次要的构件要先去承担最大的外力。因而，如果建筑物的柱子刚性很强，在强大外力的作用下首先损坏的是建筑物的横梁，而柱子还能对整体结构起到一定的支撑作用。如果首先损害的是建筑物的柱子，整体结构就会瞬间倒塌，横梁也就不复存在，由此可见，在建筑物的结构中柱子承担的责任是比横梁要更大的，因而设计的过程中要保证柱子是在最后倒塌，而横梁起到了吸收作用力的作用，可以减少作用力对于柱子的破坏。如果柱子和横梁是同样的结果，只会产生玉石俱焚的效果。因此，在建筑物的设计过程中还要坚持抓大放小的原则，既有的结构是可以舍弃的，只有分清了主次才能最大限度上保证建筑物的稳定性。

（4）打通关节

在理想的设计状态下，建筑物框架结构体系应该是浑然一体的，在遭受任何外力作用时都能够迅速将外力传递到整体建筑物的各个部分，由各个部分将外力分散和吸收，从而充分保证整体结构的稳定性，这就是建筑框架结构设计中的打通关节一说。所谓的打通关节指的是让所有互不相关的静态构件相聚之后依然处于静态（也就是使其保持常态），但是彼此之间已经成为一个整体。建筑物的结构之间没有相互的活动，建筑物的稳定性自然得到了保障。而如果建筑物的结构之间可以相互运动，势必意味着建筑物中存在着裂缝，裂缝一旦出现整体建筑的强度就会大打折扣，给建筑使用者带来潜在安全隐患。

2. 多层钢筋混凝土框架结构设计方法

（1）强柱弱梁

强柱弱梁是建筑物框架结构设计的常见形式，这种设计方式的目的是为了在地震等极端情况下，建筑物的横梁结构能够产生一定程度的形变而不危害建筑的整体结构。这样在地震情况下建筑物可能出现短暂的左右摇晃，但不会出现拦腰折断的情况。如果外力超过了建筑物的最大承受值，将会导致外力的作用首先会显现在梁上，超过了塑形限度导致横梁出现裂缝，引起露面坍塌。而力的作用经过了梁的削弱，直接作用在柱上的作用力较小，对于刚性较强的柱造成的损害也较轻。柱没被损坏，整个建筑的整体形状就还能够保持，避免了整体覆没的情况。

（2）保证构件延展性，避免构件脆性被破坏

在进行建筑物框架结构设计的过程中，一定要保持构件的延展性，避免构件脆性破坏。设计过程中要对主要的承重梁和承重柱进行抗剪验算，保证框架能够符合有关的标准规范。结构延展性的提高能够保证建筑物在外力的作用下不断裂，这一功能主要是由钢筋实现的。也正是因为这样的建筑结构才能有效地保证在地震中，建筑物承受较大的形变但不会出现断裂的情况，提高了建筑物的整体抗震能力。

（3）框架的构造措施

以大跨度的建筑框架结构设计为例，如长江大桥这样的大跨度的建筑框架结构建筑，桥面与桥墩之间的连接，以及桥面和桥墩本身均是由框架结构而搭建成的。同时，需要采用箍筋全高加密的方法以保证桥面间处柱和梁的强度。建筑物外部形状会直接影响内部的结构，很多时候框架都会因为温度的作用而产生裂缝，并会随着建筑使用年限的增长而出现由表及里的逐渐破坏。为了避免这种情况，可以在墙面适当的设置伸缩缝以抵消温度对混凝土结构的影响，保证整个框架结构构造的稳定。

（4）计算简图事项

框架结构在进行施工前会经过计算过程，而计算结果的好坏与简图选取息息相关，如果简图的选取工作做到不到位，按照计算的结果进行施工势必产生重大质量问题。以框架结构基础梁的设计为例，在基础梁的处理过程中，框架结构基础梁的设计需要在基础高度范围之内，这个高度范围实际上指的是基础顶面到一层楼板底面之间的高度，其荷载来自于上部墙体，但是拉梁的配筋以及断面要能够根据构造设计，其截面的高度大约为柱中心距的 1/12 ~ 1/18，其纵向受力钢筋的拉力大约为与其相连的柱体最大轴力设计标准的 1/10。

在使用计算简图的过程中最容易忽视的就是电梯井的数据，虽然有规定电梯井的井壁要尽量避免使用钢筋混凝土，但如果使用了钢筋混凝土作为井壁，计算简图的过程中就要使用实际数据来确定混凝土井壁的框架，保证井壁的建造符合建筑的整体设计。

二、框架－剪力墙结构设计

1. 框架－剪力墙的结构及受力分析

（1）框架－剪力墙的抗侧力结构。框架－剪力墙的结构组成是不是单一的结构形式，它是由框架和剪力墙两种不同的结构组合而成，框架和剪力墙结构的受力特点是不一样的。在水平力作用下，框架的受力比较大，框架在受到一定的抗侧力时会变形，此时形状类似剪切行，这种剪切型的框架在地震受力中所承受的力量是：楼层高度和水平位移增长成反比的关系；而在纯框架结构中，在收到抗侧力时，各个框架的变形结构几乎相似，楼层剪力与框架剪力墙的建立相差很远。剪力墙在水平力的作用下，受到抗侧力时变形曲线呈现弯曲的形态，此时楼层越高水平位移增长越快。

（2）框架－剪力墙的抗震性能。在高层建筑中抗震设计一般要遵随："小震不坏、中震可修、大震不倒"的设计原则，在发生震级比较小的地震时，建筑物可以正常使用；当发生中级地震时，建筑物有部分损害，但损害较小，可以修复，不影响正常使用；当发生重大地震时，保证建筑物不塌陷。一般地震的破坏力是多方方向性的，所以建筑物在进行抗震设计时要在各个方向布置抗侧力构件，以便抵抗水平荷载，保证结构的承载力，增加建筑物的抗震性。在框剪结构中，剪力墙是结构主要抗侧力构件，如果剪力墙只在一个方向布置，则会造成没有剪力墙的方向抗侧力刚度不足，这样就不是框剪结构了，成为纯框架结构设计，只有单一防线，失去了多道防线的作用。所以在高层建筑的抗震设计中，把抗震结构设计成双向抗侧力的框架－剪力墙结构。

（3）框架－剪力墙的受力分析。框架－剪力墙的受力不同于纯框架中的受力特点，在框剪结构受力过程中剪力墙所承受的剪力比框架所承受的要大得多。框架和剪力墙的负载是不断移动的，所以在计算框架和剪力墙之间的楼层分配比例时要注意，框剪结构中的楼层分配比例与框架各楼层剪力分布情况均是随着楼层的变化而变化的。一般情况下，在框剪结构中，剪力控制部位在房屋高度的中上部，而在纯框架结构中，其最大建立在底部。所以在该层建筑实际布局中有剪力墙的情况下，设计分析时要按照框剪结构布局来分析，充分考虑框架、剪力墙的多种性能特点。

（4）剪力墙的计算方式。在高层建筑的框剪结构中，剪力墙所承受的竖向荷载，一般是通过楼面传递到剪力墙上。竖向荷载在连梁内和墙肢内产生的轴力不同。一般按照剪力墙的受荷面积进行简单计算，在水平力作用下，用二维平面分析剪力墙受力问题，同时运用平面问题求解。结合计算机，利用有限元方法计算。在工程设计中，依据具体情况进行分别设计。

2. 框架－剪力墙的结构设计

（1）科学计算框剪结构

在进行框剪结构设计计算时，在水平力的推动下，框结构的使用高度和设计方法要结

67

合此高层建筑底层框架所承受的地震倾覆力矩，和结构总地震倾覆力矩之间的比值进行计算，计算模型和分析都要按实际情况输入、分析。剪力墙的布局要均匀，长度较长的剪力墙设置在洞口和连梁形成双肢墙或多肢墙，框架在地震中所承受的地震倾覆力矩≤10%（结构总地震倾覆力矩的10%）时，此时按剪力墙结构进行设计；当框架在地震中所承受的地震倾覆力矩在(10～50%)之间时，就应该按框剪结构设计；当框架在地震中所承受的地震倾覆力矩在(50%～80%)之间时，也按框剪结构进行设计，但是需要注意的是此时框架的最大适用高度可以在框架结构中适度增加，抗震等级和轴压比限值和框架结构的规定一样。当框架在地震中所承受的地震倾覆力矩大于80%时，同样按框剪结构进行设计，其最大适用高度、框架部分的抗震等级、轴压比限值等，和框架承受的地震倾覆力矩在50%～80%之间时是一样的，但是像墙少的框剪结构，因为抗震性能不好，在实际高层建筑中很少采用。

（2）合理调整0.2V0系数

一般情况下，在框剪结构中，框架承受的剪力是很小的，而且在此机构中防线设计比较多。其中，剪力墙是第一道防线，在设防地震、罕见地震下框架受损要快，由于塑性内力重分布，框架部分按侧向刚度分配的剪力会比多遇地震下加大，为了保证作为第二道防线的框架具有一定的能力储备，规范要求人为地将计算出的柱子剪力放大。

（3）设计剪力墙截面高度

剪力墙的截面厚度要尽量减小，据了解，剪力墙越厚，框架的负担就越重，必须有相应的抗侧力刚度来承载它的重量。如果剪力墙部分的抗侧力刚度增加而框架部分的抗侧力刚度没有相应的增加，这时增加剪力墙增加的水平力只能由框架单独承受，这种结构影响工程的抗震能力。

（4）合理布置框架及剪力墙

在高层建筑中，框剪结构体系的抗震功能的发挥需要框架和剪力墙二者相互协调，才能发挥更好的作用，所以要做好框架与剪力墙的合理布局就显得非常重要。在设计框架及剪力墙时应满足以下条件：首先，应将其设计为双向抗力体系，其主体结构不适宜采用铰接方式，而是按照两主轴的方向布置剪力墙。其次，剪力墙应设计成周边有梁柱的带边框剪力墙，同时增大其刚度及抗扭能力。最后，剪力墙应贯穿建筑物全高，其厚度应逐渐减薄，以防剪力墙的结构发生突变性。

（5）框剪结构的连梁截面具有承载力

剪力墙作为抗震防线中的先锋，如果连梁跨高比太大，容易成为弱连梁，一旦发生地震，连梁端容易引起开裂现象，就会减弱其抗震性能。因此，在设计过程中应合理控制一、二级剪力墙的洞口连梁跨高度，应小于5，且梁截面高度应超过400mm，连梁设计不能用框架柱与剪力墙平面外相连的梁，并与剪力墙相交支座按铰接设计。跨高比小于5的连梁，其刚度折减系数不小于0.5。

三、剪力墙结构设计

1. 剪力墙

在对剪力墙结构进行深入研究的过程中，了解到剪力墙结构设计，主要是将传统框架换成带有混凝土板的框架结构。在提升建筑墙体稳定性和抗震性的同时，避免建筑物在使用过程中受到外界作用力的侵袭，进一步实现建筑物质量和安全性提升的目标。而且建筑剪力墙结构还具备抗侧刚度大和稳定性强等优势，不仅能够避免建筑物在使用过程中出现偏移现象，还能够控制地震波对建筑物的侵袭。但是由于剪力墙结构施工环节较为复杂，在进行剪力墙结构设计时需要投入大量的资金，这就需要保证建筑施工单位能够基于剪力墙结构设计一定资金支持，以保证建筑剪力墙结构设计顺利开展。而且，在开展建筑剪力墙结构设计时，还需要对建筑施工单位资金持有量和当地建筑行业综合发展趋势等方面综合分析，据此制定合理地剪力墙结构设计方案。在进行剪力墙结构施工之前，还应对前期制定的剪力墙结构设计方案实施有效检测。解决建筑剪力墙结构设计方案中不合理的地方，借以保证后期建筑剪力墙结构施工顺利开展。

2. 剪力墙结构设计在建筑结构设计中的应用

当前各种建筑物在进行结构设计时，都会引入剪力墙结构设计模式，尽可能地将建筑结构与剪力墙结构结合到一起，在提升建筑物结构稳定性和安全性的同时，确保我国建筑行业向着更加合理地方向发展。在对剪力墙结构设计进行深入分析的过程中，了解到剪力墙结构设计在建筑结构设计中的应用主要表现在以下几个方面：

（1）进行建筑结构平面布置

一般来说，在进行建筑结构平面布置之前，应深入分析建筑结构状态和建筑物周边环境，同时引入剪力墙结构设计模式。而且在建筑结构平面布置时，还需要保证剪力墙呈现相互对称的状态，避免建筑剪力墙出现单面墙的现象，进一步保证剪力墙结构在建筑物建设施工中发挥自身最大的作用。除此之外，还应保证剪力墙结构与建筑墙面各个中心点处于相互重合的状态，避免剪力墙结构施工时出现脱落现象，充分彰显建筑剪力墙结构稳定性特点。从建筑剪力墙结构平面布置的角度出发，应考虑剪力墙抗侧力刚度与承载力与建筑物整体布局相互衔接，优化改善建筑剪力墙设计时潜藏的问题，借以保证剪力墙结构设计能够慢建筑结构设计要求，从而实现建筑结构平面布置合理性提升的目标。

（2）边缘构件约束处理

为保证剪力墙与建筑物之间的契合性有所提升，必须对剪力墙结构边缘构件进行约束处理，同时保证剪力墙约束边缘构件负载能力符合相应标准，在保证剪力墙与建筑物相互衔接的同时，全面提升剪力墙结构设计的合理性。不仅如此，在对剪力墙结构进行边缘构件约束处理时，还需要考虑建筑剪力墙结构的抗震效果，尽可能保证建筑剪力墙结构设计师所选取的边缘构件抗震效果和其他方面因素能够满足建筑物实际需求。而且建筑剪力墙结构设计中涉及的边缘构件约束处理技术非常多。这就需要按照建筑结构设计要求选取适当地技术手段进行边缘构件约束处理。在提升建筑剪力墙结构抗侧力刚度和抗震效果的同时，确保建筑吴正体稳定性和安全性有所提升。

（3）剪力墙对大墙肢的处理

就目前来看，人们对建筑物整体结构延伸性的要求越来越高，其根本原因在于建筑物结构延伸性合理不仅能够提升建筑物整体稳定性，对于保障建筑物中居民人身安全也起到非常重要的作用。因此，在进行建筑剪力墙结构设计时，就需要通过剪力墙结构对建筑物墙肢进行有效处理，借以保证建筑物墙肢长度符合建筑结构设计要求。对于不同长度的建筑物墙肢来说，应结合建筑物实际情况制定合理地技术手段进行强制处理。在保证建筑物墙肢长度合理性的同时，提升剪力墙结构设计效果，为推进建筑结构设计顺利开展提供有效参考依据。

（4）墙身钢筋的使用

众所周知，建筑剪力墙结构中使用的钢筋材料具有一定抗震效果，因此，在进行建筑剪力墙结构设计时，必须保证所选取的钢筋材料抗震效果符合建筑结构设计要求，有效抵挡地震波对建筑物产生的侵袭，进一步提升建筑物整体稳定性。而且在对建筑剪力墙结构进行深入分析的过程中，了解到不同抗震级别的剪力墙，其水平方向和竖直方向的配筋率存在本质上的差异。基于此，在进行建筑剪力墙设计之前，需要考虑建筑物整体结构和建筑物周边地震率等多方面因素，据此制定合理地建筑结构配筋方案。在保证建筑结构抗震效果的条件下保证建筑结构设计能够满足建筑施工多方面要求。

四、砖混结构抗震设计

1. 砖混结构概念

砖混结构这一概念一般出现在建筑物中，主要是指建筑物竖向承重墙、带壁柱墙等结构采用的是砖或者砌块砌筑，梁、楼（屋）面板等采用钢筋混凝土结构。就是说，砖混结构一般是由竖向结构体系采用砖墙承重，水平结构体系采用钢筋混凝土构件，也叫作混合结构。

2. 我国砖混结构建筑抗震设计中存在的问题

（1）竖向刚度不均匀

现有的建筑大多底层是地下室，中高部分结构大致相似稳定，而最高层是天台。中高部分的高度是一致的，但与其他楼层就不尽相同了。这种情况下，设计者就会把重心放在中间的部分，做到中高层的极度稳定性，而由此忽略了在地基之上的低层面的结构是否稳定。从方向来看，竖向结构不均匀，而地震的作用方向刚好是由下而上产生的一种冲击，一旦面临地震，此结构的稳定性就不堪一击。

（2）砖混结构建筑构造柱设置过多，抗震砌墙不足

砌墙增设构造柱后能提高砖混结构建筑物体侧向挤出塌落的约束作用。增设构造柱能够提高砖混建筑物的抗震性能以及墙体的变形能力。过多的增设构造柱，一定程度上增加了竖向的牢固，但也削弱了横向的稳定，使建筑的外体变得轻薄。而且构造柱过于坚厚，对建筑物内部结构有一定的影响，使建筑的抗震性能减弱。

（3）建筑整体结构抗震性能差

设计人员在设计砖混结构建筑的抗震结构中，往往注重地基上的抗震设计，认为这样才能首先保证建筑物的抗震性能，例如，房屋顶部上的抗震设计却显得十分不足，不是设计不合理（与整体的地基已设置好的抗震结构不相匹配），就是忽视顶部的抗震设计。这实际上是一种不科学、头重脚轻的思想，顾前不顾后。一旦有地震发生，首先受灾的就是建筑物顶部，房屋就容易倒塌。

（4）平面不规则

首先，平面不规则包括：平面强度偏心、平面刚度偏心、平面质量偏心、平面作用力偏心等。

平面不规则的类型有：不平行的体系、楼板不连续、凹角不规则、扭转不规则、平面外分支。窗间墙宽窄不一，使窗间墙刚度分布不均，地震时变形不协调，薄弱部位受到破坏，引起结构整体破坏。

3. 加强砖混结构建筑抗震性能的措施

（1）提出合理的建筑方案

为了有效提升砖混房屋的抗震性，在建设之初就应该选择合理的建筑方案。砖红建筑应在平面、立面上尽量对称。在设计上追求简单，避免错层和较大的外挑的出现，刚度和质量中心尽可能重合，以减少地震时可能发生的扭转，确保建筑的整体性。

（2）增强房屋的刚度与整体性

构件的连接是影响砖混结构房屋的刚度及整体性的重要因素，下部房屋与楼盖的连接，纵、横墙交接处的连接等都对房屋的整体性有着重要影响，多以选择合适的楼盖类型。按照各抗侧力构件的刚度分配是刚性楼盖的分配机制，砖混结构房屋中，现浇钢筋混凝土屋盖和楼板具有良好的抗震特性。作为刚性楼盖，现浇钢筋混凝土屋盖和楼板可以加强墙体和楼盖的连接，并有效控制层间变形，同时它也避免了弹性楼盖墙体没有可靠的支座约束倒塌的弊端。

（3）合理布置纵横砖

研究表明，墙体面积与砖混房屋的抗震性是成正比的，这表明适当的增加墙体面积对提升房屋抗震性是有利的。砖混建筑的底层是承受地震效应最大的结构，在底层设计中增加墙体面积可以增强房屋的抗震性。砖混房屋的主要承重构件即为纵、横墙，合理的对纵、横墙进行布置，避免墙体出现裂缝、倾斜等问题破坏房屋的整体性。在布置纵、横墙时，两个方向的刚度要尽量接近，避免出现非承重方向刚度薄弱的情况发生，结构优先考虑横

墙承重或与纵墙共同承重，保证结构的刚度和整体性。此外，应当重视纵、横墙的连接，在连接处要进行加强，例如，可在建筑中增加强构造配筋，增设钢筋混凝土构造柱。为了防止地震时纵、横墙连接处被拉开，可增设水平拉筋，保证房屋结构的整体性。

（4）合理增加墙面面积及砂浆强度

在砖混结构房屋建设中，经过检验，上面几层房屋在地震中影响不如底层，相对比较容易满足其抗震需求。而在地震中，第一二层通常容易成为薄弱层，在地震中很难满足抗震要求。要提高第一二层的抗震性能，可以通过提高砂浆的等级和改变墙体的承载面积来完成。

（5）有效设置房屋圈梁及构造柱

在砖混房屋结构建设时，沿楼板水平面设置圈梁可以加强房屋的稳定性和整体性，有效增强内外墙体的连接。设置圈梁后，可以有效地约束楼板和纵横墙形成箱体结构。设置圈梁还可以有效减少地面裂缝的出现，以及非均匀沉降对房屋造成的危害，特别需要指出的是设置基础顶和屋顶的圈梁是防止砖混结构房屋不均匀沉降和提升房屋刚度最好的构造措施。

此外，应合理的在砖混结构房屋中设置构造柱，当地震发生时，构造柱发生的滑移摩擦及塑性变形可以消耗一部分地震能量，从而减轻地震损害。构造柱的设置要严格按照规范进行。例如针对横墙较少的房屋，应按照房屋增加一定的层数设置构造柱。同时，做好构件间的连接措施，例如，在构造柱与砖墙连接处应当砌为马牙槎，沿墙高每隔 500mm 设置 2 根 $\phi 6$ 拉结钢筋与承重墙或柱拉结，每边伸入墙内不应少于 1m。

五、钢结构设计

钢结构相对轻的自重，良好的延性让建筑物拥有着优良的抗震性，这是由于地震力效应在建筑质量相对小的状况下会变得相应小一些，地震效应还会由于延性的良好性一定程度上受到缓冲。可是因为钢结构的设计存在问题导致钢结构失稳，影响建筑的质量，所以为了可以在激烈的市场竞争中生存下来，建筑企业一定要加以重视这一情况，并开始对建筑结构设计中的钢结构设计实施优化，有针对性的解决问题，从而可以确保群众的利益，确保建筑企业的长远发展。

1. 建筑结构设计中钢结构设计的重要性

建筑行业中，钢结构指的是经过对钢板实施焊接、热轧、冷弯等加工让钢板产生需要的钢型。钢结构能够分为轻钢、重钢 2 种类型，轻钢自重和占用的面积都相对小，普遍运用于跨度小的建筑工程中；重钢比轻钢肯定要重的自重，可是和钢筋混凝土对比，优势还是非常明显的，普遍运用于跨度相对大的建筑物中。钢结构设计是建筑构造设计的关键组成之一。钢结构设计包含规划设计：钢结构设计蓝图成为实体：钢结构产品的整个演变阶段。钢结构设计一方面关系着建筑物的整体质量，然后关系着建筑业的发展；另一方面钢结构设计还关系着当代钢结构制造业的发展，因此钢结构设计非常关键。

在建筑结构设计的钢结构设计中，每一个细节设计人员都一定要准备掌握好，不管在设计的哪个流程中发生问题都会直接影响到构件的安装质量，同时也会使整个建筑构造的稳定性和安全性大大地降低，从而导致出现重大安全事故。不但这样，钢结构设计还一定要严格遵守钢结构的设计标准来实施，对其结构要求、受力特征实施具体的分析，并注意对钢结构设计中重要位置实施优化设计，从根本上了解到钢结构设计的重要性，这样才能够更好地提升建筑结构设计中钢结构设计的质量和效率，从而确保建筑项目的正常实施。

2. 建筑结构设计中钢结构设计的策略

（1）保证钢结构的稳定性

在符合钢结构设计的通常原则前提下，要确保钢结构的稳定性还要满足下面条件：布置钢结构一定要从系统与各组成部分的稳定性要求整体思考，现在钢结构大部分是依照平面系统实施设计，如桁架与框架、确保平面构造不发生平面外失稳，需要平面构造构件的平面稳定计算要和布置结构相同，像增加重要的支撑构件等。实用计算方法所根据的简图和构造计算简图保持相同，中层或多层框架构造设计框架稳定分析一般是省略的，只实施框架柱的稳定计算、因为根据一定的简化典型状况或假设者得出的框架各柱的杆件稳定计算的常用力法、稳定参数等，所以设计者要可以确保全部的条件跟假设相符时才可以运用。

（2）钢结构的形式与布置

在钢结构设计的整个过程中都要被强调的是"概念设计"，它在构造选型和布置过程中至关重要，对部分很难做出准确理性分析或标准没有规定的问题，能依据从整体构造系统和分体系之间的力学关系、试验情况、破坏机理、震害与项目经验所得到的设计思想，控制结构的布置和细部措施从全局的方面来确定。应用概念设计能够在早期快速、有效地实施构思、对比和选择。所得结构方案容易手算、概念清晰、定性准确，并能防止结构分析阶段不必要的烦琐运算。同时，它也是推断计算机内力分析输出数据是不是可靠的关键根据。

（3）加强结构分析与构件设计

确保结构与构件的稳定性，是钢结构设计中一定要给予充分关注的问题。梁是结构的重要构件，在实施梁的设计时，通常要验算强度与稳定；柱主要受轴线力、压力，经常是压弯构件，有些状况是拉弯构件。

归于构件的设计，首先要实施选择材料。通常而言，经常用的材料是 Q235 与 Q345。假如考虑到项目管理，通常都会使用单一钢种在主构造上，假如考虑到经济方面，其截面组合就需要思考到不一样强度的钢材。

比如：在偏向于稳定控制时，能够选取 Q235；在偏向于控制强度时，能够选取 Q345。现在，因为程序技术的快速发展，部分结构软件可以全面的实施整体结构的优化，我们不但需要对优化后的截面把调整做好让其达到科学的截面规范，还需要思考到计算长度的参数定义，建设模型等数据。

（4）把钢结构节点设计做好

整个设计流程的重点是节点设计，要依照传力特征节点分为刚接、铰接和半刚接3种不一样的连接形式。严格的规定焊接的焊缝方式和尺寸，在焊接的时候另外焊条要和金属连接材料的匹配一定要遵守，一般应用高强螺栓进行建筑钢结构连接，合理的选取10.9s强度等级，能够选择扭剪类型、连接型的螺栓种类，全部应用摩擦类型梁腹板进行验算栓孔部位的腹板抗剪净截面，连接高强承压型螺栓还要实施验算部分孔壁的承压能力，连接板把梁腹板加厚4mm，实施抗剪净截面验算节点设计还需要思考的是安装螺栓、现场焊接等工作空间和吊装构件的详细流程等。

（5）增强设计中的监督机制

钢结构设计由于存在特殊性，因此在实施设计以前需要对承包商与设计单位的设计资质实施审查，检验钢结构的构件质量与有关单位对于钢结构结构制作的能力，还要实施检验施工安装能力。对于房结构的施工安装能力与结构件的制作能力实施监督，确保承包企业严格依照项目建设的有关规定实施施工。只有保证设计安装资质符合规定才可以让钢结构设计跟作业需求相符。

六、多层轻钢结构设计

轻钢结构是一种年轻而极具生命力的钢结构体系，轻钢结构以其抗震性、抗风性、耐久性、保温性、隔音性、健康性、舒适快捷及环保等优势广泛应用于一般工农业、商业、服务性建筑。

1. 多层轻钢工业厂房体系和结构布置特点

（1）结构体系

多层轻钢工业厂房因为高度低和层数少多为框架—支撑结构和纯钢架结构。根据实际情况选择结构体系，可以降低钢的用量，并且满足工艺要求。

①纯框架结构。鉴于工艺设计中管线布置和机械设备摆放等限制，柱间不能设置支撑，故选择纯框架结构。纯框架结构由工字型梁和十字型柱（H型柱）或箱型柱构成。纯框架结构每个部分的刚度分布均匀，平面布置灵活，且延性较大，自振周期长，具有良好的抗震性，可以为工程提供足够的室内空间。

②框架-支撑结构。框架—支撑结构与纯框架结构对比，具有简单的节点形式、用钢量少夯实后刚度大的特征。框架—支撑结构一般为X型，也有八字形、人字形和门型支撑，由工字型梁柱构成。横向承重体系是框架—支撑结构的主要承重体系，空间联系作用依靠楼板与次梁，柱和纵向联系梁铰接。设置支撑柱间的同时还应设置屋盖横向支撑，支撑设在第二开处或两端，构成几何不变体系，以便整体刚度的提高。在屋面可以选取柔性拉杆支撑结构，柱间则要应用刚性圆钢管作为支撑。横向纵向都需布置支撑的情况是在8度设防地区的情况下。

（2）围护结构

在多层轻钢型厂房中，彩色涂层的压型钢板和夹芯金属板取代了传统多层厂房的砌体维护墙体。这种轻型围护结构具有保温隔热效果好、自重轻、容易安装和美观的外表的特点，采用轻型围护结构可以降低对基础的要求和大幅度减轻结构的自重。

屋面结构一般选取 Z 型冷弯薄壁型或大断面的 C 型钢檩条体系，板跨与钢架间距决定檩条的尺寸，以 1 ～ 2m 的等间距在屋脊和檐口布置，增加房屋的纵向刚度，为主钢架平面提供外约束，纵向水平力得到传递。檩条高度一般为 140 ～ 250m，有些则可以达到 300m，厚度为 1.5 ～ 3.0mm。当钢架间距大于 9m 时，则需要选择桁架式。Z 型为连续檩条，C 型为简支，钢架与檩条的连接可以采用檩托。

强梁同样选取 Z 型或 C 型冷弯薄壁型钢，板跨（墙距）与钢架间距（跨度）决定墙梁的尺寸，以 1 ～ 3m 的间距在门窗洞口上下布置，增加房屋的纵向刚度，为主钢架平面提供外约束，纵向水平力得到传递。当间距大于 9m 时，则要考虑设置墙架柱以便降低墙梁钢架间距。

2. 设计方法与基本要求

设计方法。在地震烈度大于 6 度的地区中，要考虑水平地震对结构布置均匀的多层轻钢厂房的作用，故一般用底部剪力法计算。多层厂房但如果其结构布置对称则可以简化为平面框架模型进行计算，而复杂的结构则要建立空间框架模型再计算。

增大梁刚度的方法考虑楼板的组合作用是结构计算普遍采用的方法。对组合梁刚度评价有三种方法：平均刚度法，等价截面惯性矩法，Newmark 方程法。平均刚度法是把正弯矩区组合截面的刚度 K+ 与负弯矩区纯钢构件的截面刚度 K- 的平均值作为组合梁的等价截面刚度。一般选择平均刚度法作为实际工程中的评价方法。

第三节　给排水设计

一、建筑给水系统

建筑给水系统是将城镇给水管网或自备水源给水管网的水引入室内，经配水管送至生活、生产和消防用水设备，并满足各用水点对水量、水压和水质要求的冷水供应系统。建筑给排水系统实际上包含两个方面的内容：建筑给水系统和建筑排水系统。

1. 简介

（1）建筑给水系统

建筑给水系统按供水对象和要求可以分为生活给水系统、生产给水系统、消防给水系统和联合给水系统。建筑给水系统主要由引入管、水表节点，给水管网，配水或用水设备以及给水附件（阀门等）5大部分组成。建筑给水系统的给水方式即建筑内部的给水方案，是根据建筑物的性质、高度、配水点的布置情况以及室内所需水压、室外管网水压和水量等因素决定的。常见的给水方式有以下几种：直接给水方式；设水箱或水泵的给水方式；仅设水泵（或水箱）的给水方式；气压给水方式；分区给水方式。此外，还有一种分质给水方式，即根据不同用途所需要的不同水质，分别设置独立的给水系统。

（2）建筑排水系统

建筑排水系统是排除居住建筑、公共建筑和生产建筑内的污水。建筑内部的排水系统一般由卫生器具或生产设备的受水器、排水管道、清通设施、通气管道、污废水的提升设备和局部处理构筑物组成。建筑内部的排水系统按排水立管和通气管的设置情况分为单立管排水系统、双立管排水系统和三立管排水系统。建筑排水系统所排除的污水应满足国家相关规范、标准规定的污水排放条件。

2. 建筑给排水系统的组成

（1）给水系统组成

建筑内部给水与小区给水系统是以建筑物内的给水引入管上的阀门井或水表井为界。典型的建筑内部给水系统由下列几部分组成：

①水源：指市政接管或自备贮水池等。

②管网：建筑内的给水管网是由水平或垂直干管、立管、横支管和建筑物引入管组成。

③水表节点：指建筑物引入管上装设的水表及其前后设置的阀门的总称或在配水管网中装设的水表。

④给水附件：指管网中的阀门及各式配水龙头等。

⑤升压和贮水设备：在室外给水管网提供的压力不足或建筑内对安全供水、水压稳定有一定要求时，需设置各种附属设备，如水箱、水泵、气压装置、水池等升压加贮水设备。

⑥室内消防给水设备：建筑物内消防给水设备有消火栓、水泵接合器、自动喷水灭火设施。

⑦局部给水处理设备：当建筑物水源水质达不到使用要求时，需设置局部给水处理设备，包括沉淀、过滤、软化、消毒设备等。

（2）排水系统的组成

完整的排水系统一般由下列部分组成：

①卫生器具或生产设备受水器：用来承受用水和将用后的废水排水管道的容器。

②排水管：由器具排水管（含有水弯）、横支管、立管、总干管和排出管组成，作用是将污（废）水迅速安全地排出室外。

③通气管：使排水管与大气相通的管道，作用是调节排水管内气压，保证排水通畅。

④清通设备：用于疏通管道，有检查口、清扫口、检查井等。

⑤污中提升设备：当建筑物内污水不能自流排到室外时，应设置提升设备，如污水泵。

⑥污水局部处理设施：当生活、生产的污废水不允许直接排入城市排水管网或水体时

只应设置局部处理设施，有沉淀、过滤、消毒、冷却和生化处理设施等。

3.给排水系统的任务

给排水系统的任务主要满足建筑生产、生活用冷水、热水及排水要求，以及对排放废水进行处理及综合利用。

二、我国建筑给排水的发展现状和发展趋势

随着我国科技水平不断的发展和提高，近几年来我国建筑给排水技术也在慢慢地成长起来。建筑给排水技术的成长速度之快，大家有目共睹。随着人们需求的增高，我们需要寻求新的建筑给排水技术，以及施工技术，为人们提供更优质的给排水系统，因此给排水正在朝着宜居、节能、环保的方向健康发展。

1.建筑给排水的发展阶段和内容

自新中国成立以来，我国建筑给排水经历了三个发展阶段：

（1）房屋卫生技术设备阶段即初创阶段，自1949年至1964《室内给水排水和热水供应设计规范》开始试行时为止。

（2）室内给排水阶段即反思阶段，自1964年至1986年《建筑给水排水设计规范》被审批通过时为止。

（3）建筑给排水阶段即发展阶段，自1986年至今。

随着建筑业的崛起，建筑给排水专业也迅速发展。这阶段建筑给排水得到了全面而迅速发展，在技术上不仅积累了以前的实践经验还充分借鉴了国外的新技术，还先后成立全国性建筑给排水学术组织，在技术发展、组织建设及专业队伍等方面都与前阶段有着完全不相同的特点，使得许多方面有了明显突破，给排水技术正一步步走向成熟。

改革开放以来建筑给排水已发展成了一个相对完整的专业体系。以建筑物方面来说，给水系统包括生产给水系统、生活给水系统、消防给水系统、中水系统和组合给水系统。排水系统包括工业废水排水系统、生活排水系统和屋面雨水排水系统。这些系统中包括了水质处理，水温、水压、水质保证及供水、排水、配水等众多技术内容。建筑给排水有了更丰富的内涵和更广阔的外延。

2.建筑给排水发展现状

（1）建筑给水

①增压设施。目前我国城市供水中增压设施成为建筑给水中发展最快，所占比重最大的一种装置。目前常用的增压设施是水泵、变频调速给水设备和气压给水设备，这项技术慢慢地趋向成熟。

②分区供水。随着人们生活水平的提高，近年来多层建筑和高层建筑的竖向给水分区从过去大都采用分区水箱给水方式，或减压水箱转化为减压阀分区给水方式。减压阀一般都采用比例式减压阀。其结构简单，工作平稳，减压比例稳定，使用可靠。

③储水装置。由于一些储水装置存在二次污染严重等缺点，因此在材质上做了改进。以水箱为代表，现在水箱从材质和样式上向多元化发展，有镀锌、涂塑、复合钢板、不锈钢、搪瓷和玻璃钢的水箱，这些材质和水接触的内表面不易锈蚀，不影响水质，同时可以减轻结构负荷、解决施工不便等问题。

④节水。目前由于我国水资源的贫乏以及水资源的严重污染，水资源已成为制约我国经济发展的主要因素之一。

（2）建筑排水

①卫生洁具。卫生器具直接反映人们的生活水平和质量。随着生活水平提高，其发展更注重可靠、注重舒适、安静、节能。近年来卫生洁具如连体式低位冲洗水箱漩涡式大便器，水力按摩浴盆，高标准的全自动坐式便器，休闲卫生器具等被大众青睐。

②排水通气技术。主要作用是防止排水系统中出现水封的负压虹吸及正压喷溅现象，确保空气的循环；使排水中气体的散佚，达到透气；保持排水迅速通畅、安静。目前我国建立了器具通气管、专业通气立管、环行通气管、不伸顶通气管和伸顶通气管这五级标准以适应不同建筑标准要求。

3. 建筑给排水发展趋势

随着生活质量的提高，保证全面、有效、可靠的生活饮用水水质是非常必要的。建筑给排水的主要任务就是为人们提供符合国家水质标准的生活、生产用水，保证消防给水系统正常运行，保证排水通畅。这里从以下不同方面来分析建筑给排水的发展趋势。

（1）积极开展新型管材、管件研究和推广。在建筑住宅内采用传统的镀锌钢管给水管道已有近百年的历史，但随着人们的生活质量不断提高，对自来水的水质要求也日趋提高。人们强烈反映自来水的"红水""黑水"等现象，造成一种社会问题。国家于1999年12月联合颁布了《关于在住宅建设中淘汰落后产品的通知》。随着这一政策的出台，市场上也涌现出多种管材，如薄壁铜管、薄壁不锈钢管、硬聚氯乙烯塑料排水管、各种钢塑复合管及柔性排水铸铁管等。

（2）开发新技术，研制新设备，降低中水系统处理成本。《建筑中水设计规范》提到"凡缺水地区，应结合工程实际做好配套中水设施"，但目前市地发布中水设施建设管理办法的力度并不大。由于没有强制规定建筑中水设计，加上中水系统初期投资较高，占地面积较大，许多市地也无相应的管理办法出台。因此，为推广中水系统的设计，必须首先加快新产品的研制，加强新技术的开发，做到中水处理的成本的降低。

（3）积极推广节水节能。

①增强公民节水意识。对于城市生活用水的一些用户来说，节约用水意识极为淡薄。他们认为水是取之不尽、用之不竭的，没必要珍惜，因此，我们应树立节约用水的宝贵资源的观念，提高我们的节水意识，做到节约用水从自我做起。

②研制推广节水型设备，例如水型便器冲洗设备、节水型水龙头等。生活中便器冲洗水量比重很大，因而研制推广节水型便器冲洗设备是意义重大的。目前出现在市面上所谓

的"新型节水龙头"，仍存在质量问题，有关部门有责任严格注重质量检查，切实防止质量粗糙的水龙头进入市场，还应重视研制推广性价比更高的新型节水龙头。

③节水型淋浴设施。公共浴室淋浴一般采用双管供应，不易调节，增加了耗水时间，若采用踏板阀和单管恒温供水，可以更多地减少水浪费，最大限度上节约水量。

④其他节水型设备。如研制推广小型洗衣机，不仅方便了生活，而且还起到节水的效果。对于耗水量较大的全自动洗衣机，也应考虑从节水方面再进行研制来发。

（4）建筑给排水的多元化，包括技术发展的多元化、建筑给排水各子系统设备及材料的多元化、高精尖和平面化、设计机构的多元化等。随着城市各式超高层建筑的出现，建筑给排水也相应地发展。

建筑给排水已是建筑中的一个重要分支，它的发展是与社会进步、人民生活质量密切相关的。随着社会经济的不断发展，人民对生活水平和环境质量要求越来越高，建筑给排水技术面临着更高的要求。因此建筑给水排水技术在新的世纪将会取得更加全面、健康、迅速的发展。

三、建筑给排水设计

1. 关于建筑给排水设计的意义

随着人们生活质量的不断提高以及城市化道路的加深，给建筑领域提出了更高的要求，同时建筑给排水设计影响着建筑领域的发展，也有助于提升建筑整体的使用效率，从而更好地满足人们生活质量提高和时代发展所需要的要求。通常情况下，建筑给排水设计和建筑设计基本是同步进行，这是由于建筑给排水设计与建筑设计具有较强的关联，两者需要进行紧密的协调和配合，才能有助于发挥整体建筑设计的作用和效果。

2. 影响建筑给排水设计的质量因素以及适应建筑设计的关联

建筑给排水设计的质量因素较多，例如燃气热水器、空调凝结水排放、给排水、外墙雨水管的噪音问题等情况会较大程度影响给排水设计的质量性能。具体来说，像在生活中较为常见的燃气热水器在日常的使用过程中，一般家庭用水的水压较高，但是经常会出现热水器进水管和出水管的配置问题，导致热水器的出水较小，长时间持续下去便会造成水头严重损坏。

随着人们生活质量的不断提高，对建筑设计的需求不仅仅停留在质量和舒适度上，同样对建筑外观提出了更大的需求，所以在近年来建筑设计中的外墙雨水管的安装设计中，为了保持建筑外形的美观程度，需要将外墙雨水管做到较好的隐蔽，同时部分建筑设计还要求可以外露。而为了满足要求，便会极大地增加建筑给排水设计的难度和质量问题，造成给排水系统运行出现问题。另外在使用过程中若出现漏点或其他问题，极大地阻碍了相关维修工作，影响了建筑给排水的质量性能。

另外重要的影响因素便是关于给排水的噪音问题，伴随日常生活建筑内部的用水设备增加，以及生活质量提高带来的用水需求，例如卫浴功能不断增加，建筑整体设计中主卧存在独立卫生间的设计等建筑设计，会给建筑给排水的施工和安装带来极大的不便，会使给排水系统设计较为复杂，同时在复杂的给排水管道运行中，会带来极大的噪音，影响了人们日常生活。

根据上述建筑给排水影响质量的因素，进一步分析出给排水设计与建筑设计存在较大的关联。具体来讲，在对建筑给排水系统中的外墙雨水管设计，需要满足建筑设计的美观性，从而要在设计中增强外墙雨水管的隐蔽性，对建筑给排水系统中的外墙雨水管道应进行相关的创新设计，例如需要在建筑设计的阴角处安装外墙雨水管。为了满足建筑设计创新中卧室独立卫生间、卫浴功能提升等设计的需求，建筑给排水才会出现噪音问题，为了满足建筑设计的需求问题和解决噪音问题，便需要进行对建筑给排水设计的创新，对管道内壁进行改造，添加螺旋形导水管，降低水流速度，从而减小噪音。

由上述分析可以有效得知，建筑给排水设计要想取得更大的作用和效果，应根据建筑设计的需求内容进行设计，根据需求内容做相关设计的创新，从而可以有效地协调建筑给排水设计与建筑设计的需求，使建筑整体设计更加合理科学。

3. 建筑给排水设计对建筑设计性能提升的关联

（1）建筑给排水设计与建筑防火设计的关联

建筑给排水设计不仅应满足和适应建筑设计的关联，同时还具有提升建筑设计性能的关联，首先一点便是建筑给排水设计可以有效地提升建筑设计的防火性能。近年来随着建筑领域的不断发展，建筑给排水的防火设计取得了较大的进步，而对国内总体的建筑设计而言，随着建筑呈现出超高层、大空间等特点，遇到火灾等情况时极为不利于逃生，所以建筑设计中的防火设计极为关键，而建筑给排水防火设计可以有效地应对防火需求，并且也起到保障建筑安全性能的巨大作用。目前建筑给排水中关于防火设计主要分为消火栓给水系统和自动喷水灭火技术两种。消火栓给水系统可以在发生火灾时，协助相关消防人员进行灭火、抢救工作。而随着时代的进步和科技的发展，信息技术提升带来了自动瞄射技术的应用，可以将建筑给排水防火功能更加智能化、方便化。在小型的家庭居住建筑中，一般采用的建筑给排水设计通过建筑中的水平横管和消防立管结合来实现防火功能，同时再将两者和消防水箱、消防栓箱一起，起到有效保障防火安全的作用。

（2）建筑给排水设计与建筑节能设计的关联

建筑领域是目前国内耗能问题严重的领域，而为了响应国家可持续性发展以及减少能源消耗，所以建筑节能设计极为重要，同时建筑给排水中的节能设计可以满足建筑节能需求，减少建筑设计中能源消耗问题。建筑给排水节能设计中包括了水资源的节能、热能资源的节能等，随着时间的推移，近年来建筑给排水的节能设计在整体建筑节能设计中的占比逐渐增大，并取得了良好的节能效果。国内的人口数量众多，同时城市化道路的加深使建筑领域的覆盖面积越来越广，对水资源的需求日益增加，给城市供水单位提出了更高的要求。为了使建筑给排水的节能设计取得更大的作用，在对其设计中应采用节水设备，另外还要增强给排水设计对雨水、废水的收集和再利用设计，充分发挥雨水、废水的潜在价值和应用价值，在设备选择方面应把握新时代信息化技术的机遇，例如利用智能化的废水收集设备、净化设备等，有效地提升废水可利用价值，还给整体的建筑设计注入了众多绿色设计理念，提升建筑总体设计的节能性能。

（3）关于建筑给排水设计与建筑质量的关联

建筑给排水中的节能设计、排水设计、节能设计都与建筑设计性能提升有着密不可分的关系，总体来讲，建筑给排水技术的不断发展和创新，有助于建筑领域的发展，同时建筑给排水设计还能有效地保障建筑总体质量，满足国内经济快速发展和人们生活质量不断提升对建筑领域的高需求问题。然而在目前建筑领域发展中，给排水设计还具有较大的发展空间和应用空间，加强建筑给排水设计与建筑设计的关联，才能有效地提升建筑整体质量性，同时可以有效地应对竞争激烈的建筑市场。

四、高层建筑给排水系统分析与设计

1. 高层建筑给排水系统概述

在我国建筑行业的标准中，净高高于 100m 的建筑即可称为超高层建筑。高层建筑往往是各类功能的综合体，其主要的特点包括：建筑往往承载着比较复杂多样化的功能；通常建筑内部含有写字楼办公、宾馆住宿、商场饭店、娱乐休闲场所等。可见高层建筑在功能上和结构上是综合体，所以对此类建筑的给排水系统进行设计，需要兼顾各类方面。结合我国已有的一些高层建筑给排水设计样本，总结出其特点如下：

（1）在高层建筑中，其静水所导致的压力往往远高于普通建筑，在设计中假若如普通建筑一样仅以单区进行水供给，一方面对用户的使用造成影响，另一方面对于管道和配件等装置也造成较大的压力，减少其使用寿命。所以在具体供水方式的选择上，应该在精确计算的基础上为之设置分区，从而减少系统的水压，使系统维持正常的可靠性和使用寿命。

（2）在高层建筑中，由于住户多，因此也面临着较大的排水量，以及较长的各类管道，这就容易导致在管道中存在着难以预测的压力。因此在给排水系统的设计中应充分重视排水系统能力的提升，并尽量使管道压力保持稳定性，使管道水封维持一定的可靠度。因此其排水系统建议引入通气管，以及结合国外一些先进的典范使用单立管的模式。在管道材质的选择上，应注重材料的机械强度，而在管道接口材料的选择上，则尽量选择柔性接口。

（3）高层建筑由于用户多，因此也面临着较大的排水量，如果出现了管道不通以及停水等事件，则影响面是很大的。所以在设计方案中应保证供水的可靠性和排水的顺畅性。

（4）高层建筑中由于水量大，管线长度达，所以也存在着多于普通建筑的动力设备，在进行设计时，应避免产生过多的扰民噪声以及震动等。

2. 高层建筑给排水系统的设计

（1）给水系统的设计

以往给水系统所用管道材料易生锈、腐蚀，使用寿命很短，不能保证生活用水的质量和卫生。所以设计人员设计给水管道时，可以考虑运用新型塑料给水材料。这种塑料水管在受到冲击时能承受更大压力，在进行水输送时受阻力小，且比金属材料更轻便，使用寿命更长。

选择了合适管道材料，只取得设计初步成功，如果要设计出完美的给水系统，还有许多应考虑问题。如需要对给水管道排列、布局等进行具体考虑，尽量让管道适当衬托出建筑形式，符合用户要求。除外，室内给水所用管道选择、进行管道连接方式、生活给水系统安全等等都是设计时不可缺少的因素。

国内建筑管道投资相对较少，管径、管段、管网较小，所得效益远比不上城市管道，所以导致我国在管道设备的布局方面还缺乏一定研究。但是随着高层建筑广泛使用，其所用的设备也越来越完善，因此对管道需要必然会增加。高层建筑中所需管道材料和品质都比其他建筑要求要高，所以国家对于管道投资力度必定会加大。

（2）排水系统设计

①水管的压力分析

排水管和雨水管有明显差异，前者属于非满特征，后者则为满管流，考虑到排水管和雨水管均非压力系统，所以在对其承压能力进行计算的时候，无法结合因管高来计算其实际压力等级。如果管径在150mm左右，则当管长接近100m时，其压强往往高于0.11兆帕，在这样的压力之下，可以将管内异物冲走。结合对我国一些高层建筑设计的典范，往往采用的是抗压能力很强的管材，例如上海金融大厦使用的是加厚钢管，而重庆金融中心则选用了衬塑钢管。

②单立管排水模式分析

单立管排水模式的使用范围往往局限于：某些洗手间面积受限的情况，例如居民住宅和宾馆等，以及一些对低排噪声非常敏感的环境。针对高层建筑，由于其往往高度很高，而每一层的建筑面积有限，所以管井的面积在设计中应尽量减小，在这种情况下，可以选择单立管排水的模式。一方面可以实现较满意的排水能力，另一方面还可以降低水流噪声。需要注意的是在对多个立管进行汇合的设计时，应为其配置特殊接头。在已有的工程实例中，上海金融大厦选用的是单立管排水模式，且取得了较为满意的效果，排水及时而通畅，异味及噪声均对住户未造成影响。

（3）消防供水系统的设计

由于高层建筑楼层高、设备复杂等方面的特殊性，存在着比其他建筑更大的消防安全隐患，所以对于消防供水系统的要求也就更加严格。在进行高层建筑的给排水系统设计时，不仅要保持给排水系统本身的自救力，还要进行单独的消防供水系统设计。消防供水系统主要包括的内容有各种灭火设备以及室内和室外所有的消火栓给水设施。其中室内的消火栓供水系统最好设计为网状结构，消火栓最好使用减压式；根据实际情况选择适合的灭火系统，以在意外发生时有效的保护好给供水系统的安全，避免造成更大的损失。在自动喷水系统方面，以往常常使用的大水量喷水系统已经渐渐由小水量的配水系统代替了。而且，如今更加先进的设施已经被开发出来，这些先进的系统可以保证电气设备受到最小的损害。

（4）高层建筑雨水系统设计

①建筑阳台与屋面雨水排除设置问题

高层建筑雨水系统中的屋面雨水是在暴雨天，屋面雨水汇集到排雨水管中形成满流形式下的压力流系统；而阳台雨水是不能对雨水管形成满流，属于重力流系统；而将这两种不同形态下的雨水系统没有经过合理比较选取致使建筑阳台反水；因此在建筑阳台和屋面雨水排除设置时应根据雨水斗的实际汇水面积进行设计，使雨水管内形成压力流，有效防治阳台反水现象的发生；另外，在进行建筑阳台和屋面雨水管设计时，雨水管拐弯位置的管径应大于其他管道管径，确保管道连接出连接严实，不漏水，可有效避免阳台反水现象的产生。

② 高层建筑的塔楼污水、雨水的排除问题

建筑雨水立管应尽量不要同管道技术夹层及裙房吊顶设置在一起。假如在排水管道设计时将两栋高层建筑的塔楼污水和雨水立管共用一根排雨水总管由裙房排除，一旦总管受损维修，会影响大面积建筑排水系统的有效运行。所以在塔楼污水和雨水立管设置方面，应分区设计安装。

第四节　暖通空调设计

一、暖通空调系统

1. 暖通空调系统简介

暖通空调系统虽然具有诸多类型，但是其基本工作原理却是一样的。在市场中常见的几种类型有：单频分散供暖和供冷、热力泵系统、热力回收和蓄冷系统；另外，还有利用空气和水之间的循环系统。在空气——水循环系统中，其原理是利用冷却水将空调机中的多余热量带走，同时也实现了通风效果，为空气带来部分湿冷却；而全空气系统则是通过空气的流通，以风的形式实现加湿、加热、制冷等；全水系统也一样，通过水流的作用，带动空气流动，并通过末端的循环系统实现制冷或者制热。全水系统的主要优点是其具有较强的适应性，无论在哪种工作环境中都可以使用。

2. 传统暖通空调系统对建筑内部环境的影响

传统的暖通空调都是通过把人放在一个相对封闭的小环境内，通过对这个封闭环境的温度调节，来让人产生良好的身体感觉。这种封闭性的环境会产生很多不良的影响。首先是这种恒定的、封闭的环境，把人和自然环境隔离开来，会降低人们自身的免疫力，对外界环境的适应能力下降。在夏天的时候，人们通常会把空调的温度调得很低，这就导致了外界的温差特别差，在人们出入比较频繁的时候，这种多次的冷热交替就会使身体感到不舒服；而且如果长时间的处在这种相对比较凉的环境中，还会引起人们的肠胃功能紊乱等一系列的空调病。长时间的保持建筑的封闭，缺少通风的话，也会影响到建筑内空气的质量。传统的建筑设计也缺少对这种空气不流通的危害的认识，经常追求建筑的气密性，更是加重了这种现象的情况。空调系统作为和外界沟通的一个通道，如果不能注意日常清理，很容易滋生各种细菌，然后通过空调的排风系统散布到室内各处，对室内的环境造成污染，如果出现病毒性疾病，也会成为这种疾病传播的帮凶，给人们的身体健康带来危害。可见，虽然暖通空调系统可以调节室内的温度，给人以愉悦的体验，但是还会给人体带来很多健康上的威胁。对于这些问题，在进行建筑项目工程暖通空调设计的时候，一定要考虑清楚，如何将这种威胁降低。

二、暖通空调系统设计

1. 暖通空调系统设计原则

（1）较好的调节与办理性能

暖通空调系统在设计整个过程中，需要具有较好的调节性以满足不一样季节的情况下空调系统符合以及系统容量的变化，以满足空调系统设计的节能性。暖通空调系统在设计整个过程中，需要尽可能提升自动化水平在技术经济可行的情况下应用自动控制系统相比大型的中央空调，以及调节操纵较多的设备尽可能的应用自动控制系统，以提升暖通空调系统的工作效率与办理水平。

（2）暖通空调系统具有较好的实用性

暖通空调系统设计整个过程中，首先一定可以满足建筑物通风以及采暖的应用要求。暖通空调系统的设计一定符合国家相关的设计标准满足环保以及节约的设计理念。

（3）较高安全性

暖通空调系统在设计整个过程中一定确保系统工作的安全可靠。暖通空调系统在设计整个过程中，一定确保系统设备、运行环境、操纵办理人员以及消防防火的安全性。暖通系统的安全性主要经过在系统设计、设备的选择以及安全防护设计等方面表现。

（4）具有较好的经济效果

与利益相比，暖通空调设计而言经济上的可行性直接制约着设计的可行性，所以在设计方案进行工作的具体计划或对某一问题规划的制定上，一定综合研究设计中各项材料以及设备与管道的投入，在设计中需要尽可能的减少相关的安置以及调试的投入，减少暖通空调系统的费用以及暖通空调系统的日常运行能耗，以及办理费用针对不一样的建筑高规模以及建筑物的实际负荷制定系统的设计方案进行工作的具体计划，或对某一问题制定的规划。

2. 暖通空调系统的基本设计流程

（1）在设计施工之前，要清楚施工建筑物的周围环境。主要考察的地方有：四周建筑物、供热、供水的管网铺设情况和预计施工区域，这些都是铺设管网和施工的必要条件。在考察这些条件之后，要评估建筑物的负荷和承重，了解周围环境和天气因素，然后依据基本物业条件和入口方向，最终确定设备大门的位置和施工方案。

（2）考评建筑物的高度，考察其层高、层数，确定是否属于高层建筑物。按照我国现有法律法规规定，层高 ≥10 层、建筑高度超过 24m 的民用建筑，都应当遵守高层建筑物消防设施的建设要求。

（3）在调查建筑物的基本硬件之后，要着重考察该建筑物内的人员情况以及使用时间和有无废气排放等问题，作为下一步施工过程中暖通空调的基本设计依据，同时为划分负荷等提供参考的数据。

（4）防火分区的划分是工程要着重考虑的地方。防火、防烟、防火墙、防火阀门和逃生路线的设置都要为设计排烟、防烟系统提供依据。

3. 建筑项目工程暖通空调设计的要点

在进行建筑项目工程暖通空调设计的时候，最先要做的就是要设计对象在施工总图中是处在什么地方的，对其周围的环境、设施，包括供热、供水等相关的需要铺设管道的工程的位置都要熟悉并牢记，如果对应着自身建筑有设计供热入口的话，也要作为暖通空调设计的条件，进行考虑，一定要确定这些相关的管道、接入口的设计位置。进行暖通空调设计的时候还要对建筑物的功能，以及人流情况进行分析，评估，这是进行市政建筑暖通空调设计负荷的重要依据。对建筑的整体构造进行分析，确定暖通空调施工的工序以及施工技术。在进行设计的时候，最好把建筑物设置成南北方向，尽量选择避风向阳的位置。最好是把建筑物的体型系数控制在 0.3 以下。建筑的外围部分要做好防潮，保温的措施，还要保证密封性。门也要做好保温措施，对于频繁使用的外门可以设计成转门，减少能量的流失。空调房的设计要求在不影响使用的情况下，尽可能的低一些。尽量把空调房间布置在一起。

4. 暖通空调设计的常见问题

（1）水泵选择问题

通常来说，很多高层建筑物的循环水泵普遍存在容量过大的问题，甚至很多容量都达到两倍之多，这就造成了不必要的设备投资费用和维护费用。当然造成此类问题的原因主要有几个方面：

①没有精确计算系统所需动力，或者循环阻力较大。

②设计的冷负荷较大。

③有的地方净水压力也有问题。造成这个问题的原因是：设计初期对净水压力与循环阻力的计算出现交叉和疏漏。

④对整个暖通系统的水力平衡计算不够精确，出现较大误差。

（2）供暖过程中的问题

根据采暖通风和节能的原则，在施工过程中应在设计供水回管处布置温度计、压力计和除垢装置。通常很多高层建筑暖通设计者只关注终端入户装置设计，而容易忽视入口装置的设计，造成设计失误，资源浪费。同时，入口数量问题应考虑开发商后续管理方便，设计人员不仅要考虑室内供暖系统的合理性，又要考虑室外管线衔接的合理性，不能顾此失彼。规范规定，楼梯间或其他有冻结危险的场所，散热器应有独立的立支管供热，且不得装设调节阀。工程中共用1根立管，一侧连接邻室房间散热器，另一侧连接楼梯间散热器的做法，因楼梯间密闭性难以得到保证，供暖发生故障，将影响邻室的供暖效果。带有底层商铺的住宅，设计规范明确规定，对建筑内的公共用房和公用空间，应单独设置采暖系统和热计量装置。但设计中总存在商铺未单独设热计量装置，或与住宅采用共用系统，都可能对以后的使用带来不必要的麻烦。

（3）暖通防火安全的设置问题

防火阀一般设在通风空调管路穿越防火分区或变形缝处，平时开启。火灾时，当烟气温度达到70℃时，阀体内的易熔片熔断，从而切断烟、火沿通风管道向其他防火分区蔓延。风管应在穿过防火墙处设防火阀；穿过变形缝时，应在两侧设置防火阀装置。但是，目前我国很多高层建筑物在设计之初并没有按照设计要求安装防火阀，仅在变形缝一侧设置防火阀，而另外一端没有设置。

5. 增加暖通空调设计科学性的有效措施

（1）暖通空调系统的方案规划

方案规划是建筑工程设计的基本原则和依据。目前国内比较盛行的空调系统设计为：在实现节能环保的前提下，提高建筑物内的整体环境和质量，采用可调节的通风、空调系统。根据建筑的实用功能采用合理的空调系统。在大型工程中可采用节能型更高的新型空调系统，如低温送风系统以及采用冷辐射吊顶温的湿、度独立控制系统。如在使用冰蓄冷的项目中可利用较低的冷水温度，采用低温送风系统，减少空调系统送风量。降低空调系统水泵、风机的输送能耗，达到节能的目的。在采用冷辐射吊顶系统中，新风系统承担排除室内余湿、二氧化碳、余味、空调潜热负荷的任务；冷辐射吊顶承担剩余的显热负荷，采用16～18℃的空调冷冻水进水温度，而不是常规的7℃，这就为许多天然冷源提供了使用条件。

（2）安装优良的通风系统

通风系统是整个暖通系统的循环保障。不断涌入的新风不仅能够将建筑物的某些有害物质吹散，还有利于保证整个暖通系统的正常工作。因此，新建高层建筑物应当具备良好的通风设备，最大限度地使用自然风和对流，实现绿色健康环保建筑要求。

（3）根据当地气象条件确定合理的空调系统

绿色健康空调系统是以蒸发冷却技术为前提，其重要标志就是冷却系统的低能耗。该技术用水作为制冷剂，包括间接蒸发冷却和直接蒸发冷却。在干旱、半干旱地区采用因其干球温度较低而具有较好的低能耗、无污染的效果。

（4）充分利用可再生能源

地热空调系统是利用土壤或地下水作为冷热源的一种节能暖通设备。地热作为可再生能源有较为适宜的温度，其稳定性和蓄热性较好，能够在泵力系统的带动下为空调系统提供冷风和热风，不会对土壤、水源造成任何污染。

三、民用建筑暖通空调节能设计

1. 节能暖通空调系统的意义及原则

（1）节能暖通空调系统的意义

暖通空调是建筑工程的重要组成部分，其主要作用是利用制冷、采热技术对室内的温度、湿度及空气质量进行调节。根据相关文献报道可知，国民经济总能耗中，建筑能源的消耗比例越来越高，其中暖通空调是一项巨大的消耗，属于能源消耗的"大户"，因此只有充分重视暖通空调的节能设计，才能充分提高空调系统的经济效益与环保效益。低碳节能社会环境中，设计人员要彻底改变设计观念，将节能环保理念融入系统设计中来。由此可见，暖通空调系统的节能设计至关重要。

（2）暖通空调节能设计原则

伴随着科技水平的不断更新和完善，现代暖通空调的节能设计主要是利用传感器搜集信息，并建立舒适度评价指标体系，实现舒适与节能的相统一，温度精确以及灵活调控相统一。同时对于不同气候条件、不同建筑结构形式以及不同经济条件的建筑，采取具有一定针对性的节能优化设计方法。能源的节约需要和环境保护保持一定的一致性，而对于传统的石化类能源，应尽量采用高效利用方式，降低碳排放。同时对于工业余热、汽车尾气等低品位热能，也应该提升其利用效率。此外，还应该将可再生的清洁能源，诸如太阳能、风能、潮汐等和地热等资源纳入到具体的节能设计方案中。

2. 暖通空调系统节能方面存在的问题

（1）暖通空调系统设计问题

在暖通空调设计过程中，大多数设计人员会采用估算的方法确定空调系统的负荷值，而不是进入室内进行实际测算，从而影响到负荷值计算的准确性，导致能源的浪费。虽然现阶段我国对暖通空调新技术的研究与探索有了长足的进步，但是每种技术都需要进一步的完善。而在实际设计工作中，设计人员的专业水平不同、实践经验不同，对设计方案的看法也各不相同，甚至有些人为了赶工期会忽略某些特殊的原因，导致暖通空调的设计方案出现失衡，从而发生各房间冷热不均的现象。

（2）暖通空调系统运行方面的问题

暖通空调的运行管理会对其节能性、经济性产生直接影响。由于暖通空调设计过程中设计方案存在一定问题，加之空调管理人员对其运行系统缺乏足够的了解，甚至有些单位认为设计施工达标即可，从而忽视了空调系统的运行管理。此外，一些单位对暖通空调操作人员的培训工作开展不足，即使暖通空调的操作人员，对空调的安装知识也不够了解，更谈不上根据室内外参数的变化做出合理调节，针对暖通空调的正常期及高峰期设置同样的运行数量，从而导致系统节能性降低，增加运行成本。

（3）暖通空调系统的维修与施工

暖通空调的日常维护是保证其正常运行的重要手段，比如水系统需要定期清理，否则会堵塞水系统，从而影响暖通空调的换热效果；或者空调的重要设备上附着大量灰尘等异物，降低空调设备的性能等。此外，暖通空调系统的施工安装也至关重要，但是现阶段我国专业的施工人员严重短缺，有些施工人员甚至无法理解设计图纸的内容，从而无法保证节能效果。

3. 节能理念下的建筑暖通空调设计方法

（1）科学设置暖通空调系统的设计参数

在建筑暖通空调设计过程中，需要对建筑室内设计计算温度进行取值，室内温度取值的高低与建造暖通空调系统的能耗具有非常密切的联系，这就需要根据实际的情况，根据不同地域、环境及室内要求等来对室内温度进行合理取值，从而确保暖通空调系统能耗的降低。在相关的建筑节能设计标准中对于民用建筑室内供暖和制冷设计的计算温度取值标准进行严格的规定，夏季空调制冷要保持在25℃以上，居民建筑和办公室室内冬季采暖温度不得高于20℃。

（2）选择节能的空调冷热源

在空调主机热源侧根据冷却形式的不同，可以分为空冷、水冷及蒸发冷几种形式。水冷不仅制冷性能系数COP较高，而且很少受到大气环境温度的影响。但会受制于水源的限制。特别是在使用循环水时，需要配备冷却塔或是冷水池，确保水能够冷却。水源热泵机组会受到水源的限制，而地源热泵会受到打井面积的限制，因此无论是水源热泵机组还是地源热泵机组都存在着一定的局限性。目前蒸发式冷凝器很受大家欢迎，其主要是利用水蒸发时吸收热量来使管内制冷剂蒸气凝结，相较于传统中央空调的耗电量来讲，蒸发式冷风机耗电量较少，具有较好的节能效果。

（3）通过可再生能源开展设计工作

当前，人们对绿色环保的需要逐渐提高，可再生能源的应用范围也逐渐扩大，在建筑暖通空调设计中应使用自然风，应用自然风是可再生能源在建筑暖通空调设计中十分重要的内容，应用自然风能够使建筑物具备所需要的能量，减少能源消耗，使环境得到保护。同时使用太阳能，在暖通空调设计中，太阳能的应用分为采暖和制冷两个方面，当前太阳能技术不断发展和普及，在暖通空调设计中广泛的应用太阳能。太阳能技术的温度较高，承受压力比较大，耐冷热冲击比较好，使得暖通空调中能够有效地应用太阳能技术。

（4）采用现代化的自控技术开展设计工作

使用自控技术进行暖通空调系统的设计，能够使建筑室内的温度、湿度等满足建筑需要，减少暖通空调的热能消耗。当前网络信息技术、电子技术等快速发展，暖通空调系统在硬件以及软件方面有很大的成就。例如暖通空调系统中的中央监控软件能够实时监控空调系统，了解暖通空调的运行，实现在线的监测，有效控制暖通空调的新风量。

（5）仿真模拟技术

该技术能够实现预见暖通空调系统各个结构在实际运行过程中所产生的能源消耗和污染气体排放强开，进而依据实际控制目标对相关的数据、参数等进行优化设计，进而全面提升暖通空调系统的节能效果。伴随着计算机信息技术、设计平台等技术的不断发展，该设计理论也势必得到更加全面的发展。不过该方法目前还需要进行进一步的完善和实践验证，需要不断深化创新。因此目前关于暖通空调系统的节能设计方法依然集中在前三种途径上。

第五节　电气设计

建筑电气指的是，在建筑物中，利用现代先进的科学理论及电气技术所构建的电气平台，统称建筑电气。

一、设计概念

1.设计的概念

设计是一个构思表达、再构思表达、反复推敲、不断深入发展和进行评价的过程。基本上可以概括为博览、创意、构思、表达等几个阶段。

博览是博览群书，直接和间接地学习各方面的知识。通过听讲、看书、参观访问、观摩等各种方式，对各种建筑物及建筑物中的各种设备、技术规格和空间尺度要心中有数。

接到设计任务后，就要创意。只有书本知识是不够的，生活体验和设计经验往往也非常重要。在创意中要善于找出问题、揭示矛盾、分析研究、解决疑难。创意就是对具体问题提出解决的思路。创意可能是模糊的，但它对以后的设计至关重要，好的创意才能发展下去，而创意不当就会步履维艰。

好的创意不等于好的设计，因为设计中的矛盾是错综复杂的，一开始矛盾没有展开，而是随着思维的发展而逐步展开，并在展开的过程中逐一对这些问题寻找理想的解决方案。这一过程就是构思发展过程，就是从创意到成熟的过程，这个过程中很重要的就是思维的表达。

思维产生于人的头脑，是个瞬时的火花，这种印象产生后必须抓紧时间记录。好记性不如烂笔头，设计是构思的过程，也是动手的过程。思维借助语言完成，建筑工程设计语言就是图纸或模型。因此，将自己的设计构思表达成为图纸，是设计人员的基本功。

设计过程从一开始到深入下去，各阶段思维的广度、深度都不同，表达方式、工具也可能是多样化的。表达方式和工具要适应思维的速度，推动思维发展成熟。

2. 服务的对象

设计是为甲方（业主）的功能需要服务的，也是为施工单位的施工需要服务的。在满足国家有关规定的前提下，设计人员应树立服务意识、树立合作观念、树立敬业精神。对建筑电气专业的设计人员而言，妥善处理与各个专业之间的关系是十分重要的事情，在协调上所用的时间甚至可能超过埋头设计的时间。

3. 设计的内容

现代建筑趋于多元化的风格，高度大、面积大、功能复杂，电气设计内容也日趋复杂，项目繁多。建筑电气设计从狭义上仅指民用建筑中的电气设计，从广义上讲应该包括工业建筑、构筑物和道路、广场等户外工程。

传统建筑电气设计只包括供电和照明，而今天一般将其设计的内容形容为强电和弱电。将供电、照明、防雷归类在强电，而其余部分，如电话、电视、消防和楼宇自控等内容统统归于弱电。这种分类以电压的高低为依据，强调了电气设计中所增加的消防、电讯和自控内容与传统电气设计内容完全不同，容易理解，所以很快被人们所接受。

但是，这种按电压高低进行分类的方法并不严谨，如：动力设备的二次控制回路，其电压可能很低；而消防回路中的联动也不宜与配电箱完全分割开。又如人防设计、防雷设计、保安设计等功能性设计，其内容不仅仅是弱电信号的报警，也包含有动力、照明的连锁反应。又如防雷接地，强弱电都要求，而且有向等电位联结发展的趋势，实际上又很难分开。如果电气设计仅仅以电压高低进行分工，势必造成强弱两个子工种之间交叉过多，界限不清楚。

4. 电气设计分类

按功能分类。既然建筑设计是为业主的功能需要服务的，将满足某一类需要的相关设计内容放在一起考虑应该是合情合理的。为此，笔者对建筑电气的要求进行了总结，提出本书的分类方法，愿意以一己之见与各位同行做进一步的交流。考虑到防雷、消防等内容都是出于对减少建筑物灾害的功能设计，特增加了电气减灾一篇，并将保安监控、防空袭、防爆炸等内容归并其中。而电讯和楼宇自控的出现不仅仅是减灾的需要，也是人们对理想生活环境的追求。出于对信息时代不断发展的新技术考虑，建筑电气的设计内容应能扩展，而信息正是其核心词。减灾篇和信息篇中的内容多是建筑电气设计新增加的内容，而传统的供电篇和照明篇原本就有所界定。

这样分类还有另外一个原因是出于工作量的考虑。对于大型复杂建筑物，以平面图而言，传统强弱电都不只一张。由于消防、电视、广播、保安、综合布线（网络和电话）的要求并不相同，出于方便施工和报批的角度，往往要分别出图。将传统弱电改为减灾和信息，与传统强电的供电和照明并列，可以更加真实地反映出变化后的工作量，也使建筑电气的四个子专业能够大体平衡。下面将进一步叙述建筑电气四个子专业的具体设计内容。

二、供电系统

建筑供电主要是解决建筑物内用电设备的电源问题。包括变配电所的设置，线路计算，设备选择等。

1. 供电电源及电压的选择

供电设计：包括供电电源的电压、来源、距离和可靠程度，如今供电系统和远景发展情况；用电负荷的性质、总设备容量和计算负荷；变配电所的数量、容量、位置和主接线；无功功率的补偿容量和补偿前后的功率因数；备用容量和备用电源供电的方式；继电保护的配置、整定和计量仪表的配置。

为了保证供电可靠性，现代高层建筑至少应有两个独立电源。具体数量应视当地电网条件而定。两路独立电源运行方式，原则上是两路同时使用，互为备用。此外，还必须装设应急柴油发电机组，并要求在 15s 内走道恢复供电，保证应急照明、消防设备、电脑电源等用电。国内高层建筑大都采用 10kV 等级，对用电量大而且有条件的，建议采用 35kV 深入负荷中心供电。

2. 电力负荷的计算

电力负荷是供电设计的依据参数。计算准确与否，对合理选择设备、安全可靠与经济运行，均起着决定性的作用。负荷计算的基本方法有：利用系数法、单位负荷法等。

3. 短路电流计算

计算各种故障情况，以确定各类开关电器的整定值、延时时间。

4. 高压接线

好的设计能够产生巨大的效益，这是工程师设计的主要目的。如何因地制宜，保证高低压接线的安全、合理、经济、方便，是我们的一个重要课题。

现代高层建筑一般要求采用两路独立电源同时供电，高压采用单母线分段、自动切换、互为备用。母线分段数目，应与电源进线回路数相适应。只有供电电源为一主一备时，才考虑采用单母线不分段的形式。若出线回路较多时，通常考虑分段。电源进线方式多采用电缆埋地或架空引入。

高压配电系统及低压干线配电方式常采用放射式，楼层配电则为混合式。现代高层建筑的竖井多采用插接母线槽。水平干线因走线困难，多采用动力与竖井母线通过插接箱连接。每层楼竖井设层配电小间，经过插接箱从竖井母线取得电源。当层数较多或负荷巨大时，可按楼层分区供电或将变压器分散布置，但要进行经济分析。

5. 低压配电线路设计

首先确定进户线的方位，然后确定各区域总配电箱、分箱的位置，根据线路允许电压降等因素确定干线的走向，管材型号和规格，导线截面等，绘制平面图。

低压配电系统的各级开关，一般采用低压断路器。设计时注意选择性，保护等级不宜超过三级。重要负荷要求两路供电、末端切换，如消防电梯，要求在电梯机房设置切换装置、互为备用。配电设计包括配电系统的接线、主要设备选择、导线及敷设方式的选择、低压系统接地方式选择等。

6. 电气设备选择

现代建筑要求电气设备防火、防潮、防爆、防污染、节能及小型化。电气设备有的需要引进。设备引进是一项技术性、政策性很强的工作，对国际市场的产品动态及发展趋势都应有一定了解，具备必要的国际贸易常识。

电气设备的选择是涉及多种因素，首先要考虑并坚持的是产品性能质量。电气产品的选用必须符合国家有关规范。其次才是经济性，要根据业主功能要求、经济情况做出选择。随着人们环境保护意识的日益增加，选择环保产品、节能产品也是新的时尚，这就不仅仅是钱的问题了。

电气工程师所要选择的产品包含在每个设计子项之中，主要有电源设备、高低压开关柜、电力变压器、电缆电线、母线槽、开关电器、照明灯具、电讯产品、消防安防产品、楼宇自控产品等。

7. 继电控制与保护

没有十全十美的系统，没有 100% 可靠的设备，对于各种突发的意外情况，对关键点进行保护，是电力系统工程师的职责之一。

8. 电力管理

功率因数要求补偿到 0.9 ~ 0.95，可采用集中补偿或分散补偿方式。为降低变压器容量，集中补偿装置通常采用干式移相电容器，设置在低压配电柜一起。

"管理出效益"已经成为商品经济时代的共识，对电力系统进行卓有成效的管理往往能够在现有的物质条件基础上，产生出令人惊讶的潜能。

9. 变配电所设计

根据建筑特点，确定变电所设计是建筑供电的重点，其设计的内容主要有：变配电所的负荷计算；无功功率补偿计算；变配电室的位置选择；确定电力变压器的台数和额定容量的计算；选择主接线方案；开关容量的选择和短路电流的计算；二次回路方案的确定和继电保护的选择与整定；防雷保护及接地装置的设计；变配电所内的照明设计；编制供电设计说明书；编写电气设备和材料清单；绘制配电室供电平面图；二次回路图及其他施工图。

10. 电梯

电梯按使用功能分类有：高级客梯、普通客梯、观景梯、服务梯、消防梯、货梯、自动扶梯等；按速度划分有：低速梯、快速梯、高速梯和超高速梯；按电流分为直流和交流梯。设计人员的任务是确定电梯台数和决定电梯功能。电梯的配置和选型，往往是建筑师根据建筑需要做出决定，电气设计人员与建筑师共同研究确定。为缩短候梯时间、提高运输能力，采用高速电梯、分区控制和电脑群控已经是常见的。

三、照明系统

电气照明设计包括设计说明、光源选择、照度计算、灯具造型、灯具布置、安装方式、眩光控制、调光控制、线路截面、敷设方法和设备材料表等。照明设计和建筑装修有着非常密切的关系，应与建筑师密切配合，以期达到使用功能和建筑效果的统一。绿色照明是指在设计中广泛采用新的材料、技术、方法，达到节能、高效及环保的要求。

1. 电光源

选择人工光源是照明设计的第一步。从爱迪生发明白炽灯以来，电光源也几经改朝换代。了解各类电光源的特点是我们电气设计工程师的职责。

2. 照明计算

照度计算是设计的理论根据，一丝不苟地进行照度计算、三相平衡计算、灯具配光曲线选择，是照明设计的基本功。有人认为，照明设计是比较容易的一部分，那是仅仅看到照明设计人员在一个又一个画灯泡的现象，而不了解照明设计所涉及的复杂理论和在实际选型中所涉及的多种因素。

3. 灯具选型

根据不同的场合选择不同的灯具，以达到预期的效果，往往需要电气工程师与建筑师协商。电气工程师需要更多地考虑技术规格方面的因素，如灯具效率、照度值、功率消耗等，而某些涉及美学的问题，属于仁者见仁、智者见智，建筑师和业主往往有不同的见解。实际工作中，电气工程师有责任对建筑物的基本照明做出安排，对灯具进行选型。

4. 应急照明

100% 的电源迟早会出现中断的情况，出于生理和心理的安全需要，设置应急照明是必需的。

5. 环保和节能

（1）环保：环境保护的重要性不言而喻，我们只有一个地球，破坏环境无异于杀鸡取卵。增强电气工程师在设计中的环保意识，是我们应尽的责任。

（2）节电：节省能源是我国经济建设中的一项重大政策，节约用电是节约能源中的一个重要方面，它直接关系到建筑物的运行效率和其中人们的生活、工作。节电方案的设计应根据技术先进、安全适用、经济合理、节约能源和保护环境的原则确定。采用合理的配电方式，采用高效电气设备，采用无功功率补偿和电脑优化控制等措施，节约用电。

四、电气减灾系统

1. 安全用电

人的生命安全是我们在运行电力系统中所必须首先考虑的问题。电是双刃剑，安全使用才能带来方便和效益，我们应该牢记：安全第一。

2. 防雷

雷击是一个概率事件，设置接闪器等防雷装置增大了落雷的概率，但可以有效地控制雷击灾害。传统的防雷方法是采用避雷针、避雷带等，近年来用过的有消雷器和放射式避雷针，但在国内理论界基本是否定的。而提前放电和抗雷器等避雷方法理论界还在争论之中。

3. 防火

随着建筑物的日趋复杂化，功能的多样化，防火问题变得越来越重要。由于电气原因引起的火灾也在不断上升之中。建筑防火设计包括所有的设备专业，水要有喷淋、消防泵，暖通要有防排烟，电气的火灾探测器、通信和联动控制系统更是必不可少的。

4. 防盗

现代社会科技的发展使我们拥有了更多的手段来保证自身和设备的安全。防盗设计包括：闭路监视系统、巡更系统、传呼系统、车库管理系统等。

5. 防空和防爆

战争和意外爆炸也是设计建筑物要考虑的问题。作为电气设计工程师，在作设计绘图中要根据需要研究和落实保安措施。

五、信息系统

1. 电视

为了使用户收看好电视节目，公共建筑一般都设置共用天线电视接收系统 CATV 和有线电视系统 CCTV。它们都是有线分配网络，除收看电视节目外，还可以在前端配合一定的设备，如摄像机、录像机、调制器，自己制作节目形成闭路电视系统进线节目的播放。

进行分配系统设计时，应对电视机输入端的电平范围进行合理计算。视频同轴电缆、高频插接件、线路放大器、分配器、分支器的选择，应注意系统的匹配及产品的质量。天线的位置十分重要的，应该选择在没有遮挡、没有干扰、安装方便的地方。

2. 电话

电话设计包括电话设备的容量、站址的选定、供电方式、线路敷设方式、分配方式、主要设备的选择、接地要求等。

3. 广播

旅游建筑的音响广播设计包括公众广播、客房音响、高级宴会厅的独立音响、舞厅音响等。公众音响平时播放背景音乐，发生火灾时，兼作应急广播用。客房音响的设置目的是为客人提供高级的音乐享受，建立舒适的休息环境。高级宴会厅多是多功能的，必须设置专用的音响室，配备高级组合音响设施，以适应各种不同会议要求。餐厅、多功能厅、酒吧间为满足各类晚会的需要，宜配置可移动的音响设备。高级饭店前厅一般要设计音乐喷泉。

4. 网络

网络设备的出现是随着信息工业的发展而出现在建筑物中的新事物。信息时代的到来，使我们的生存成了比特的组合。

5. 电脑管理系统

电脑管理系统是指对建筑物中人流、物流进行现代化的电脑管理，如车库管理、饭店管理等子系统。

6. 楼宇自控

自动控制与调节：包括根据工艺要求而采用的自动、手动、远程控制、连锁等要求；集中控制或分散控制的原则；信号装置、各类仪表和控制设备的选择等。楼宇自控是智能建筑的基本要求，也是建筑物功能发展的时代产物。楼房不仅仅是遮风避雨的居所，也是实现梦想的舞台。

建筑供电设计是建筑工程设计的一部分，在不同的设计阶段有不同的深度要求。那种超越设计阶段的做法不是锦上添花，而是画蛇添足。

六、设计深度

1. 一般原则

设计施工中必须始终贯彻国家的有关政策和法律，符合现行的国家标准和设计规程。对于某些行业、部门和地区的工程设计任务，还应该遵守这些行业、部门和地区的有关规定。但是，在规范的前提下，应该尽量满足建设单位的需要，竖立服务思想。建筑供电的设计一般原则归纳起来有以下几点。

（1）建筑电气设计必须严格依据国家规范，这是不言而喻的。为加强对建筑工程设计文件编制工作的管理，保证设计质量，国家制订了相关标准。建筑供电设计和施工必须贯彻执行国家有关政策和法令，设计文件的编制符合国家现行的标准、设计规范和制图标准，遵守设计工作程序。

（2）根据近期规划设计兼顾远景规划，以近期为主，适当考虑远期扩建的衔接，以利于宏观节约投资。

（3）必须根据可靠的投资数额确定适当的设计标准：如灯光设计标准，规范只给了最低的标准。而设备档次（如灯具豪华程度、装修标准）等取决于投资数额，有多少钱办多少事。

（4）根据用电负荷的等级和用电量确定配电室电力变压器的数量，配电方式及变压器的额定容量等。

（5）建筑工程作为商品，必须考虑其经济效益、成本核算、用户满意程度、商品流通环节是否通畅、扩大再生产的能力等。

（6）设计应结合实际情况，积极采用先进技术，正确掌握设计标准；对于电气安全、节约能源、环境保护等重要问题要采取切实有效的措施；设备布置要便于施工和维护管理；设备及材料的选择要综合考虑。

（7）建筑电气设计是整个建筑工程设计的一部分，设计过程中要与有关建筑、结构、给排水、暖通、动力和工艺等工种密切协调配合。

2. 设计步骤

在项目决策以后，建筑工程设计一般分为初步设计和施工图两个阶段。大型和重要的民用建筑工程，在初步设计之前应进行方案选优。小型和技术要求简单的建筑工程，可以方案设计代替初步设计。

当接受建筑工程设计任务时，首先应落实设计任务书和批准文件是否具备；检查需要设计的项目、范围和内容是否正确。上述手续齐备后就可办理设计委托文件。

设计人员在开展设计工作前，应进行调查研究，收集必要的资料，把有关的基本条件搞清楚，这是保证设计质量、加快设计进度的前提条件。然后，按照设计各阶段的深度要求，编制设计文件。经过审核后，报请有关主管部门审查批准，交施工单位。施工开始前，设计人员要向施工单位的技术人员或工程负责人进行工程技术交底。施工过程中应对有关设计方面出现的技术问题负责处理。工程竣工后，参加工程竣工验收。

对于大型建筑工程，如果技术要求高的、投资规模较大的建设工程项目及大型民用建筑工程设计，在初步设计之前还可根据有关部门或建设单位的需要进行方案设计，对设计工程设计一个或若干个设计方案，交有关部门或建设单位的需要进行设计，这样可避免在初步设计中一些重大原则问题较大程度的改动或造成返工。对于工艺上比较复杂而又缺乏设计经验的工程，可以增加工艺设计阶段。小型建设工程设计可用方案设计代替初步设计。

对于一般的工程项目，设计单位需要将编制初步设计的文件交建设单位电气报请上级及有关主管部门批准后，方可根据正式审批意见进行施工图设计。对于建筑电气设计有关部门一般有：城乡规划部门、供电部门、邮电部门、消防部门、人防部门、环境保护部门和文物部门等。

3. 设计文件的编制

设计文件包括：设计说明书，图纸目录，设计图纸，主要设备及材料表，投资概预算表，计算书等。其中设计图纸的绘制，应按照 GB 和 IEC 标准执行。主要内容有外线总平面供电设计、变配电室的设计、车间动力供电设计、建筑照明设计，共用天线电视系统设计，广播和电话系统设计等。

下面将叙述有关说明书和图纸清楚表达的内容。需要指出的是：这些内容不是详细无遗的，也不是每一个设计文件都必须包括的，每一个具体的建筑工程项目应包括哪些电气内容，应依据其特点和实际情况而定，但深度应满足要求。

4. 设计文件的具体内容

施工图设计文件主要以图纸表示，设计说明作为图纸的补充，凡是图纸上已经表示清楚的，设计说明就不必重复了。

（1）设计说明

建筑工程项目一般都需要写一个施工总说明，给出本工程的总体概念。对于各分项工程局部问题可在其图上写出。

总说明的内容为：工程一般性介绍，如设计依据，包括根据整个工程的设计任务书与电气有关的内容；与当地的供电、邮电等有关部门的协商文件；本工程其他专业所提供的资料和要求。如果是改、扩建工程，应写明与原工程的关系。

初步设计图纸一般包括以下内容：供电设计总平面图、变配电所平面图、高低压供电系统图、低压及照明配电系统图、弱电布置系统图和平面图。

（2）外线工程供电设计

主要是确定供电的形式是采用电缆供电还是架空线路供电，是用放射式线路还是树干式供电线路，计算导线的截面，绘制总平面图。

具体图纸的设计内容见前面的说明，特别需要指出的是：除了设计图纸以外，还应该有设计计算书。

第四章　建筑工程施工技术

第一节　施工测量

一、施工测量

施工测量是指为施工所进行的控制、放样和竣工验收等的测量工作。与一般的测图工作相反，施工放样是按照设计图纸将设计的建筑物位置、形状、大小及高程在地面上标定出来，以便根据这些标定的点线进行施工。

1. 内容

施工测量即各种工程在施工阶段所进行的测量工作。其主要任务是在施工阶段将设计在图纸上的建筑物的平面位置和高程，按设计与施工要求，以一定的精度测设（放样）到施工作业面上，作为施工的依据，并在施工过程中进行一系列的测量控制工作，以指导和保证施工按设计要求进行。

施工测量是直接为工程施工服务的，它既是施工的先导，又贯穿于整个施工过程。从场地平整、建（构）筑物定位、基础施工，到墙体施工、建（构）筑物构件安装等工序，都需要进行施工测量，才能使建（构）筑物各部分的尺寸、位置符合设计要求。其主要内容有：

（1）建立施工控制网。

（2）依据设计图纸要求进行建（构）筑物的放样。

（3）每道施工工序完成后，通过测量检查各部位的实际平面位置及高程是否符合设计要求。

（4）随着施工的进展，对一些大型、高层或特殊建（构）筑物进行变形观测，作为鉴定工程质量和验证工程设计、施工是否合理的依据。

2. 原则

施工场地上有各种建筑物、构筑物，且分布面较广，往往又是分期分批兴建。为了保障建筑物、构筑物的平面位置和高程都能满足设计精度要求，相互连成统一的整体，施工测量和地形图测绘一样也必须遵循测绘工作的基本原则。

测绘工作的基本原则是：在整体布局上"从整体到局部"；在步骤上"先控制后碎步"；在精度上"从高级到低级"。即首先在施工工地上建立统一的平面控制网和高程控制网。然后，以控制网为基础测设出每个建筑物、构筑物的细部位置。

另外，施工测量的检校也是非常重要的，如果测设出现错误，将会直接造成经济损失。测设过程中要按照"步步检校"的原则，对各种测设数据和外业测设结果进行校核。

3. 任务

一项土建工程从开始到竣工及竣工后，需要进行多项测量工作，主要分以下三个阶段：

（1）工程开工前的测量工作

①施工场地测量控制网的建立。

②场地的土地平整及土方计算。

③建筑物、构筑物的定位。

（2）施工过程中的测量工作

①建筑物、构筑物的细部定位测量和标高测量。

②高层建筑物的轴线投测。

③构、配件的安装定位测量。

④施工期间重要建筑物、构筑物的变形测量。

（3）竣工后的测量工作

①竣工图的测量及编绘。

②后续重要建筑物、构筑物的变形测量。

4. 特点

（1）测量精度要求较高

为了满足较高的施工测量精度要求，应使用经过检校的测量仪器和工具进行测量作业，测量作业的工作程序应符合"先整体后局部、先控制后细部"的一般原则，内业计算和外业测量时均应细心操作，注意复核，以防出错，测量方法和精度应符合相关的测量规范和施工规范的要求。

对同类建筑物和构筑物来说，测设整个建筑物和构筑物的主轴线，以便确定其相对其他地物的位置关系时，其测量精度要求可相对低一些；而测设建筑物和构筑物内部有关联的轴线，以及在进行构件安装放样时，精度要求则相对高一些；如要对建筑物和构筑物进行变形观测，为了发现位置和高程的微小变化量，测量精度要求更高。

（2）测量与施工进度关系密切

施工测量直接为工程的施工服务，一般每道工序施工前都要进行放样测量，为了不影响施工的正常进行，应按照施工进度及时完成相应的测量工作。特别是现代工程项目，规模大．机械化程度高，施工进度快，对放样测量的密切配合提出了更高的要求。

在施工现场，各工序经常交叉作业，运输频繁，并有大量土方填挖和材料堆放工作，使测量作业的场地条件受到影响，视线被遮挡，测量桩点被破坏等。所以，各种测量标志必须埋设稳固，并设在不易破坏和碰动的位置，除此之外还应经常检查，如有损坏，应及时恢复，以满足施工现场测量的需要。

二、建筑施工测量

1. 建筑施工测量的基本要求

必须遵循国家有关施工规范和标准去施工和操作，要先制定施工方案，经申报审批后实施。在具体施测中要遵守先整体后局部和高精度控制低精度的工作程序。要建立自检三检制度，一切工作必须有记录，每项工作经三检合格后，方可申报主管部门验收。

2. 施工控制网

（1）平面控制

施工控制网是所有建筑项目进行建设的基础。一般情况下，新建大中型建筑的施工控制网大多都是矩形或正方形网格，对于有困难建设方格网的改造或扩建工程其施工控制网可以采用导线网。在进行施工平面控制网布置时，应当注意以下问题：

①在布置方格网时，其主轴线应当布设在场的中部，且平行于设计的主建筑物基本轴线，以便设计和施工放样。

②根据建筑工程的实际要求来确定方格网相对长度精度。

③应当严格控制方格网的转折角度，必须保证转折角较为90°。

④在选择控制点桩位置时应当充分考虑桩的长久保存。

⑤在确定主轴线的位置时，应当根据测量控制点来进行测设。只有测定主轴线后，才能进行复方格网的测设。施工测量人员在进行施工测量时应当严格按照国家的规范要求来进行测量，并定期对测量仪器的精度进行校定，保证测量数据准确性。

（2）高程控制

施工控制测量的任务，除了通过平面控制测量，控制建筑物的平面位置外，还要通过高程的测设来控制建筑物各个部件的标高。为了保证整个建筑场地各部分高程的统一和精度要求以及高程测设的便利，在开工之前需要建立施工高程控制网。高程控制网布设形式可分为闭合水准路线、附合水准路线和结点水准网形等形式，高程测量的精度一般不宜低于三等水准测量的精度要求。在进行高程控制测量时，应当注意以下问题：

①应布设在土质坚实、不受震动影响、不受施工影响和便于长期使用测量的地点，并埋设永久标志。

②优先采用高等级水准测量，闭合差应进行平差处理，并定期对高程控制点进行复测。

3. 建筑物轴线定位

当建筑物控制网测设完毕后，可采用投影法、主轴线法或极坐标法进行建筑物主轴线或轴线平行线测量。当平面轴线测量完毕后，即可进行桩位测量和基坑轮廓线定位。土方挖完后，再按边轴线向基坑投影复测检验。垫层完成后应把各个轴线和墙、柱轮廓线引测到垫层上，并用墨线弹好，经复核后进行基础底板施工，当底板完成后，再在基础底板上精确地设置好轴线控制网和水平高程控制线。这次控制是关键的一次放线控制，是建筑施工过程中的基准控制。各轴线柱子、墙体的定位，电梯井的定位，各楼层标高的定位都要依据这个基准轴线和这个基准高程线。因此基础底板上的基准网线一定要做到准确无误。实测时必须精心复核。

4. 基础施工测量

在建筑施工测量中，基础施工测量也是非常重要的环节。由于基础平面图和基础详图上明确标明了基础形式、基础平面布置、中心或者中线位置、不同基础部位的设计标高等为细部放样和基础定位提供重要依据的相关内容，因此，施工测量人员在进行施工测量前必须熟悉基础平面图和基础详图。基础测量的主要工作包括基础施工的放线和抄平以及基槽挖土放线和抄平。在进行基槽挖土时，应当控制基槽深度，并随时使用水准仪对开挖标高进行有效控制。当基槽的开挖深度接近低槽的设计标高时，可以在基槽壁上每隔 2 ~ 3m 处除放置一些为清理槽底以及铺设垫层提供依据的小木桩，在基槽土方开挖完成以后，可以根据控制桩来对基槽的标高和宽度进行有效复核，复核合格后的才能进行垫层施工。基础施工是在轴线投射时进行的，对于精度要求较高的可以采用经纬仪投点，并直接在模板上进行定出标高控制线。总而言之，在每个基础工程完工以后，都应当仔细检查复核轴线控制桩是否发生移位，必须保证轴线控制桩复核检查没有发生位置移动以后，才能利用经纬仪将轴线引测到外墙侧面上，并做好相应标记。

第二节 土方工程施工

一、土方工程

土方工程是建筑工程施工中主要工程之一，包括一切土（石）方的挖梛、填筑、运输以及排水、降水等方面。土木工程中，土石方工程有：场地平整、路基开挖、人防工程开挖、地坪填土，路基填筑以及基坑回填。要合理安排施工计划，尽量不要安排在雨季，同时为了降低土石方工程施工费用，贯彻不占或少占农田和可耕地并有利于改地造田的原则，要做出土石方的合理调配方案，统筹安排。

1. 工程特点

土方工程是建筑工程施工中主要工种工程之一，包括一切土（石）方的挖梛、填筑、运输以及排水、降水等方面。土方工程的工程量大，施工条件复杂，受地质、水文、气象等条件影响较大。因此，在组织土方工程施工，应作好必要的工作，以确保工程质量。

（1）工程量大

某工程项目从 1974 年开始到 1980 年，整整六年，三班到用 4m³ 解放牌汽车运土共运了 25 万多次，其工程量的巨大不言而喻。因此工程量大是土方工程的一大特点。

（2）工期长

又如上海植物园，从 1974 年开始到 1983 年，正式开放一共十年时间，其土方工程一项占了六年。

（3）投资大

工程量大，工期长这二个特点，势必导致投资的巨大，仍以上海植物园为例，从建园到开放共进行了 77 项工程一共投资 10850 万元，其中土方工程占了 3447 万超过 1/3。

（4）影响面广

我们前面已经讲过，地形（山、水、平地）是整个园林的骨架，也是其他工程的基础（园路、建筑、绿化），地形处理的正确与否直接影响到其他工程的实施使用，直接影响到整个园林的景观，而且地形一经定局，再要改变则牵涉面广，困难大。作一个形象的说明，把园林当作一个人来看，那么地形就像是人的骨架，骨架生得好，总体感觉就会好魁梧有男子汉的形象，苗条有少女的形象，但是如果骨架存在缺陷、驼背、拐腿、歪脖子，即使某些部位生得再标志，给人的形象总是畸形的残疾人。

（5）施工条件复杂

土方施工条件复杂，又多为露天作业，受气候、水文、地质等影响较大，难以确定的因素较多。

2. 工程介绍

在建筑工程中，最常见的土方工程有：场地平整，基坑（槽）开挖，地坪填土，路基填筑及基坑回填土等。

计算土方体积的方法很多，常用的大致可归纳为以下四类。

（1）体积估算

在建筑过程中，不管是原地形或设计地形，经常会碰到一些类似锥体、棱台等几何形体的地形单体。这些地形单体的体积可用相近的几何体体积公式来计算，此法简便，但精度较差，多用于估算。

（2）断面法

断面法是以一组等距（或不等距）的互相平行的截面将拟计算的地块、地形单体（如山、溪涧、池、岛等）和土方工程（如堤、沟渠、路堑、路槽等）分截成"段"。

分别计算这些"段"的体积。再将各段体积累加，以求得该计算对象的总土方量。

其计算公式如下：

$V = (S_1 + S_2) \times 1/2$

当 $S_1 = S_2$ 时

$V=S \times L$

此法的计算精度取决于截取断面的数量，多则精，少则粗。

断面法根据其取断面的方向不同可分为垂直断面法、水平断面法（或等高面法）及与水平面成一定角度的成角断面法。以下主要介绍前两种方法。

①垂直断面法

此法适用于带状地形单体或土方工程（如带状山体、水体、沟、堤、路堑、路槽等）的土方量计算。

其基本计算公式如下，该公式虽然简便，但在 S_1 和 S_2 的面积相差较大或两相邻断面之间的距离大于 50m 时，计算的结果，误差较大，遇上述情况，可改用以下公式运算：

$V=L \times (S_1+S_2+S_3)/6$，式中 S——中间断面面积。

S 的面积有两种求法：

（1）用求棱台中截面面积公式。

（2）用 S_1 及 S_2 各相应边的算术平均值求 S_0 的面积。

②等高面法（水平断面法）

等高面法是沿等高线取断面，等高距即为两相邻断面的高，计算方法同断面法。

（3）方格网法

在建园过程中，地形改造除挖湖堆山，还有许多大大小小的各种用途的地坪、缓坡地需要平整。平整场地的工作是将原来高低不平的、比较破碎的地形按设计要求整理成为平坦的具有一定坡度的场地，如：停车场、集散广场、体育场、露天演出场等等；整理这类地块的土方计算最适宜用方格网法。

方格网法是把平整场地的设计工作和土方量计算工作结合在一起进行的。其工作程序是：

①在附有等高线的施工现场地形图上作方格网控制施工场地，方格边长数值取决于所要求的计算精度和地形变化的复杂程度。在园林中一般用 20 ~ 40m。

②在地形图上用插入法求出各角点的原地形标高（或把方格网各角点测设到地面上，同时测出各角点的标高，并标记在图上）。

③依设计意图（如：地面的形状、坡向、坡度值等）确定各角点的设计标高。

④比较原地形标高和设计标高，求得施工标高。

⑤土方计算，其具体计算步骤和方法结合实例加以阐明。

3. 要求种类

土方工程根据其使用期限和施工要求，可分为永久性和临时性两种，但是不论是永久性还是临时性的土方工程，都要求具有足够的稳定性和密实度，使工程质量和艺术造型都符合原设计的要求。同时在施工中还要遵守有关的技术规范和原设计的各项要求，以保证工程的稳定和持久。

4. 工程特性

土壤的容重单位体积内天然状况下的土壤重量，单位为 kg/m^3，土壤容重的大小直接影响着施工的难易程度，容重越大挖掘越难，在土方施工中把土壤分为松土、半坚土、坚土等类，所以施工中施工技术和定额应根据具体的土壤类别来制定。

土壤的自然倾斜角（安息角）土壤自然堆积，经沉落稳定后的表面与地平面所形成的夹角，就是土壤的自然倾斜角，以厩表示。在工程设计时，为了使工程稳定，其边坡坡度数值应参考相应土壤的自然倾斜角的数值，土壤自然倾斜角还受到其含水量的影响。

二、土方工程施工方法

1. 土方施工中控制原则

（1）在土方开挖前需要我们做好前期的准备工作，在前期的准备工作中维护结构方案的制定是十分关键的，需要施工单位相关人员对维护方案进行制定，并报相关的部门进行审核和论证，直到通过审核后才允许施工开挖。

（2）在深基坑挖掘的过程中周围 $10 \sim 15m$ 的范围之内不能有载荷较大的物体，最大的载荷不能超过 15Kpa，对于超过 15Kpa 的载荷必须要立即进行清除，避免载荷过重对深基坑土方施工造成影响。在支撑两侧也严禁走大型的车辆，对于需要行走大型车辆的路段需要铺设路基箱。

（3）在深基坑挖掘的过程中要遵守相关的原则，在挖掘的过程中严禁超深度挖掘，挖掘的过程中要进行分层挖掘，层深要根据施工工艺要求进行控制，在挖掘的过程中要一边挖掘一边测量，当达到挖掘的深度后要立即停止挖掘。在挖掘的过程中也可以根据建筑工程施工的特点，采取分段挖掘的方式进行，无论哪种挖掘方式，在挖掘的过程中都要进行支护处理，做到支护和挖掘同时进行，杜绝出现只挖掘不支护现象的发生。提高深基坑土方工程施工的质量和安全。

（4）在深基坑挖掘的过程中不可避免地会出现积水，这就需要我们要做好相关的防护工作，在深基坑四周设排水沟，在深基坑内部设置排水井，这样在挖掘过程中产生的积水会随着排水沟和排水井流走，避免在挖掘过程中产生积水，影响正常施工的进行。

2. 土方工程施工前具体准备工作

（1）施工前进行现场查勘。工程施工进行前，施工企业必须要先了解并掌握场地状况。了解和掌握的具体内容包括周围建筑物、电缆线路布设、地面存在的堆积物及障碍物、地下管道等埋设物、运输道路布设、地形地貌地质、水文河流及水电供应情况等。充分了解和掌握施工现场的这些情况后方可进行土方开挖作业。

（2）清理现场障碍物。进行施工作业前，须先将存在于施工区域内的一切障碍物进行有效清除。障碍物通常有电线电缆、树木、电线杆、地下和地表管道、旧房屋、沟渠等。有利用价值的障碍物要充分利用，无利用价值的障碍物须及时对其进行清除或改线处理。

（3）进行测量工作。施工进行前，须对相应的区域测量控制网进行设置。测量控制网的内容主要包括基线、水平基准点。基线、水平基准点必须要与构筑物、建筑物、土方运输线路、机械操作面等避开。同时还要做好轴线桩的测量和校核工作，对整个土方工程量进行准确测量。

（4）土方边坡施工准备工作。确定土方边坡存在的相关问题。施工进行前对土方边坡的水位、地质、坡度、边坡稳定性、周围条件等进行仔细了解。如发现存在问题须及时做出相互的促进准备工作，保证工程施工的顺利进行和安全性。土方回填施工准备工作。了解回填土内有机杂质含量、水分含量、粒径大小等情况。

3. 建筑土方施工方法

（1）回填土施工方法

①人工夯实方法。在一般情况下，在回填土施工的过程中，人们都是采用的机械设备来对其进行压实处理，但是有部分小面积部位是压实不到的，为此这时我们就需要采用人工夯实的办法来堵气进行处理。目前在建筑基础土方施工的过程中，人们一般都是采用蛙式打夯机来对其进行施工处理，而且人们为了使得土方夯实效果得到有效的保障，我们处理对填土的厚度进行严格的要求以外，还要对填土的平整度进行严格的要求。一般来说，在对打夯机无法夯实的部分，人们在进行人工夯实之前就必须要对填土的进行处理的整平，并且按照相关的要求，来对其进行夯实处理，这样就可以很好的保障建筑基础土方施工的质量。

②机械压实方法。在进行机械压实的过程中，我们必须要保障填土要使得均匀性和密实性得到有效的保障，防止基础土方在碾压的过程中，出现下陷的情况，这就不仅对工程施工质量有着严重的影响，还降低了工程施工效率。因此我们在对基础土方进行填土压实时，一般都是采用先静压再振压的方法来对其进行处理。碾压机械压实填方时，应控制行驶速度，一般平碾和振动碾不超过 2km/h，并要控制压实遍数。压实机械与基础管道应保持一定的距离，防止将基础、管道压坏或使之位移。

（2）确定开挖边线

首先，土木工程施工的测量技术人员按照企业相关主管部门所提供的相应控制点，将本施工工程的具体基坑轴线定出。其次，然后根据基底砼垫层外边线，在每边加工作面的 300mm 位置制定出基坑开挖下口线。最后，按照放坡系数值定出工作面的相应开挖上口线。在基坑开挖的具体过程中，须结合开挖的实际深度将相应的开挖上口线定出，并在开挖边线和变被相应位置撒灰线进行标记。

（3）开挖方法

①应用相应机械进行挖土作业，且在挖土的同时进行相应地边坡修整。当开挖作业进行到与设计基坑底有 500mm 的距离内时，测量工作人员将设计基坑底向上 500mm 的水平线抄平，同时这个位置钉上小木桩。在这个过程中还要对 300mm 厚土层进行预留，预留的土层后期由人工进行开挖和清理作业。

②机械开挖作业进行到最后环节时，施工人员将所有的基础边线放出后，组织相应的施工人员，对300rom预留土层进行人工挖除，并同时将图层进行清理、整平处理。此外，还要及时对相应的垫层进行垫层操作，避免存在于基底土里的水分发生蒸发，引发土体积膨胀现象的出现。

4. 土方施工监理控制重点

在施工的过程中，监理单位肩负着施工质量的主要任务，在施工过程中监理单位要按照施工技术方案要求对施工过程进行监理，监理单位应该对整个施工过程进行监管和控制，对施工过程中出现的问题及时进行责令改正，做到施工的全面控制。下面就深基坑土方在施工过程中需要注意的重点事项进行简要的阐述。

（1）首先在深基坑土方工程施工前监理单位要根据施工项目的实际情况对施工方案、技术标准、施工进度和相关措施等内容进行严格的审查，看其是否符合相关的标准要求。

（2）根据相关的规定，监理单位应该督促施工单位对深基坑施工方案进行专家论证，监理单位结合专家给出的审查意见，需要对各种方案重新进行修订和改正。

（3）根据施工方案，监理单位要制定相关的监理方案，明确在施工过程中需要监理的重点和关键点。根据监理方案要求进行施工现场监理，通过数据测量，方案审查等手段验证施工是否符合技术要求。

（4）对在施工过程中出现的各种问题，监督施工单位制定相关的措施，并检查其执行情况，对未按照要求执行的，责令工程暂停，直到按照要求整改为止。根据现场施工情况对有变更的地方要及时组织施工单位、相关专家对方案进行审查，对变更的地方进行详细的说明。

（5）在监理的过程中要保证施工人员的安全，对在施工过程中出现违章的地方及时进行指正，避免安全事故的发生。

三、施工安全

（1）施工前，应对施工区域内存在的各种障碍物，如建筑物、道路、沟渠、管线、防空洞、旧基础、坟墓、树木等，凡影响施工的均应拆除、清理或迁移，并在施工前妥善处理，确保施工安全。

（2）大型土方和开挖较深的基坑工程，施工前要认真研究整个施工区域和施工场地内的工程地质和水文资料、邻近建筑物或构筑物的质量和分布状况、挖土和弃土要求、施工环境及气候条件等，编制专项施工组织设计（方案），制定有针对性的安全技术措施，严禁盲目施工。

（3）山区施工，应事先了解当地地形地貌、地质构造、地层岩性、水文地质等，如因土石方施工可能产生滑坡时，应采取可靠的安全技术措施。在陡峻山坡脚下施工，应事先检查山坡坡面情况，如有危岩、孤石、崩塌体、古滑坡体等不稳定迹象时，应妥善处理后，才能施工。

（4）施工机械进入施工现场所经过的道路、桥梁和卸车设备等，应事先做好检查和必要的加宽、加固工作。开工前应做好施工场地内机械运行的道路，开辟适当的工作面，以利安全施工。

（5）土方开挖前，应会同有关单位对附近已有建筑物或构筑物、道路、管线等进行检查和鉴定，对可能受开挖和降水影响的邻近建（构）筑物、管线，应制定相应的安全技术措施，并在整个施工期间，加强监测其沉降和位移、开裂等情况，发现问题应与设计或建设单位协商采取防护措施，并及时处理。相邻基坑深浅不等时，一般应按先深后浅的顺序施工，否则应分析后施工的深坑对先施工的浅坑可能产生的危害，并应采取必要的保护措施。

（6）基坑开挖工程应验算边坡或基坑的稳定性，并注意由于土体内应力场变化和淤泥土的塑性流动而导致周围土体向基坑开挖方向位移，使基坑邻近建筑物等产生相应的位移和下沉。验算时应考虑地面堆载、地表积水和邻近建筑物的影响等不利因素，决定是否需要支护，选择合理的支护形式。在基坑开挖期间应加强监测。

（7）在饱和黏性土、粉土的施工现场不得边打桩边开挖基坑，应待桩全部打完并间歇一段时间后再开挖，以免影响边坡或基坑的稳定性并应防止开挖基坑可能引起的基坑内外的桩产生过大位移、倾斜或断裂。

（8）基坑开挖后应及时修筑基础，不得长期暴露。基础施工完毕，应抓紧基坑的回填工作。回填基坑时，必须事先清除基坑中不符合回填要求的杂物。在相对的两侧或四周同时均匀进行，并且分层夯实。

（9）基坑开挖深度超过9m（或地下室超过二层），或深度虽未超过9m，但地质条件和周围环境复杂时，在施工过程中要加强监测，施工方案必须由单位总工程师审定，报企业上一级主管。

（10）基坑深度超过14m、地下室为三层或三层以上，地质条件和周围特别复杂及工程影响重大时，有关设计和施工方案，施工单位要协同建设单位组织评审后，报市建设行政主管部门备案。

（11）夜间施工时，应合理安排施工项目，防止挖方超挖或铺填超厚。施工现场应根据需要安设照明设施，在危险地段应设置红灯警示。

（12）土方工程、基坑工程在施工过程中，如发现有文物、古迹遗址或化石等，应立即保护现场和报请有关部门处理。

（13）挖土方前对周围环境要认真检查，不能在危险岩石或建筑物下面进行作业。

（14）人工开挖时，两人操作间距应保持2～3m，并应自上而下挖掘，严禁采用掏洞的挖掘操作方法。

（15）上下坑沟应先挖好阶梯或设木梯，不应踩踏土壁及其支撑上下。

（16）用挖土机施工时，挖土机的工作范围内，不得有人进行其他工作，多台机械开挖，挖土机间距大于10rn，挖土要自上而下，逐层进行，严禁先挖坡脚的危险作业。

（17）基坑开挖应严格按要求放坡，操作时应随时注意边坡的稳定情况，如发现有裂纹或部分塌落现象，要及时进行支撑或改缓放坡，并注意支撑的稳固和边坡的变化。

（18）机械挖土，多台阶同时开挖土方时，应验算边坡的稳定，根据规定和验算确定挖土机离边坡的安全距离。

（19）深基坑四周设防护栏杆，人员上下要有专用爬梯。

四、注意事项

1. 雨期施工应注意的问题

应当说，土方工程应尽量避开雨期施工，这样可以减少人工和物资的投入，同时也有利于保证工程质量。但是某些工程的土方工程仍然无法避免雨期施工，这样就构成了雨期施工时应注意的问题。

（1）在雨期施工前，应专门做出土方工程的雨期施工方案，在这个方案中应详细制定保证工程质量和生产安全的技术措施。

（2）雨期施工前，应对场地平整时所建立的排水系统进行检查、疏浚或者予以加固。

（3）雨期施工前，要在基底边线以外修建排水沟、排水井，以保证基坑的雨水尽快排出，抽水泵应运到抽水目标，为了防止抽水泵使用中发生意外，应当准备足够的备用抽水泵。

（4）雨期施工过程中，特别需要注意随时检查用电设备的工作状况，防止漏电伤人。

2. 冬期施工应注意的问题

必须指出，土方工程应当尽量避免在冬期进行，原因很简单，冬期施工不但费工、费时，还存在安全问题。如果不可避免地必须进行冬期施工时，应当注意以下的问题。

（1）建筑物基础部分的土方工程，应进行全面的技术、经济比较，选定经济合理的施工方法，并应保持连续不间断的施工，以防止已挖掘的土重新冻结。

（2）冬期开挖冻土时，应采取防止引起相邻建筑物地基或其他设施受冻的保温、防冻措施。

（3）冬期施工时，运输道路和施工现场应采取防滑和防火措施。

（4）在挖方上边弃置冻土时，其弃土堆坡脚至挖方边缘的距离应为常温下规定的距离加上弃土堆的高度。

（5）对于开挖完成的基槽（坑）应采取防止基槽（坑）底受冻的措施，例如使用保温材料覆盖。

3. 质量标准

（1）柱基、基坑和管沟基底的土质，必须符合设计要求，并严禁扰动。

（2）填方的基底处理，必须符合设计要求和施工规范要求。

（3）填方柱基、基坑，基槽、管沟回填的土料必须符合设计要求和施工规范要求。

（4）填方和柱基、管沟的回填，必须按规定分层密实，

（5）土方工程的允许偏差和质量检验标准，应符合相关规定。

第三节　地基处理与基础工程施工

一、建筑地基处理及施工

地基是建筑工程整体的承载体，为确保高层建筑的安全实用性和稳固持久性，地基处理及施工作业得到了建筑专业技术人员的高度重视。近年来，随着建筑行业在国内的蓬勃发展，相关工艺工程采用先进科技手段，以高质量高精度为标准，狠抓工程地基处理，确保建筑使用质量。建筑领域涉及人员众多，大家应互相监督，日渐增强完善其管理制度，确保建筑工程完成后投放使用质量的安全可靠性。

1. 建筑工程地基的类型

建筑工程领域，地基类型主要包括浅基础和深基础两种。桩基础是深基础最基本的展现方式。桩基最适合于上面软弱下部深入埋藏有坚硬地层。施工方式不同，桩基处理也不同，常见桩基有两种，预制桩和灌注桩。现阶段，灌注桩类型繁多，以钻孔灌注桩和挖土灌注桩为主。随着国内建筑工程建设大规模投入，基桩处理技术被广泛应用于工程建设施工作业中。在应用预制桩处理技术中，选用钢筋混凝土、木材以及钢材等在场地预制开展各环节，结束后对其进行敲打、静压作业。

2. 建筑工程地基处理特征

高层建筑越来越多，其施工特点主要包括五方面。首先，其工程量巨大，涉及施工前期准备，工程建筑等。第二，工期较长。高层建筑施工一般超过两年，且时间紧张。第三，地基深。为确保高层建筑的安全稳固及耐久性，要加深地基处理。第四，施工危险性较大。高层建筑人为施工作业中，专业技术人员和工人要进行高空作业，施工单位应做好全面的安全保护措施。最后，高层施工要求技术过高。

地基处理是指在建筑工程施工作业中，通过采用给排水、热化学和夯实等举措优化建筑工程地基条件，充分了解施工当地影响因素，采用科学合理地基处理方法，对工程地基变形予以优化，增强地基承载力，确保建筑工程质量安全稳定。地基工程关系到整个工程建筑质量，地基处理是整体建筑工程的基础，关键。

基于以上建筑施工特点分析，建筑工程地基处理特征概括如下：复杂性，多发性，潜在性和困难性。

复杂性分析。目前，越来越多的地方区域投放了大量建筑工程项目。由于区域地质背景不同，建筑工程地基处理存在多样化差异。加之各地气候环境变化不一，种种因素导致了地基处理的复杂多样化模式。

多发性分析。打好地基，对一个建筑工程的前途命运至关重要。调查发现，地基施工质量不达标会引发工程塌陷。既是对施工作业人员的生命危害，也会造成工程重大经济损失，犹如多米诺骨牌效应，间接对社会发展造成不利影响。

潜在性分析。建筑工程有很强的整体性，施工内容会牵扯到前后施工作业，环环相扣。假若地基施工存在质量问题，将为后续施工作业埋下隐患，致使工程质量不能尽善尽美，更容易引发建筑事故。

困难性分析。建筑工程技术人员为完善施工质量，可合理采用有效手段对工程局部问题加以改善调整。相对于地下工程地基处理，一旦施工存在问题，将影响整个工程质量，造成不可挽回的损失。

3. 建筑工程地基处理方法及施工工艺

高层建筑中，地基处理尤为重要，下面简要概括了建筑工程中地基的处理方法。

注浆地基处理施工，该方法主要依赖于压降泵和灌浆管。在不良地基土体中均匀注入经过仔细调配的水泥。填充物进入填满空隙部位，加大岩石，基土之间的密实度。一段时间后，填充物硬化加固与原有土体系融合成一整体，此时地基的抗渗性和稳定性会大大提高，为后续施工作业打下夯实基础，达到地基加固处理目的。

旋喷注浆桩地基处理施工。实际工程施工作业中，在不良地基处理中，因施工操作工艺简单，采用该方法进行处理，只需少量加工，一定程度上节约了地基处理经费。实际操作中，综合项目施工需要和当地地质概况背景，采用注浆管，插入钻孔最深部，快速提升缓慢旋转方式进行高压注入，往复旋转循环操作，高压喷射，会很好的形成桩体，增强地基的强度，同时防渗透能力也大大增强。

强制固结与灰土挤密处理。强制固结是一种新型处理技术，可以大大提高固结速率，一般应用于软土地基处理作业中。强制固结技术对地基进行处理，要严格控制加压系统和排水系统施工。灰土挤密处理技术是利用深层强夯击工艺对冲击孔中的灰土予以夯实处理，加固成桩。反复操作夯击，渐渐与周围土层结合，成为复合地基。

挤密桩地基处理施工。依据材料差异，该方法可具体化为：夯实水泥土复合地基、砂石桩地基等。

深层密实地基处理施工。振冲法以起重机吊起振冲器，启动水内部电机带动偏心块，使其产生高频振动，同时启动水泵，喷射高压水流，在振边冲作用下，振动器沉到预订深度，清孔后，将孔内填入碎石或不填，通过振动作用被挤密压实，达到要求后提升振动器，重复操作到地面，地基中可形成一个较大直接的桩体与原地基形成复合，进而提高地基承载，加强其性能。该方法快速有效，经济可行。

随着科技的发展，在建筑工程领域，地基处理得到重点关注，其施工作业技术也得到相应提高。该领域也逐渐有计算机的引入，使得计算精度大大提高，效率更为显著，工程设计质量迈向新台阶。保证施工质量前提下，降低成本，加大组合复合型地基施工作业设备研究也很有必要。

二、土木建筑基础工程施工方法

1. 基础工程的介绍

基础工程施工其主要包含了土石方工程与各种工程的下部基础的分部工程施工。土石方工程主要由场地平整、基坑以及管沟的开挖、地坪填土、基坑回填等内容组成；深基础施工则主要是包含了桩基础、墩基础、沉井基础、沉箱基础、地下连续槽等。尤其是深基础具有承载力高、变形小、稳定性好等多个特点，在当前的土木工程施工中，使用频率较高。但是，在具体的施工中，其又具有施工技术复杂、造价高、工期长等缺点，使得其在整个施工中，质量瑕疵的可能性相对提高。故而，明确基础工程的内容与施工方案的具体操作，具有十分重要的作用。

2. 坑槽土方施工

土方边坡与土壁支撑。在一些相对狭窄的区域进行施工时，其放坡条件受到限制，因此，在施工中一般采用支撑放坡的方式；基坑排水与降水。为了保证建筑完成后，其整体排水系统相对较好。在图基础工程中，就开始对基坑排水系统进行设计与修整。尤其是在基坑的内外差距较大时，很容易使得水位也存在差异，进而导致流沙、管涌等状况出现，基坑坑壁质量受损。针对这两个方面所实施的坑槽土方施工，可以采取如下措施。

（1）明沟排水。在基坑开挖之前，设置对应的排水沟，并且按照地下水量的大小，设置对应的集水井。通常来说，集水井的间隔需要与基坑和排水量的大小相适应。一般保持在 20m ～ 40m。同时，也需要就集水井设计对应的排水系统，以水泵等方式将其中的水定期排除，以保持基坑的干燥。

（2）井点降水。其是在拟建工程的基坑四周铺设对应的水管，井点排列为线状或者环状。在基坑的形状确定后，适当的调整其间距，一般间距在 0.8m ～ 2.4m，并且使用集水总管以螺胶管等进行连接。

（3）喷射井点。这主要是采用在固定的循环水流中的负压将地下水排除。井点管可以分为内管、外管，高压离心泵输出的高压循环水流，可以从其内外管的间隙中流到管底，受到负压的影响，其将会喷射出来。通常来说，其井点总管的数量必须要加以控制，及时消除漏气的状况，方可达到喷射的目的。

（4）电渗井点。这类井点的形成是利用轻型井点与喷射井点的共同原理所致。在电动势的作用下，形成了一个抽水系统。一般来说，在接通电流后，电厂的作用会使得其水分子从正极流向负极，而带负电荷的黏土微粒就会向阳极移动。这就使得其黏土中的水分不断的汇集，并且排除。

3. 深基础施工

（1）桩基施工

在当前的建筑施工中，桩根据施工方式可以分为预制桩与灌注桩。预制桩是一种事先打桩法。其主要施工技术有锤击法、振动法、压入法与射水法。其中，锤击法的使用频率最高。在建筑施工前，将桩型确定，以锤的冲击力来克服土层对桩的阻力，使得其不断下沉，直至预定深度。这样的施工方案，适用于相对较软的土层。而灌注桩则是以先成孔后成桩的方式进行。该种方案对桩的质量无法保障，且使用难度大，成本偏高。

（2）墩基础

墩基础是在人工或者机械成孔的大直径孔中，浇筑钢筋混凝土而成。多使用与一些负荷较重的建筑。例如在桥梁中，其使用频率较高。

（3）沉井与沉箱基础

在该类施工中，需要以其是地面操作还是深水操作来进行施工划分。在地面操作中相对简单，主要注意其筒内挖土的处理；而在深水中，则需要分步进行，首先处理好井筒，并加做底板，将其运送到一定的位置后，下沉。沉到固定的深度后，方可以混凝土进行充填。

（4）地下连续墙

地下连续墙一般适用于施工条件相对较差的区域，其工程质量很难直接观察得到，如果出现事故处理的难度也很大。因此，在当前的土木工程施工中，使用的频率不断降低。

4. 结构工程施工

在当前的基础工程结构工程中，主要有砌筑工程施工、钢筋混凝土施工两类。这两类施工方案的主要区别在于原材料。一般来说，砌筑工程以砖石为主，而钢筋混凝土则以钢筋和混凝土为主。这类型施工方法需要注重其辅助设施，例如在砌筑工程中，需要以脚手架为辅助；在混凝土结构中，则需要注重模板的生成。

第四节　主体结构施工

一、建筑常见的主体结构

框架结构：在建筑主体施工中采用现浇法施工的结构就称为框架结构，这种结构的优势就是整体性非常好，结构安全可靠，有利于建筑物的质量保证。缺点就是随着施工项目工程量变大，同一时间开展的施工面比较大，而且同时需要大量的模板。因此，可以采用一些管理手段，加强对模板的循环利用，减少成本。还可以采用多种模板施工，包括木模板、钢模板等，提高模板的利用率。

剪力墙结构：这种结构一般会采用大模板，也有可能采用滑膜的施工工艺，从而提高了建筑工程的施工效率，而且大模板施工工艺的操作非常简单，便于质量控制，现浇剪力墙结构可以保证建筑物的整体性，提高了建筑物的抗震水平，还可以综合利用一些比较先进的施工机械。因此，剪力墙结构在民用建筑主体结构中应用非常广泛。

简体结构：一般简体结构都会采用现浇法，这体现了简体结构对整体性的要求，要确保建筑物的质量满足使用要求和抗震要求，同时，现浇法可以结合大模板工艺施工，从而提高施工效率。

二、建筑钢筋工程施工技术

1. 钢筋量计算

在建筑工程里，计算钢筋量需要结合钢筋图集和结构施工图来具体分析。不仅可以准确计算出钢筋的理论重量和配筋的长度，还可以为工程的质量打下良好基础。

2. 钢筋质量检查

（1）一般来说，钢筋都是现场搭设加工棚现场制作的，并有专门的地方堆放原料和成品钢筋。工程需要的各种钢筋在施工之前便按图纸翻样，然后再计划做出下料表，经过审核后发到工地上，才能下料。成品钢筋需要按照要求严格的依照各自的规格与编号来堆放和标识出来，并且需要放置在塔吊回转的半径之内，方便运输。

（2）所使用的钢筋必须有出厂合格证明书，其规格和等级等都要达到设计的要求，还要按照规定进行抽样检验并检验合格。使用后需要注明使用此批钢筋的楼层位置，便于日后进行结构的分析，以保证工程的质量。钢筋在堆放时，需要按规格整齐堆放，并在地方与钢筋之间设置好垫架，并排水要通畅，同时要防止钢筋污染和锈蚀。

3. 剪力墙钢筋立筋

在基础钢筋完成后就要对挡土墙钢筋立筋进行插筋。这项工作需要按剪力墙的具体施工状况来完成，若是分两次，第一次只需要按照搭接的要求预留出高低槎插短钢筋即可。若是只有一次，那么直接按照墙的高度将其一次性插到顶部。而插筋就是把墙立筋按照墙立筋的间距的要求插在基础钢筋里。在基础砼的施工完成之后，便可进行墙筋施工。施工过程中若是遇到墙筋两次施工的状况，需要先把立筋接长后按水平筋的间距进行水平筋的跳绑固定，

固定后逐层绑扎钢筋。有暗柱的情况比较容易固定，可以此作为固定柱。墙筋接长时，14 以上的钢筋需要通过焊接来接长，而其他的则可直接绑扎。另外，在进行墙筋的绑扎的时候，像靠柱子一侧的两格钢筋以及底部、顶部需要全部进行绑扎，而其他的地方可以隔一绑一，不仅可以节约成本，施工的质量也有保证。

4. 主次梁钢筋的施工

在施工过程中，主次梁钢筋的施工需要格外注意。主次梁的上部齐平的话，由于高度不同，次梁置于主梁上，上部的钢筋按此布置，只需满足保护层和间距即可。对于特殊情况还是要根据现场的状况具体问题具体分析。如果施工时的主次梁截面不同，在主次梁上部齐平时，上部纵筋的位置便随意，可上可下，但是必须经过设计的确认方可实施。主次梁若是下部齐平，主梁的下部筋在次梁下部筋的下面。

113

5. 剪力墙钢筋的施工

剪力墙里连梁，要很好的控制抗震锚固的长度。对此，需要考虑的问题主要有钢筋的等级、锚固位置的混凝土等级、是否抗震。锚固要按混凝土计算，结合抗震锚固的要求，来得出梁钢筋锚固处的混凝土强度。此外，普通连梁的锚固和钢筋直径没有关系。剪力墙的施工过程中，有时会遇到钢筋长度不足而引起的节点处绑扎不好的状况，这就需要对抗震因素和外在冲击力进行充分考虑，以防止构件被损坏。

6. 钢筋安装和绑扎

钢筋安装施工时，其主要控制点为由施工单位所出具的监理来见证并取样的检测试验。这其中包括了抗拉抗弯试验。再就是钢筋的评定表以及厂家证明资料。除此之外，对钢筋进行力学性能的检查也是必要的。具有抗震设防的结构，钢筋使用必须是抗震钢筋，抗震钢筋必须满足：

（1）钢筋实测抗拉强度与实测屈服强度之比不小于 1.25。

（2）钢筋实测屈服强度与屈服强度特征值之比不大于 1.30。

（3）钢筋的最大力总伸长率不小于 9% 这三条，以保证钢筋纵向受力的强度及伸长率符合抗震设计的要求。

特殊部位的钢筋还要对钢筋的化学成分或其他技术的检验，检验合格之后便可以对钢筋进行连接和安装了，安装必须按照国家现行的标准和规定以及设计的要求来进行。

7. 钢筋安装后的检验

（1）安装结束后，不可掉以轻心，根据国家的相关规定进行严格的施工检查是很必要的。检查的内容主要有：按照施工图纸来对钢筋的数量、间距以及直径等进行核对，检查负筋位置是否恰当；检查绑扎位置是否正确，安装位置的偏差是否在规定范围之内；检查搭接长度、接头位置、混凝土的保护层达标与否、绑扎是否牢固、垫块是否均匀以及预埋件的数量、规格和位置。

（2）另外，还应该做好其验收工作。这项工作主要包括隐蔽验收和材料复试。前者是根据验收表格进行现场的比对检查，后者是准备钢筋的复试合格报告。如若没有，则为钢筋不合格，需要有合格报告，方可进行下一道工序施工，以防止工程质量安全事故的发生。另外，钢筋验收时查看其支撑体系也是一项必要的内容，因为支撑体系不牢固，可能使钢筋骨架失稳变形，导致构件受力状态改变，而影响结构安全。

三、主体结构的混凝土浇筑施工

1. 建筑混凝土施工工艺特点

不管对怎样的建筑工程进行施工的时候，都有一定的施工顺序，大体积的混凝土也不例外，并且在施工的过程中要严格的按照规定的施工顺序进行施工，这样才能确保工程的施工质量。首先在进行建筑混凝土施工的时候，要采用自下而上，并且一层一层施工的方法进行施工以及要保证混凝土的形状是斜坡层,从而才能好正混凝土的浇筑质量。然后使用的混凝土,水要占据水泥总量的 20%,并且混凝土硬化之后要将混凝土中剩余的水分蒸发掉。最后混凝土浇筑完成之后,会有一个干缩的过程,其中遵循从外到内的干缩顺序,但是这一过程是比较漫长的,所以混凝土就会慢慢地趋向稳定。

2. 建筑混凝土浇筑施工技术

（1）混凝土原料的准备

首先,水泥进场时必须严格审查其质量及相关信息,如产品的产地、等级、出厂编号、出厂日期、出厂合格证和厂家出具的相关检验报告,然后取少量样品进行质量复检。复检时应以现行国家规定《硅酸盐水泥、普通硅酸盐水泥》为标准,检测其强度、安定性、初凝终凝时间等性能是否达标。

其次,在符合图纸设计要求的基础上,在图纸上将原材料产地做出详细备注。在原材料进场时还需经现场检验和取样实验。只有通过以上步骤的验收,方可开始进行混凝土的浇筑。

（2）混凝土的拌制

混凝土拌制过程中先要根据配比确定各种原材料的掺量,对此可以事先对混凝土进行试配,以试配结果作为下一步操作的依据。拌制过程中,要注意混凝土原材料的投放顺序和数量,尤其是对外加剂投放数量的控制,外加剂应均匀散布在混凝土原料中。投料之前要对骨料含水率加以测定以适当调整拌制用水量。如施工时间处于雨季,或空气湿度较大,则要对原料含水量进行相应的测定,调整相应的加水量,确保混凝土质量过关。此外,混凝土的搅拌时间和浇筑时间要注意监控,防止搅拌时间过长或过短。同种混凝土才可一起搅拌且搅拌一定要均匀,避免对施工造成不良影响。

（3）优化浇捣方法

在对大体积的混凝土进行施工的时候,一定要优化浇捣的方法。首先要对混凝土浇筑的顺序和施工路段进行选择,对其进行选择之后将可以确定施工的具体结构,通常情况下,都是根据工程项目的计划表对工程单位进行划分的。然后在进行混凝土运输到的过程中,可以采用运输车将其运输到施工现场,并且还要采用汽车泵和运输泵将混凝土运输到储藏室,在进行混凝土运输的时候,如果不运用泵对其进行运输,作为施工人员就要直接运用吊车和脚手架进行施工。再次进行建筑混凝土浇筑施工的时候,作为施工人员一定要关注天气气候和温度的变化情况,要在最恰当的时间段进行混凝土浇筑,同时施工人员还可以在室外温度比较低的时候进行浇筑施工,这样就可以有效地降低混凝土内部的温度。最后,施工人员还应该对混凝土进行第二次振捣,这样就可以保证混凝土浇筑的密实度,从而提高工程施工的质量。

（4）混凝土的运输

从现状来看,在对建筑混凝土进行施工的时候,基本上都是采用的商用混凝土,但是由于需要很多混凝土,所以就会在混凝土中添加适量的吸水剂、泵送剂等,这样就不仅可以降低水化热，还可以改善混凝土的使用性能。除此之外，还可以采用泵送的施工方式给工程施工提供大量的混凝土，这样就能够及时的供应混凝土，从而保证混凝土浇筑的质量。

（5）混凝土的浇筑

一般情况下，都是采用混凝土泵浇筑的方式来进行分层浇筑，这样就需要分段以及分条的进行，从而就可以一步一步地对其进行推进，并且还可以一次到位。同时在进行混凝土浇筑的时候，还应该利用振捣器对其进行振捣，这样就能够及时的振捣，并且将其振捣到位。最后浇筑完成之后，经过 1～2 小时之后，要对混凝土表面进行抹压处理，这样混凝土在开始出现裂缝的时候就可以将其封闭。

（6）后期养护

建筑工程施工阶段完成之后，就要对混凝土进行养护处理，这是施工的最后一个环节，与此同时它对于整个工程来说是非常重要的。首先在进行养护工作的时候，对严格按照混凝土的温度和湿度的要求进行施工，这样不仅可以确保混凝土的温度差控制在规定的范围之内，还可以保证混凝土的强度，从而才能有效避免裂缝现象的出现。然后作为施工人员要根据施工的实际情况进行混凝土的养护工作，并且还要尽量的延长养护的时间。再次，拆模之后，要进行及时的填土，或者对混凝土进行及时的覆盖保护，这样就能够对混凝土养护的中期和早期出现的裂缝现象进行预防。最后对混凝土养护的时候，一定要注意水的运用，这样就可以确保水的温度与施工现场混凝土的温度是一致的，从而就能够有效地避免混凝土表面产生温度差以及表面出现裂缝。除此之外，在对建筑混凝土进行养护的时候，一定要保证混凝土的强度，并且还要有效地控制混凝土内部和表面的温度，从而才能因为温度发生变化而造成混凝土出现裂缝的现象。

3. 混凝土浇筑的施工注意事项

（1）控制裂缝的措施分析

在对建筑工程进行混凝土浇筑的时候，常见的就是裂缝问题，所以一定要采取与其相应的措施对其进行控制。其一，要严格的控制水泥的配合比例，并且在对混凝土强度设计没有影响的情况下，要保证混凝土的坚固性能。同时还要对砂石与水泥的配合比例进行严格的控制，并且要根据实际的情况添加适量的减水剂等，此外，还要控制水泥的使用量，从而就可以有效地降低水化热的温度。其二，在对混凝土进行浇筑之后，要设法降低其开始施工的温度，其中采用的措施主要包括使用温度比较低的水、延长混凝土第一次凝固的时间，从而就可以有效地降低浇筑的速度。

（2）对已经出现裂缝的混凝土采取的措施

其一，在实际的施工中，如果混凝土的表面出现了比较细小的裂缝，首先可以将出现裂缝的地方进行清洁，并且将其清理干净，然后等混凝土晾干之后，就可以对其表面进行涂刷和封闭，从而就有效的处理裂缝问题。

其二，对于出现的结构裂缝，首先可以对裂缝的宽度、深度等情况进行分析，然后根据实际的裂缝情况采取水泥压力灌装以及化学灌装等进行修补，这样就可以有效地降低结构的刚度。对于承受载力比较严重的部位，可以针对具体的情况进行分析，并且采用预应力加固方法对其进行加固处理。

　　综上所述，在建筑工程中，建筑混凝土的浇筑施工技术得到了广泛的应用，其中在高层建筑中是最常见的。但是在实际的施工中，经常会出现裂缝问题，所以在实际的施工中，一定要注意混凝土的配合比例，并且要做好每一道工序的施工，并且还要采取相应的补救措施，这样才能防止裂缝的产生，也能够促进建筑行业的进一步发展。

四、楼板结构

　　在高层建筑物的楼板施工时，一般采用的模板是台模，这是目前国内施工单位最为常见的楼板施工模板。台模具有非常多的优点，也叫飞模。台模是一种由平台板梁、支架、调节支腿和配件所组成的一种工具式模板，在建筑主体结构施工中，它是一种大型工具式现浇混凝土模板。台模在使用时，可以整体脱模和转运，非常适用于高层建筑较大的开间施工，也可以用于进深比较深的现浇混凝土楼盖施工，同时也适用于仓库、冷库等建筑的现浇无梁楼盖的施工。台模主要可以分为几种形式，包括立柱式台模、桁架式台模、悬架式台模。其中，立柱式台模是台模中最基本的类型，这种类型应用的也比较广泛，它的主要形式包括门架式台模和钢管组合式台模等。立柱式台模具有支撑体系工具化、面板材料多样化等一系列优点。立柱式台模的特点是"一次组装、整体就位、整体移动、整体吊升"。立柱式台模体系一般不受顶板结构尺寸和面积的限制，构造非常简单，而且组装也比一般模板要方便。很多施工企业可对它进行工业化模板的施工。立柱式台模的操作比较简单、施工非常便捷、模板周转次数也比一般的模板周转次数要多。由于这种模板的面积大、强度高、接缝少、易脱模，所以使用这种模板被浇筑的混凝土一般的感观效果非常好。立柱式台模承受的荷载，由立柱直接传递给楼面。在台模安装好以后，还可以用千斤顶调整标高。在混凝土施工完成拆模时，先用千斤顶顶住台模，然后撤去垫块和木模，最后装上车轮，将台模推至楼层外侧临时搭设的平台上，再用吊车将其运至下个施工位置。因此，立柱式台模在建筑楼板结构混凝土浇筑工程时，被很多施工企业所使用，也积累了非常多的施工经验，保证了混凝土的施工质量。

第五节　防水工程施工

一、建筑防水工程

建筑防水工程是保证建筑物（构筑物）的结构不受水的侵袭、内部空间受水的危害的一项分部工程，建筑防水工程在整个建筑工程中占有重要的地位。建筑防水工程涉及建筑物（构筑物）的地下室、墙地面、墙身、屋顶等诸多部位，其功能就是要使建筑物或构筑物在设计耐久年限内，防止雨水及生产、生活用水的渗漏和地下水的侵蚀，确保建筑结构、内部空间不受到污损，为人们提供一个舒适和安全的生活空间环境。

防水工程概述在建筑工程中，建筑防水技术是一门综合性、应用性很强的工程技术科学，是建筑工程技术的重要组成部分，对提高建筑物使用功能和生产、生活质量，改善入居环境发挥重要作用。

防水工程是一项系统工程，它涉及防水材料、防水工程设计、施工技术、建筑物的管理等各个方面。建筑防水工程的任务是综合上述诸方面的因素，进行全方位评价，选择符合要求的高性能防水材料，进行可靠、耐久、合理、经济的防水工程设计，认真组织，精心施工，完善维修、保养管理制度，以满足建筑物及构筑物的防水耐用年限，实现防水工程的高质量及良好的综合效益。同时，防水工程施工是一项要求较高的专业技术，所以施工专业化是保证屋面防水工程质量的关键，如果施工操作不认真，技术不够，其后果必然导致防水工程的失败。

1. 防水工程分类

（1）按建（构）筑物结构作法分类

①结构自防水又称躯体防水，是依靠建（构）筑物结构（底板、墙体、楼顶板等）材料自身的密实性以及采取坡度、伸缩缝等构造措施和辅以嵌缝膏，埋设止水带或止水环等，起到结构构件自身防水的作用。

②采用不同材料的防水层防水即在建（构）筑物结构的迎水面以及接缝处，使用不同防水材料做成防水层，以达到防水的目的。其中按所用的不同防水材料又可分为刚性防水材料（如涂抹防水砂浆、浇筑掺有外加剂的细石混凝土或预应力混凝土等）、和柔性防水材料（如铺设不同档次的防水卷材，涂刷各种防水涂料等）。结构自防水和刚性材料防水均属于刚性防水；用各种卷材、涂料所做的防水层均属于柔性防水。

（2）按建（构）筑物工程部位分类按建（构）筑物工程部位分类可划分为：地下防水、屋面防水、室内厕浴间防水、外墙板缝防水以及特殊建（构）筑物和部位）如水池、水塔、室内游泳池、喷水池、四季厅、室内花园等）防水。

（3）按材料品种分类

①卷材防水：包括沥青防水卷材、高聚物改性沥青防水卷材、合成高分子防水卷材等。

②涂膜防水：包括沥青基防水涂料、高聚物改性沥青防水涂料、合成高分子防水涂料等。

③密封材料防水：改性沥青密封材料、合成高分子密封材料等。

④混凝土防水：包括普通防水混凝土、补偿收缩防水混凝土、预应力防水混凝土、掺外加剂防水混凝土以及钢纤维或塑料纤维防水混凝土等。

⑤砂浆防水：包括水泥砂浆（刚性多层抹面）、掺外加剂水泥砂浆以及聚合物水泥砂浆等。

⑥其他：包括各类粉状憎水材料，如建筑拒水粉、复合建筑防水粉等；还有各类渗透剂的防水材料。

2. 建筑防水材料的选用

（1）刚性防水材料

防水混凝土兼有结构层和防水层的双重功效。其防水机理是依靠结构构件（如梁、板、墙体等）混凝土自身的密实性，再加上一些构造措施（如设置坡度、止水环等）达到结构自防水的目的。

①作业条件

完成钢筋、模版的隐检、预检的验收工作，并应在隐检、预检中查穿墙螺栓、设备管道、施工缝及位于防水混凝土结构中的预埋件是否已做好防水处理；提前编制施工方案；配合比经试验确定。

②材料要求

水泥：应用不低于32.5级的硅酸盐水泥、普通硅酸盐水泥，也可以用矿渣硅酸盐水泥；砂子：应该用中砂，含泥量不大于3%，泥块含量不得大于1.0%；石子：应该用卵石，最大粒径为5～40mm，含泥量不大于1.0%，泥块含量不得太大；掺和料：其掺量应该由实验确定，等级符合规范要求。

（2）沥青防水卷材

沥青防水卷材是用原纸，纤维织物等胎体材料渗涂沥青，表面撒布粉状，粒粉或片状材料制成的可以卷曲的片状防水材料。石油沥青纸胎是我国传统的防水材料，目前在屋面工程中仍然占主要地位。它具有低温柔性好，防水层耐用年限短，价格低的特性。在地下防水层施工时，当地下水位较高时，铺贴防水层前应该降低地下水，地下水位到防水层底标高下30cm，并保持到防水层施工完成；铺贴防水层的基层表面应将尘土杂物清扫干净，表面残留的灰浆硬块及突出部分应该清除干净，不得有空鼓、开裂、起砂和脱皮的现象；防水层所用的卷材、基层处理剂、属于易燃物品，应该单独存放，远离火源，做好防火工作。卷材防水材料的要求必须符合规范，必须有出厂质量合格证，有相应资质等级检测部门出具的检测报告。卷材防水层空鼓，发生在找平层与卷材之间，且多在卷材接缝处，其原因是找平层不干燥，汗水率大，空气排除不彻底，卷材没有黏结牢固。

（3）涂膜防水材料

合成高分子防水材料是以合成橡胶或合成树脂为主要成膜物质，加入其他辅助材料配制而成的单组分或多组分防水涂料。与常用的材料相比，显得比较新型。涂刷在基层表面后，经过溶剂的挥发或水分的蒸发或各组分间的化学反应，形成坚韧的防水膜，起到防水、防潮的作用。涂膜防水层完整、没有接缝、自重轻、施工简单方便、易于修补、使用寿命长的特点。如果防水涂料配合密封灌缝材料使用，可以增强防水性能，有效防止渗漏水，延长防水层的耐用期限。由于双组分，多组分聚氨酯涂料含有大量有机溶剂，对环境污染严重，在某些方面遭到禁止使用，因此使用单组分聚氨酯防水涂料，这类涂料是以聚醚为主要原料，配以各种助剂制成，属于无有机溶剂挥发的单组分柔性涂料，其固体含量低强度高延伸率大于 80%，拉伸强度大于 1.9%。涂膜防水层操作过程中，操作人员要穿平底鞋作业。涂膜防水施工时，不得污染其他部位的墙地面。涂膜层施工后，要严格加以保护，任何人不得进入，也不得在上面堆放杂物，以免损坏防水层。防水保护层施工时，不得在防水层上拌砂浆，铺砂浆时铁棒不得触及防水层，要精工细作，不得损坏防水层。

二、建筑防水工程施工技术

1. 分格缝的设置技术

分格缝应设置在屋面板的支承端，屋面转折处、防水层与突出屋面的交接处，并应与屋面板缝对齐，使防水层因温差的影响，砼干缩结构变形等因素造成的防水层裂缝，集中到分格缝处，以免板面开裂。分格缝的设置间距不宜过大，当大于 6m 时，应在中部设一 "v" 形分格缝，分格缝深度宜贯穿整个防水层厚度。当分格缝兼作排气道时，缝可适当加宽，并设排气孔出气，当屋面采用石油、沥青、油毡做防水层时，分格缝处应加 200mm ~ 300mm 宽的油毡，用沥青胶单边点贴，分格缝内嵌填满油膏。

2. 屋面找平层技术

屋面采用建筑找坡与结构找坡相结合的做法。先按 3% 的结构找坡后，再在结构层上用 1 : 6 水泥炉渣或水泥膨胀砼石找坡，再做 25mm 厚 1 : 2.5 水泥砂浆找平层，建筑找坡时，一定要找准泛水坡度，流水方向，将最高点与泄水口之间用鱼线拉直、打点、打巴、泄水口处厚度不得低于 30mm。浇砌时，一定要用滚筒和尺方滚、压赶、使其密实。

3. 屋面隔离层技术

在施工中因地制宜，取长补短，把面上的这一层二布三油卷材防水层做在找平层与刚性层之间，既起了隔离层的作用，又不被日晒雨淋，既防止油膏老化，又起了防水作用。在做卷材施工时，应注意基层上涂刮基层处理剂，要求薄而均匀，一般干燥后，当不粘手才能铺贴卷材；卷材防水层的铺贴一般应由层面最低标高处向上平行屋脊施工，使卷材按水流方向搭接，当屋面坡度大于 10% 时，卷材应垂直于屋脊方向铺贴；铺贴方法：剥开卷材脊面的隔离纸，将卷材粘贴于基层表面，卷材长边搭接保持 50mm，短边搭接保

70mm，卷材要求保持自然松弛状态，不要拉得过紧，卷材铺妥后，应立即用平面振动器全面压实，垂直部位用橡胶榔头敲实；卷材搭接黏结：卷材压实后，将搭接部位掀开，用油漆刷将搭接黏结剂均匀涂刷，在掀开卷材接头之两个粘接面，涂后干燥片刻手感不粘时，即可进行黏合，再用橡胶榔头敲压密实，以免开缝造成漏水；防水层施工温度选择5℃以上为宜。

三、建筑防水工程施工中的常见问题

在经济技术的推动下，国内建筑行业迅速发展，防水工程也取得了很大进步，不但防水材料种类增多，施工工艺也不断更新，同时涌现出了许多防水施工单位。然而从实际工程中可发现，渗漏问题依然存在，屋顶、墙面、厨卫间、地下室等处是渗漏多发处，降低了建筑质量。施工中常见的问题可从以下几点考虑：

1. 防水材料质量不合格

现代房屋建筑多采用钢筋混凝土结构，为防止柱梁板等交接处被水渗透，需借助防水材料起到良好的防渗漏作用。不过随着工程数量增多，防水材料生产单位数量也越来越多，竞争尤为激烈。不少生产单位为节约成本，选取低劣材料，生产假冒伪劣产品，实际防水功能并不合格，以至于防水工程质量失去了保障。如SBS改性沥青防水卷材应用较广，但假冒产品却也越来越多。

2. 设计单位忽视设计环节

设计是施工的基础，而如今很多设计人员专业知识足够，但缺乏对防水材料的认识以及对防水设计的重视。如防水构造细节不清楚、防水标准设计不合理；所选防水材料质量较差；防水层不连续等。主要原因在于缺少市场调查，对材料质量没有正确的认识，如此很容易被材料营销人员蒙骗。此外还有少数设计人员面对建设单位的无理要求随意改动防水方案，都对防水工程不利。

3. 施工单位质量意识薄弱

施工单位作为防水工程施工的主体，对工程质量有着直接影响。但一方面，施工单位过于追求施工速度，对防水施工细节不重视，如基层处理不完善。监督力度较小，使得很多劣质材料进入施工现场；另一方面，施工人员缺乏专业技术，整个施工过程没有科学的程序，显得比较混乱。加上行业内部竞争激烈，许多不正规单位通过各种不正当手段被选中，但施工质量却没有保障。

4. 缺乏科学的管理

防水工程意义重大，涉及诸多方面，有一定的难度，必须进行科学管理。但实际施工中建设单位为节约成本，往往会降低对材料质量的要求，甚至对企业恶意竞争无视，监督不足。在交付使用后管理不当，有些用户因房屋与自己要求不符而改变原有结构，使得防水层被损坏。

四、防水工程质量

建筑防水工程整体质量的要求是：不渗不漏，保证排水畅通，使建筑物具有良好的防水和使用功能。建筑防水工程的质量优劣与防水材料、防水设计、防水施工以及维修管理等密切相关，因此必须高度重视。那么如何保证建筑防水工程质量呢？

1. 设计工作

需参照国家、行业和地方三重标准选择防水材料，同时还应考虑该地气温气候、水文条件，以及建筑功能需求。此外还应体现出环保理念，以新型高效材料为优先选择，且经济实惠，不会对环境带来较大影响。防水工程往往是以防水为主，结合排水措施，该工程即遵循防排结合的原则进行设计。防水工程主要涉及墙面防水、屋顶防水、地下室防水等。经过实际调查和严密计算，最终设计方案如下：屋面防水等级为 2 级，耐久年限 15 年。屋面采用 50 厚挤塑聚苯板保温层；工程需由专业团队完成，确保每一环节都能够满足要求；女儿墙、周边墙面等泛水高度至少设计为 300mm；防水层底下的找平层设置有 10mm 宽的分格缝，以防水油膏填入；安装外墙管道时需做好封堵工作。

2. 质量控制

防水施工前进行灌水试验，确保基层不漏水，经验收合格后才能铺设防水材料。工程开始初期开展专业设计交底培训，施工现场分项工程开始前对施工队伍再次进行交底培训。明确划分各自责任，坚强质量监督力度，对所有进场原材料进行仔细检查，进入现场后也要定期检查，一旦发现不合格材料应及时处理，设置科学的程序，且上一道程序完成并经过检验后才能开始下一项工作。

3. 屋面防渗漏

施工前将混凝土基层表面上的杂物彻底清理掉，保证基层平整干净；找平层抹平收水后进行二次压光，养护 1 周左右，在水中浸泡 24h，确保无渗漏后开展下一道程序。关键一在于合理选择防水材料，关键二在于严格控制基层及保温层含水率。此外出屋面管道部位应由专人负责补孔，保证补孔质量没有问题。

4. 厨卫间防渗漏

按照地漏高度确定找坡坡度和方向，转角处可用圆角抹子抹成圆弧状，同样清理基层杂物；浇筑楼板时振捣密实，地面面层应压实抹光；安装地漏不可过高，做到一次留置正确；侧排水管、找平工作完成后养护 3 ~ 4d，进行灌水试验。整个过程需由专业人员负责。

5. 外墙防渗

重视砌体质量，保证灰缝饱满及厚度均匀，并控制好施工进度；砌筑砂浆选用洁净的中砂，合理设计配合比；外墙门窗位置留置正确，大小适中，一般每边 25mm，窗框缝用防水砂浆填塞；所有突出墙面的构件都要做泛水坡度，下口做双滴水槽。

第六节　建筑装饰装修工程施工

一、建筑装饰装修工程概述

装饰装修工程的建设，必须建立在一定结构体的基础上，必须有足够的承运人进行施工。当然，在装饰装修工程的具体施工过程中，不可避免地会受到施工空间的影响。同时，施工的交叉性能比较明显，容易引发各种安全事故。因此，在装修材料日益丰富的情况下，建筑装饰装修施工技术也呈现出多种发展趋势。例如，在相同的房屋建筑空间中，装饰需求需要通过各种不同的施工技术来完成。

目前，建筑装饰施工的建设周期较短，质量要求较高。但从实际情况看，其中大部分是手工操作，机械化作业相对较少，机械化施工水平较低。虽然近年来机械设备的应用在建筑装饰装修中的应用越来越广泛，但人力工作仍占主要部分，生产效率较低，安全隐患仍然较多。因此，针对这种情况，在装修装饰工程施工中，要注意提高施工工艺的质量和水平，只有这样才能保证整个工程的施工质量。

二、装修抹灰施工技术

建筑工程的抹灰工程是将砂浆涂抹在建筑物（或构筑物）的墙面、顶棚、地面等部位的装修工程。在建筑工程抹灰施工中，按照工种部位、色彩、效果等不同要求，可以分为普通抹灰、装饰抹灰等两大类。抹灰工程的质量好坏，可以直接影响到装修的房屋的美观效果与使用寿命。

1. 装饰抹灰的内容与特点

普通抹灰采用石灰砂浆、石膏灰、水泥砂浆、混合砂浆、麻刀（玻纤）灰、纸筋灰等材料，它适用于简易住房、地下室、储藏室、阁楼等部位。装饰抹灰，除了具有与一般抹灰相同的功能外，其装饰艺术效果更加鲜明。装饰抹灰由一层底层、数层中层、一层面层多遍完成。装饰抹灰面层所用材料主要有彩色水泥、白水泥、颜料、石粒等，具有多种色泽，其主要内容有水刷石、水磨石、干粘石、斩假石、拉条灰、拉毛灰、假面砖、弹涂、喷涂、滚涂等墙面、顶棚饰面抹灰。

2. 装饰抹灰的材料要求

（1）纤维材料

由于稻草、麻刀、纸筋、玻璃纤维等纤维材料在抹灰层中起到拉结作用，可以提高抹灰层的抗拉强度，增加其弹性和耐久性，使抹灰层不容易发生裂缝、脱落等现象。

（2）凝胶材料

运用陈伏期大于 15d、罩面大于 30d 无杂质的石膏灰或者生石膏粉末，不得使用已经风化冻结的石灰膏。按照设计的需要选择相关品种的水泥。

（3）细骨料

在使用中砂或者中粗砂时，需混合使用，使用前过筛。

3.装饰抹灰的施工技术

在装饰抹灰工程中，使用 1：3 的水泥浆打底，厚度为 15mm。由于材料和施工条件的不同，面层抹灰的方法也随之有差异。下面，对于主要的装饰抹灰的施工技术进行分析：

（1）水刷石的施工

水刷石是较为常用的外墙装饰，其层面材料可以同普通水泥、白水泥或者彩色水泥，在颜料的选择时，应当采用耐光、耐碱、分散性较好的矿物颜料，骨料的选择时，应当选用颗粒坚硬均匀、色泽一致的沙粒。

在进行水刷石的装饰工程时，首先用 1：3 的水泥砂浆打底，其厚度为 12mm，其次用 1：1 的水泥石米浆涂抹，厚度为 8mm，等到面层开始凝结时，开始冲刷面层。冲刷面层是影响水刷石质量的关键环节，一边用软毛棕刷蘸水刷掉面层水泥浆露出石粒，一边用喷雾器向四周均匀喷洒低压冲水，使石米外露，清晰可见。在冲刷面层结束后，适时取出分格条，根据要求用素水泥浆做出凹缝，并且上色。

水刷石的外观要求石米色泽平整、紧密平整、分布均匀，表面不得有掉粒或者接槎痕迹。

（2）水磨石的施工

水磨石一般适用于地面施工，通常情况下，墙面水磨石采用水磨石预制贴面板镶贴的工艺。一般而言，水磨石的施工工艺流程如下：基层处理、抹底（中）层灰、弹线、贴镶嵌条、抹面层石子浆、水磨面层、涂草酸磨洗、打蜡上光。

水磨石的施工也需要先用 1：3 的水泥砂浆打底，其厚度为 12mm，其次用 1：1 的水泥石米浆涂抹，厚度为 8mm。接着用不同型号的金刚石磨盘分批次进行水磨，至表面光亮后用水冲洗，涂上草酸用石磨磨出白浆，冲水后晾干且打蜡，打磨至发亮。

水磨石的装饰工程质量要求是表面石子光华平整、分布均匀、色泽一致且无沙眼、磨纹、漏磨处。

（3）弹涂、喷涂、滚涂和刷涂的施工

弹涂、喷涂、滚涂和刷涂等施工是在装饰抹灰中应用普遍的外墙面装饰工艺，它们具有进度快、机械化程度高、装饰效果好等优点。

①在进行弹涂施工时，借助弹力器将彩色水泥砂浆弹到打好底层的基础的墙面上，其工艺流程如下：首先进行基层整平，用 1：3 的水泥砂浆打底，其次刷一道色浆，接着弹色，进行局部弹找均匀，最后弹上作为表面保护层的树脂胶。弹涂施工可以利用弹涂在墙上的色点相互衬托，显得美观大方。

②在进行喷涂施工时，首先用 1：3 的水泥砂浆打底，再用 1：3 的 107 胶水喷刷作

为黏结层，接着利用砂浆泵和喷枪，将涂料均匀地喷涂在黏结层上，可以喷涂成波纹起伏的波面，或者喷涂成细碎颗粒的粒状。

③在进行滚涂施工时，首先用 1 ：3 的水泥砂浆打底，再粘贴分格条，最后用雕刻花纹的橡胶、泡沫塑料辊子将彩色水泥砂浆均匀地涂抹在底层，形成所设计的图案花纹。

④在进行刷涂施工时，在檐口、腰线、窗套等装饰部位的底层上涂刷聚合水泥浆，待此刷浆层干燥后再刷 30％的甲基硅酸钠水溶液作为保护层。

4. 装饰抹灰的质量控制及防治方法

（1）装饰抹灰的质量控制

在装修抹灰工程开始之前，建筑的结构工程必须经过监理工程师一级政府建设主管的质量监督部门的合格验收。在抹灰之前，承包单位应当做好门窗、过梁、圈架、管道的检查和修正。所有进入施工现场的材料要经过验收，确保其色泽和质量，在确定施工方案之后，方可安排正式施工。

在施工中，要注意基层面必须充分淋水润透；检查处理基层上的残余污垢、砂浆、灰尘、油渍，应进行毛化处理；对于不合格的工程，应当及时与部门联系并且书面提出修改意见；在工程结束后注意成品的保护。

（2）装饰抹灰的通病及防治方法

①墙面抹灰出现裂缝：在抹灰前应当洒水，对于砖墙吸水大的情况，应洒水两遍。若是砂浆的保水性差，则可加入适量石灰膏或外加剂。分层抹灰，待砂浆收水后终凝前进行压光。严禁使用未熟化好的灰膏。

②外墙抹灰的色泽不均、接槎明显、显抹纹：在施工中，把接槎位置留在分格条处或阴阳角水落管等处，注意在操作时避免发生高低不平或者色泽不一的现象。为了防止抹纹产生，室外抹水泥砂浆的墙面应做成毛面，再用木抹子搓毛面时，先以圆圈形搓抹，再上下抽拉，要做到轻重一致、方向一致，以免出现色泽深浅不一、起毛纹等问题。

③墙面垂直度和整体平整度差：为有效地控制抹灰厚度，保证墙面垂直度和整体平整度，在装修抹灰中，抹底中层灰前应设置标筋作为抹灰的依据。水平标筋在通过阴角时，可采用带有垂球的阴角尺上下搓动，直至上下两条标筋形成相同且角顶在同一垂线上的阴角。水平标筋在通过阳角时，可用长阳角尺同样合在上下标筋的阳角处搓动，形成角顶。水平标筋可保证墙体在阴阳转角处交线顺直并且垂直于地面，避免出现交线扭曲不直的现象。

三、涂料饰面施工技术

涂料饰面是建筑物内墙、顶棚或外墙表面基层经处理后，喷、刷浆料或涂料的建筑装修。用来保护墙体、美化建筑，并满足使用要求，改善室内采光和清洁条件。所用机具有手动高压喷浆器、电动喷浆机、喷斗、滚刷、排笔、棕刷等。

中国原始社会的建筑已用红土、白土作涂料粉刷墙面。商代已在泥墙面上涂"蜃灰"（即蚌壳灰）。

周代已有专门用于涂饰的工具，而且有墙面涂白和地面涂黑的做法。汉代时，涂饰材料已使用石灰，文献中还有壁面涂胡粉，周边框以青紫的记载。明、清两代涂料的使用更趋繁多。浆料由单一向多种色料发展。通常有红土浆、月白浆以及黑、白、黄色浆。但这类浆料质粗不能满足居室的使用要求。后来，采用藻类的龙须菜等材料作为黏结剂调制大白粉浆及色浆粉刷室内，浆面细腻并有适度的光泽。

用石灰浆、大白浆涂刷墙面，材料来源方便、造价低、工效高，故沿用至今。但掺入的黏结材料不断改进，采用聚乙烯醇、羧甲基纤维素、聚醋酸乙烯乳液、聚乙烯醇缩甲醛胶（简称107胶）等，提高了质量。在白水泥或普通水泥中掺入107胶或聚醋酸乙烯乳液的聚合物水泥浆做法，广泛应用于外墙局部线条和室内墙裙等部位，其耐久性比石灰浆明显提高。

中国在20世纪60年代研制、生产了聚醋酸乙烯乳胶漆，因造价较高，只用于较高级的宾馆、饭店或公共建筑。70年代后期开始研制、生产了聚乙烯醇内墙涂料、聚乙烯醇缩甲醛内墙涂料、乙丙乳液厚涂料、硅酸钾及硅溶无机建筑涂料等。这些水性涂料无论耐久性还是装饰效果，都优于石灰、大白粉、水泥等浆料，已在建筑物的内、外墙大量应用。

1. 施工工艺

所用机具有手动高压喷浆器、电动喷浆机、无气喷涂机、空气压缩机、喷斗、滚刷、排笔、棕刷等。作业主要条件是：抹灰作业全部完成，经养护干燥后表面坚硬呈白色；室内木作、水暖设备及玻璃工程均已完成；操作温度一般应在5℃以上。

（1）普通刷浆

先进行基层处理，喷浆前满披1～2遍大白粉（或滑石粉、乳胶、羧甲基纤维素）腻子，干燥后用砂纸磨平。喷、刷浆料或涂料2～3遍，要求均匀，颜色一致，不流坠、无砂粒。

（2）美术刷浆

先完成相应等级的一般刷浆，待末道浆或涂料干燥后再进行美术刷浆。套色漏花法用厚纸涂桐油或清油，晒干后按花纹图案刻制成版，每一色为一版，把设计的图案用浆料或涂料绘在已完成的浆面或涂膜上。滚花是用麻袋片、毛巾、粗布或橡皮刻花滚筒蘸配好的色浆，在墙面上滚成花纹。喷甩色点是用毛刷子蘸色浆或用喷斗将色浆喷甩到墙面上，使墙面上均匀地分布各色斑点。

（3）墙面喷涂

涂料使用前搅拌均匀，施工中不要加水稀释。遮挡门窗及其他不喷部位。喷涂时喷斗的喷嘴垂直墙面，要求不虚喷、不漏喷、不流坠，一次喷成，颜色均匀一致。喷涂后12小时内避免淋雨。

（4）彩弹

将彩色涂料或水泥用彩弹机弹在墙上形成花纹，再罩缩醛类、有机硅类或丙烯酸酯类等防污染涂料。

2. 技术分析

对高层建筑而言，基于安全性考虑，弹性涂饰是最普遍的选择。但是，由于市场上推广使用的很多低档涂料都存在抗污性差、耐久性不够等缺点，很难让开发商和业主满意。此外，对于点涂、真石漆等厚质涂料存在的诸多质量通病，也令开发商和业主头痛不已。

施工时采用点涂常会出现花点不能定位，易出现沿墙面向下流淌和滴落的现象，使得花点成细长、扁平、不凸起的长条形花点。同时也会因为施工原因出现色点大小不一、分布不匀、花点颜色不均、起粉掉色以及罩面后局部返白的问题。

采用真石漆饰面，由于真石漆多采用天然彩砂，色彩的耐久性较好，用于外墙外保温饰面层，其拒水性和透气性差的固有缺陷常使外墙外保温系统内的水蒸气扩散受阻，容易使外饰面出现开裂，影响外墙外保温系统本身的性能，再加上因高温出现返胶，自洁能力差，使建筑物脏污不堪，遇水泛白，有碍观瞻。

对于采用砂壁状涂料等厚质涂料的外饰面，除存在上述问题外，由于在实际工程应用中，外饰面常常采用抹灰工艺通涂或仿面砖，在很大程度上取决于抹灰工人的操作技术，往往在墙面出现抹痕、平整度不好、外观视觉差等问题。

基于上述情况，尽管弹性涂料是较为理想的外墙外保温饰面材料，但由于其耐候性较差，考虑到上述质量通病及内置外墙外保温材料会加剧涂料饰面的破坏，这些产品一般仅用于普通的、质量要求不高的建筑物外饰面。

四、墙砖与地砖的粘贴

1. 在铺砖时应要按照以下几个原则进行

（1）铺盖面积要依据施工人员的工作效率确定铺砖前的砂浆，具体的，以施工人员30min内所铺设砖量为参考。还要在铺设之前，在找平层上要适量洒水，以保持其合适的湿度，然后将稠度与厚度均适中的水泥砂浆涂抹在粘接层上。

（2）要按着一定的顺序进行铺砖，并且有规律地进行，一般优先考虑门口处。与此同时，应在适当位置提前铺一列或几列，当作参考，铺设时将其当作整体铺设施工中的标高与位置。将基准铺设点确定之后，要按照"由里及外，退步循序"的原则进行铺砖。在此，需要注意的是，由于铺砖施工技术性比较强，如果在此过程中，出现一丁点儿差错就有可能致使达不到铺砖要求。因此，必须做到对每块砖的位置进行校正，以确保铺砖工作顺利完成，并且有很好的效果。

2. 拨缝并进行调整

要对已铺好的砖块进行调整、拨缝等处理。在进行此工作时，通过拉线等手段将缝隙调整均匀并切成为一条直线，同时将由此而挤出的砂浆扫除，之后进行砖面的二次砸实。

3. 勾缝完之后擦缝

对与砖体间缝隙的处理要在拨缝、调整工作完成之后，再在一天之内进行，不然，缝隙内砂浆凝固会使勾缝、擦缝工作的难度加大,导致达到理想的勾缝效果。与此同时,勾缝、擦缝的处理也有严格的要求,不仅要求缝隙内平整、光滑、无毛刺,还要求缝的深度要合适。

五、吊顶施工技术

吊顶又称顶棚、天花板,是建筑装饰工程的一个重要子分部工程。吊顶具有保温、隔热、隔声和吸声的作用,也是隐蔽电气、暖卫、通风空调、通讯和防火、报警管线设备等工程的隐蔽层。按施工工艺的不同,分为暗龙骨吊顶(又称隐蔽式吊顶)和明龙骨吊顶(又称活动式吊顶)。吊顶工程由支承部分(吊杆和主龙骨)、基层(次龙骨)和面层三部分组成。

1. 工艺流程

弹吊顶棚标高水平线→划主龙骨分档线→吊顶内管道、设备的安装、调试及验收→吊杆安装→龙骨安装(边龙骨安装、主龙骨安装、次龙骨安装)→填充材料的设置→安装饰面板→安装收口、收边压条。

2. 施工方法

(1)测量放线

①弹吊顶棚标高水平线:应根据吊顶的设计标高在四周墙上弹线。弹线应清晰,位置应准确。即从墙面的50cm水准线量至吊顶设计标高加上饰面板厚度为顶棚标高水平线位置,即为吊顶次龙骨的下皮线。

②画龙骨分档线:沿已弹好的顶棚标高水平线,按吊顶平面图,在混凝土顶板画(弹)出主龙骨的分档位置线。主龙骨宜平行房间长向布置,分档位置线从吊顶中心向两边分,间距宜为900～1200mm,并标出吊杆的固定点。吊杆的固定点间距为900～1200mm;如遇到梁和管道固定点大于设计和规程要求或吊杆距主龙骨端部距离超过300mm,应增加吊杆的固定点。

(2)吊杆安装

①不上人的吊顶,吊杆长度小于1000mm,可以采用6的吊杆,如果大于1000mm,应采用8的吊杆,大于1500mm时还应设置反向支撑。上人的吊顶,吊杆长度小于1000mm,可以采用邬的吊杆,如果大于1000mm,应采用户10的吊杆,大于1500mm时还应设置反向支撑。吊杆用膨胀螺栓固定在楼板上,用冲击钻打孔,孔径成稍大于膨胀螺栓的直径,吊杆和吊件应做防锈处理。

②吊杆应通直,并有足够的承载能力。吊杆距主龙骨端部距离不得大于300mm,当大于300mm时,应增加吊杆。当吊杆长度大于1.5m时,应设置反向支撑。当吊杆与设备相遇时,应调整并增设吊杆。当预埋的杆件需要接长时,必须搭接焊牢,焊缝要均匀饱满。

③吊顶灯具、风口及检修口等应设附加吊杆。大于3kg的重型灯具、电扇及其他重型设备严禁安装在吊顶工程的龙骨上,必须增设附加吊杆。

（3）龙骨安装

①安装边龙骨

边龙骨的安装应按设计要求弹线，用射钉固定，射钉间距应不大于吊顶次龙骨的间距。

②安装主龙骨

A 主龙骨应吊挂在吊杆上。主龙骨间距、起拱高度应符合设计要求；当设计无要求时，主龙骨间距宜为 900 ~ 1200mm，一般取 1000mm，主龙骨应平行房间长向安装；同时，应按房间短向跨度的 1‰ ~ 3‰ 起拱。主龙骨的接长应采取对接，相邻龙骨的对接接头要相互错开。主龙骨安装后应及时校正其位置、标高。

B 跨度大于 15m 以上的吊顶，应在主龙骨上每隔 15m 加一道大龙骨，并垂直主龙骨焊接牢固；如有大的造型顶棚，造型部分应用角钢或扁钢焊接成框架，并应与楼板连接牢固。

③安装次龙骨

次龙骨分明龙骨和暗龙骨两种。次龙骨间距宜为 300 ~ 600mm，在潮湿地区和场所间距宜为 300 ~ 400mm。

④安装横撑龙骨

暗龙骨系列横撑龙骨应用连接件将其两端连接在通长次龙骨上。明龙骨系列的横撑龙骨与通长龙骨搭接处的间隙不得大于 1mm。

（4）饰面板安装

①明龙骨吊顶饰面板安装

明龙骨吊顶饰面板的安装方法有：搁置法、嵌入法、卡固法等。搁置法是将饰面板直接放在 T 型龙骨组成的格栅框内，即完成吊顶安装。有些轻质饰面板考虑刮风时会被掀起（包括空调风口附近）应有防散落措施，宜用木条、卡子等固定。嵌入法是将饰面板事先加工成企口暗缝，安装时将 T 形龙骨两肋插入企口缝内。卡固法是饰面板与龙骨采用配套卡具卡接固定，多用于金属饰面板安装。明龙骨饰面板的安装应符合以下规定：

A 饰面板安装应确保企口的相互咬接及图案花纹的吻合。

B 饰面板与龙骨嵌装时应防止相互挤压过紧或脱挂。

C 采用搁置法安装时应留有板材安装缝，每边缝隙不宜大于 1mm。

D 玻璃吊顶龙骨上留置的玻璃搭接宽度应符合设计要求，并应采用软连接。

E 装饰吸声板的安装如采用搁置法安装，应有定位措施。

②暗龙骨吊顶饰面板安装

暗龙骨吊顶饰面板的安装方法有：钉固法、粘贴法、嵌入法、卡固法等。螺钉等连接件固定在龙骨上。粘贴法分为直接粘贴法和复合粘贴法。直接粘贴法是将饰面板用胶粘剂直接粘贴在龙骨上。刷胶宽度为 10 ~ 15mm，经 5 ~ 10min 后，将饰面板压粘在相应部位。暗龙骨饰面板的安装应符合下列要求：

A 以轻钢龙骨、铝合金龙骨为骨架，采用钉固法安装时应使用沉头自攻钉固定。

B 以木龙骨为骨架，固定方式分为钉固法、黏结法两种方法。

C 采用复合粘贴法安装时，胶粘剂未完全固化前板材不得有强烈振动。

D 金属饰面板采用吊挂连接件插接件固定时，应按产品说明书的规定放置。

E 纸面石膏板和纤维水泥加压板安装应符合下列要求：

a. 板材应在自由状态下进行固定，固定时应从板的中间向板的四周固定。

b. 纸面石膏板的长边（即纸包边）应垂直于次龙骨安装，短边平行搭接在此龙骨上，搭接宽度宜为次龙骨宽度的 1/2。

c. 采用钉固法时，螺钉与板边距离：纸面石膏板纸包边宜为 10 ~ 15mm，切割边宜为 15 ~ 20mm；水泥加压板螺钉与板边距离宜为 8 ~ 15mm；板周边钉距宜为 150 ~ 170mm，板中钉距不得大于 200mm。

d. 石膏板的接缝应按设计要求或构造要求进行板缝防裂处理。安装双层石膏板时，面层板与基层板的接缝应错开，并不得在同一根龙骨上接缝。

e. 螺钉头宜略埋入板面，并不得使纸面破损。钉眼应做防锈处理并用腻子抹平。

f. 石膏板的接缝应按设计要求进行板缝处理。

3. 施工环境采集者退散

（1）自然环境

施工环境温度应符合吊顶材料的技术要求，宜在 5℃ 以上。

（2）作业环境

脚手架搭设应符合有关规范要求，经验收合格。现场用电符合《施工现场临时用电安全技术规范》(JGJ46) 的有关规定。

（3）管理环境

①交接检验：安装龙骨前，应按设计要求对房间净高、洞口标高和吊顶内管道设备及其支架的标高进行交接检验。

②调试及验收：安装饰面板前应完成吊顶内管道和设备的调试及验收。

第七节　建筑幕墙工程施工

一、建筑幕墙

建筑幕墙指的是建筑物不承重的外墙围护，通常由面板（玻璃、金属板、石板、陶瓷板等）和后面的支承结构（铝横梁立柱、钢结构、玻璃肋等等）组成。

1. 幕墙分类

（1）按密闭形式分：封闭式和开放式。

（2）按主要支承结构形式分构件式、单元式、点支承、全玻以及智能型呼吸式幕墙（双层幕墙）。

①构件式幕墙

构件式幕墙的立柱（或横梁）先安装在建筑主体结构上，再安装横梁（或立柱），立柱和横梁组成框格，面板材料在工厂内加工成单元组件，再固定在立柱和横梁组成的框格上。面板材料单元组件所承受的荷载要通过立柱（或横梁）传递给主体结构。

A 构件式幕墙分为：

明框幕墙：金属框架的构件显露于面板外表面的框支承幕墙。

隐框幕墙：金属框架的构件完全不显露于面板外表面的框支承幕墙。

半隐框幕墙：金属框架的竖向或横向构件显露于面板外表面的框支承幕墙。

B 构件式幕墙优点：

a. 施工手段灵活，工艺成熟，是采用较多的幕墙结构形式。

b. 主体结构适应能力强，安装顺序基本不受主体结构影响。

c. 采用密封胶进行材料密封，水密性、气密性好，具有较好的保温、隔声降噪能力，具有一定的抗层间位移能力。

d. 面板材料单元组件工厂制作，结构胶使用性能有保证。

②单元式幕墙

单元式幕墙，是符合当今世界潮流的高档建筑外维护系统。其以工厂化的组装生产、高标准化的技术，大量节约施工时间等综合优势，成为建筑幕墙领域最具普及价值和发展优势的幕墙形式。单元式幕墙主要特点：

A 工业化生产，组装精度高，有效控制工程施工周期，经济效益和社会效益明显。

B 单元之间采用结构密封，适应主体结构位移能力强，适用于超高层建筑和钢结构高层建筑。

C 不需要在现场填注密封胶，不受天气对打胶的影响。

D 具有优良的气密性、水密性、风压变形及平面变形能力，可达到较高的环保节能要求。

③点支式幕墙

点支式幕墙主要特点：

A 支承结构形式多样，可满足不同建筑师及工程业主对建筑结构与外立面效果的需求。

B 结构稳固美观，构件精巧实用，可实现金属结构与玻璃的通透性能融为一体，建筑内外空间和谐统一。

C 玻璃与驳接爪件采用球铰连接，具有较强的吸收变形能力。

④全玻幕墙

全玻幕墙是一种全透明、全视野的玻璃幕墙，利用玻璃的透明性，追求建筑物内外空间的流通和融合，使人们可以透过玻璃清楚地看到玻璃的整个结构系统，使结构系统由单纯的支承作用转向表现其可见性，从而表现出建筑装饰的艺术感、层次感和立体感。具有重量轻、选材简单、加工工厂化、施工快捷、维护维修方便、易于清洗等特点。其对于丰富建筑造型立面效果的功效是其他材料无可比拟的，是现代科技在建筑装饰上的体现。

⑤智能型呼吸式幕墙

呼吸式幕墙是建筑的"双层绿色外套"。幕墙双层结构有显著的隔音效果，结构的特质也赋予了建筑以"呼吸效应"。居住者能够体验到真正的冬暖夏凉，减少极端环境带来的不适；建筑本体的主动效能，极大减少了能源消耗。采用双层幕墙系统可以降低建筑综合用能源消耗的 30% ~ 50%。

该幕墙系统由内外两道幕墙组成，内幕墙一般采用明框幕墙、活动窗，或开有检修门；外幕墙采用有框幕墙或点支承玻璃幕墙。内外幕墙之间形成一个相对封闭的空间，大大提高了幕墙的保温、隔热、隔声功能。

智能幕墙是呼吸式幕墙的延伸，是在智能化建筑的基础上将建筑配套技术（暖、热、光、电）的适度控制，在幕墙材料、太阳能的有效利用，通过计算机网络进行有效的调节室内空气、温度和光线，从而节省了建筑物使用过程的能源，降低了生产和建筑物使用过程的费用。它包括以下几个部分：呼吸式幕墙、通风系统、遮阳系统、空调系统、环境监测系统、智能化控制系统等。智能型呼吸式幕墙的关键在于智能控制系统，是从功能要求到控制模式，从信息采集到执行指令传动机构的全过程控制系统。它涉及气候、温度、湿度、空气新鲜度、照度的测量，取暖、通风空调遮阳等机构运行状态信息采集及控制，电力系统的配置及控制，楼宇计算机控制等多方面因素。

（3）按面板材料分玻璃幕墙、石材幕墙、人造板材幕墙以及组合面板幕墙。

①光电幕墙

光电幕墙是一种集发电、隔音、隔热、装饰等功能于一体，把光电技术与幕墙技术相结合的新型功能性幕墙，代表着幕墙技术发展的新方向。其通过太阳能光电池和半导体材料对自然光进行采集、转化、蓄积、变压，最后联入建筑供电网络，为建筑提供可靠的电力支持。

光电幕墙主要特点：

具有将光能转化为电能的功能。其实现光电转换的关键部件是光电模板。光电模板背面可衬以不同颜色，以适应不同的建筑风格。其特殊的外观具有独特的装饰效果，可赋予建筑物鲜明的时代色彩。中央国家机关七大部委办公楼、江苏无锡机场航站楼，国家环保总局履约中心大楼等工程已经成功应用太阳光伏电源系统，实现了由节能向创造能源的巨大转变。

光电幕墙的基本单元为光电板，而光电板是由若干个光电电池进行串、并联组合而成的电池阵列，把光电板安装在建筑幕墙相应的结构上就组成了太阳光伏电源系统。太阳光伏电源系统的立柱和横梁一般采用铝合金龙骨。光电模板要便于更换。

②幕墙钢结构

幕墙钢结构具有自重轻、安装容易、施工周期短、抗震性能好、投资回收快、环境污染少等综合优势，与钢筋混凝土结构相比，更具有在"高、大、轻"三个方面发展的独特优势。因此在高层建筑、大型公共建筑（如体育馆、机场、剧院、大型厂房）等建筑领域得以广泛应用。

幕墙钢结构主要特点：

设计先进：运用最先进的设计方法，充分发挥钢材力学特性，大量节约钢材。

结构新颖：结构精巧，极大扩展建筑空间，建筑时代感强。

安装快捷：构件标准，制作精良，施工安装简便、快捷、安全。

技术完备：与建筑技术相结合的完备的技术体系。

③金属屋面

金属屋面将采光通风与建筑艺术完美融合，充分体现了现代建筑清新明亮的自然环境和新颖独特的艺术造型。

产品特性：

全新的系统设计，完全将结构安全融入建筑艺术；先进的防漏、防水、防结露技术，全面展示建筑玻璃的美感。

超前的节能环保设计，保证人类亲近大自然的同时，降低能耗和伤害。

多项新技术的综合应用（防火、防腐、遮阳、控制），提高了建筑屋面的安全性、适用性。

2. 幕墙的三大优点

美观、节能、易维护。

行业动态：建筑幕墙在中国迅速发展已有 20 年，现在中国已经成为世界上建造幕墙最多的国家，成为世界上最大的幕墙市场。三千多家幕墙专业公司，每年施工约一千万平方米的幕墙等等。发展叹为观止，形势蔚为壮观。幕墙在建筑领域里真是风卷云涌、席卷中国，包举宇内，囊括建筑之势。建筑幕墙在中国建设中的大挺进、大潮流，是改革开放的一大成果，是建筑墙体技术的一大跨越。哪里有建筑，哪里就有幕墙，地方不分南北东西、建筑不分高低大小，凡是外围护十之七八是幕墙！

发展中的幕墙要否定吗？我说要否定，因为发展就是否定不足，而"肯定—否定—否定之否定"更是发展的螺旋式上升运动。在一个大发展的实践之后，要不要理性的分析思考一次已经发生了的一切，深化一下认识，更深刻地理解它、感觉它呢？建筑幕墙的向前推移和向前发展有一个内部的矛盾和斗争，我们对幕墙的认识运动也应随之推移和发展。我们对建筑幕墙的发展规律懂了吗？能理解清楚吗？能掌握这个发展规律、这个内部矛盾在能动地推动幕墙的发展吗？在建筑幕墙二十年大发展之后，我们积累了多少理论的认识呢？我觉得我们的认识还落后于幕墙实践很多。

幕墙发展了二十年，什么是幕墙？玻璃幕墙和窗有什么不同？为什么要做幕墙而不做窗？幕墙比窗好在哪里？这些问题看来幼稚，但这是最初始的问题，我们又回归到了事情的出发点。建筑师如何想这些问题我不清楚，有以下几个主要的理由：首先是建筑立面外观的要求，要与传统的窗的立面有所不同，而要求大面积的整体的外围护平面或者曲面；其次是建筑采光的要求，要求有更大的窗墙比和通透性；第三则是高层、超高层建筑或者体量大的建筑在建筑安装施工的简约化和工业化，进一步改进和提高施工效率和速度等等。

由于这样的原因，带来了窗到幕墙的转化，因此而导出幕墙的一系列的结构、构造、工艺、性能上的新的系统的建立。由此而应讨论的便是窗和幕墙的根本的、本质的区别是什么？从结构上讲，幕墙是悬挂在主体结构之外的连续的外围护系统，而窗则是支座在主体结构之内的间断的外围护系统；从悬挂与支座、主体结构之外和之内、连续和间断这三对矛盾上分析，窗和幕墙的区别是明显的、易区分的。当一项建筑的立面并不要求、也不适合设计成连续的、大片的、大通透的情况时，搞玻璃幕墙也就不是必要的了。所以建筑幕墙的第一项自我反省，那就是将窗作为对手，作为对比，也是必要的、必需的。很可能建筑外围护也会形成一种"窗－幕墙－窗"或者"幕墙－窗－幕墙"的发展过程，两者互相矛盾、互相推动、互相促进。我并不赞成不分建筑具体特征都是一片幕墙。还是应该选择适合的、值得的，才是合理的。多样化才是世界的本性存在。

二、建筑幕墙的预埋件制作与安装

1. 预埋件制作的技术要求

（1）平板形预埋件的加工要求

①锚板宜采用 Q235 级钢，锚筋应采用 HPB35、HRB335 或 HRB400 级热轧钢筋，严禁使用冷加工钢筋。

②预埋件都应采取有效的防腐处理。

（2）预埋件安装的技术要求

①预埋件应在主体结构浇捣混凝土时按照设计要求的位置、规格埋设。

②为保证预埋件与主体结构链接的可靠性，链接部位的主体结构混凝土强度等级不应低于 C20。

③防止预埋件在混凝土浇捣过程中产生位移。

④幕墙与砌体结构链接时，宜在连接部位的主体结构上增设钢筋混凝土或者钢结构梁、柱。轻质填充不应作幕墙的支承结构。

2. 框支承（明框、隐框、半隐框）玻璃幕墙

（1）框支承玻璃幕墙构件的制作

①半隐框、隐框玻璃幕墙的玻璃板块制作是保证玻璃幕墙工程质量的一项关键性的工作，而在注胶前对玻璃面板及铝框的清洁工作又是关系到玻璃板块加工质量的一个重要工序。清洁工作应采用"两次擦"的工艺进行，玻璃面板和铝框清洁后应在 1h 内注胶；注胶前在度污染时，应重新清洁。

②硅酮结构密封胶注胶前必须取得合格的相容性检验报告，必要时应加涂底漆。不得使用过期的密封胶。

③玻璃板块应在洁净、通风的室内注胶。室内的环境温度、湿度条件应符合结构胶产品的规定。要求室内洁净，温度应在 15 ~ 30℃之间，相对湿度在 50% 以上。

板块加工完成后，应在温度 20℃、湿度 50% 以上的干净室内养护。单组分硅酮结构

密封胶固化时间一般需 14 ~ 21d；双租分硅酮结构密封胶一般需 7 ~ 10d。

④玻璃板块制作时，应正确掌握玻璃朝向。单片镀膜玻璃的镀膜面一般应朝向室内一侧，阳光控制镀膜中空玻璃的镀膜面应朝向空气体层。

（2）框支承玻璃幕墙的安装

①立柱安装

铝合金立柱一般宜设计成受拉构件，上支承点宜用圆孔，下支承点宜用长圆孔，形成吊挂受力状态。上、下立柱之间，闭口型材可采用长度不小于 250mm 的芯柱连接，芯柱与立柱应紧密配合；开口型材可采用等强型材机械连接。

上、下柱之间应留不小于 15mm 的缝隙，并打注硅酮耐候密封胶密封，凡是两种不同金属的接触面之间，除不锈钢外，都应加防腐隔离柔性垫片，以防止产生双金属腐蚀。

②横梁安装

当铝合金型材横梁跨度不大于 1.2m 时，其截面主要受力部位的厚度不应小于 2.0mm；当铝合金型材横梁跨度大于 1.2m 时，其截面主要受力部位厚度不应小于 2.5mm 横梁一般分段与立柱连接。

横梁与立柱之间的连接紧固件应按照设计要求采用不锈钢螺栓、螺钉等连接。为了适应热胀冷缩和防止产生摩擦噪声，横梁与立柱连接处应避免刚性接触，可设置柔性垫片或预留 1 ~ 2mm 间隙，间隙内添胶。隐框玻璃幕墙采用挂钩式连接固定玻璃组件时，挂钩接触面宜设置柔性垫片。

③玻璃面板安装

A 安装半隐框，隐框玻璃幕墙的玻璃板块，固定点的间距不宜大于 300mm，并不得采用自攻螺钉固定玻璃板块。

B 隐框和横向半隐框玻璃幕墙的玻璃板块依靠胶缝承受玻璃的自重，而硅酮结构密封胶承受永久荷载的能力很低，所以应在每块玻璃下端设置两个铝合金和不锈钢托条。

C 玻璃幕墙开启窗的开启角度不宜大于 30 度，开启距离不宜大于 300mm，开启窗周边缝隙宜采用氯丁橡胶、三元乙丙橡胶或硅橡胶密封条制品密封。

④密封胶嵌缝

A 密封胶的施工厚度应大于 3.5mm，一般控制在 4.5mm 以内。

B 密封胶在接缝内应两对面黏结，不应三面黏结。

C 不宜在夜晚、雨天打胶；打胶温度应符合实际要求和产品要求。

D 严禁使用过期的密封胶；硅酮结构密封胶不宜作为硅酮耐候密封胶使用，两者不能互代。

⑤全玻璃墙

A 全玻璃墙面板玻璃厚度不宜小于 10mm；夹层玻璃单片厚度不应小于 8mm；玻璃肋截面厚度不应小于 12mm，截面高度不应小于 100mm。

B 全玻璃墙玻璃面板的尺寸一般较大，宜采用机械吸盘安装

C 全玻璃墙面板承受的荷载和作用是通过胶缝传递到玻璃肋上去，其胶缝必须采用硅

酮结构密封胶。胶缝的厚度应通过设计计算决定，施工中必须保证胶缝尺寸，不得削弱胶缝的承载能力。

D 全玻璃墙允许在现场打注硅酮结构密封胶。

E 由于酸性硅酮结构密封胶对各种镀膜玻璃的膜层、夹层玻璃的夹层材料和中空玻璃的合片胶缝都由腐蚀作用，所以使用上述几种玻璃的全玻璃墙，不能采用酸性硅酮结构密封胶和酸性硅酮耐候密封胶嵌缝。

F 全玻璃墙的板面不得与其他刚性材料直接接触。板面与装修面或结构面之间的空隙不应小于 8mm，且应采用密封胶密封。

⑥建筑幕墙防火构造要求

A 幕墙与各层楼板、隔墙外沿间的缝隙，应采用不燃材料或难燃材料封堵，填充材料可采用岩棉或矿棉，其厚度不应小于 100mm，并应满足设计的耐火极限要求，在楼层间和房间之间形成防火烟带。

防火层应采用厚度不小于 1.5mm 的镀锌钢板承托，不得采用铝板。承托板与主体结构、幕墙结构及承托板之间的缝隙应采用防火密封胶密封；防火密封胶应由法定检测机构的防火检验报告。

B 无窗槛墙的幕墙，应在每层楼板的外沿设置耐火极限不低于 1.0h、高度不低于 0.8m 的不燃烧实体裙墙或防火玻璃墙。在计算裙墙高度时可计入钢筋混凝土楼板厚度或边梁高度。

C 防火层不应与幕墙玻璃直接接触

⑦建筑幕墙的防雷构造要求

A 幕墙的金属框架应与主体结构的防雷体系可靠连接。

B 幕墙的铝合金立柱，在不大于 10m 范围内宜有一根立柱采用柔性导线，把每个上柱和下柱的连接处连接。

C 兼有防雷功能的幕墙压顶板宜采用厚不小于 3mm 的铝合金板制造，与主体结构屋顶的防雷系统应有效连通。

D 在有镀膜层的构件上进行防雷连接，应出去镀膜层。

⑧建筑幕墙的封口构造

A 幕墙的封口构造应根据设计图纸施工

B 封底：立柱、底部横梁及玻璃板块与主体结构之间应有伸缩空隙，空隙宽度不应小于 15mm，

C 封顶：封顶的女儿墙压顶坡度应符合设计要求，女儿墙内侧罩板深度不应小于 150mm，金属幕墙的女儿墙应用单层铝板或不锈钢板加工成向内倾斜的顶盖。

D 周边封口幕墙周边与主体结构之间的缝隙，应采用防火保温材料严密填塞，水泥砂浆不得与铝型材直接接触，不得采用干硬性材料填塞。

玻璃周边均不得与其他刚性材料直接接触。玻璃周边与建筑内外装饰物之间的缝隙不小于 5mm；全玻璃幕墙板面与装修面或结构面之间的空隙不应小于 8mm。

第五章 建筑施工基础管理

第一节 劳务分包管理

一、劳务分包管理概述

1. 劳务分包基本定义

劳务分包指施工单位或者专业分包单位（均可作为劳务作业的发包人）将其承包工程的劳务作业发包给劳务分包单位完成的活动。也就是：甲施工单位承揽工程后，自己采购乙供材，然后另请乙劳务企业负责劳务施工，但现场施工管理工作仍然由甲单位组织。劳务分包是施工行业的普遍做法，法律在一定范围内允许。但是禁止劳务公司将承揽到的劳务分包再转包或者分包给其他的公司；禁止主体工程劳务分包，主体工程的完成具有排他性、不可替代性。

2. 工程劳务分包管理（选择劳务分包企业、合同签订及施工）

建筑工程的施工单位或专业分包单位可以将劳务作业部分工作量在分包给具有相应资质的劳务分包企业来完成，比如脚手架工程、模板工程、砌筑等工程劳务分包。就劳务分包企业的选择及合同签订、现场管理、进退场管理等进行叙述。

（1）劳务分包企业的选择（目前现状）

劳务分包企业需要承揽业务，首先应具备相应的资质。目前相关单位在劳务供方选择上仍存在不足：施工总承包单位或专业承包单位的对劳务分包企业的审查规定不严。一般情况下：具备相应资质的劳务企业进行报价，大多施工单位比价注重劳务分包单位的报价，对其综合素质要求审查不严；且一般价格合适后，劳务分包会先进场，进场后边施工边谈合同，导致合同不能及时签订或对过程中的劳务付款支付及结算存在一定影响。

（2）分包合同单价及相关内容

分包合同范本推行不广，劳务合同签订不规范，条款签订缺乏规范性、严密性；有的分包合同中的合同数量不能明确确定，如外墙岩棉保温工程施工（数量大都为估算值，结算时才有明确的工程量）。劳务分包合同单价的组成应明确，如楼承板施工，单价中应明确是否包含大于最大无支撑跨时搭设支持的费用是否含在楼承板铺设的单价中，避免发生争议。我单位在某工程施工中遇到过。

（3）建议建立劳务分包招标制度

建筑业人员流动较大，劳务分包企业也不例外，且人员综合素质较低，劳务分包企业的内部管理水平也待提高。劳务分包亦应向施工总承包、专业承包那样成立专业的招标管理机构，由招标管理机构统一组织招标管理及相关部门参与、指导、监督工作。

（4）健全合同签订相关流程等

劳务合同亦应履行合同评审制度，且应及时签订，合同签订合法，明确合同单价组成，避免后期施工时产生不必要争议。合同中亦应明确相关违约责任的处罚等（包括进度滞后、质量不合格等）。

（5）劳务分包施工

劳务分包施工前，应进行相关施工前安全教育，总承包企业、专业承包单位的现场管理不能松懈，项目部内部的培训、教育等应定期进行。劳务分包亦应做好隐蔽验收验收、工序间的交接验收等。

3. 工程劳务分包结算管理

（1）重要性

劳务分包结算时项目成本的重要组成，是施工企业成本核算的基石。项目的成本有人工费、机械费、材料费，规费、税金及不可预见的风险费用等组成。劳务费用为基础，一般人工费占到工程造价的20%左右（工程材料费占工程造价的60%左右），虽然人工费所占比重不是最大但却是工程管理的重点、难点，是对施工人员的管理，是重中之重。

劳务结算应及时办理，可有效防止劳务纠纷，维持社会问题。如：某单位与木工班组的劳务结算未及时办理，工人工资不能及时发放，工人开始闹事，爬塔吊，做出极端的行为，影响工程施工，社会影响也不好。因此做好劳务结算很重要，且要及时做，亦利于施工单位成本控制。

（2）常见问题

劳务分包结算的依据主要为甲乙双方所签署的《合同》、合同履行过程中签署的补充协议，现场签证、相关罚款、扣款（如伙食费、水电费等）。

①工程量差异：应统一计算规则，按现行相关规定执行，合同中应明确。

②工程变更引起的大量签证工程量：工程签证应合理，不得重复计量，签证的时间、原因、具体工程量、价应明确，符合项目部对签证工程量的相关规定。避免签证原因等不明导致后期争议。同时应明确变更程序。工程变更一般可由建设单位、监理单位提出，也可以由施工单位提出合理的变化思路，但是工程变更通知单必须是由设计单位出具的。一般劳务分包拿到的变更是由施工总承包或专业承包单位转发的变更通知单。如：在办理某工程模板工程劳务结算时，班组的计量员拿出一张打印的A4纸，并解释是项目部某某打印的变更资料，一般这种情况是不予认可的，A4纸上没有任何管理人员的签字，说明。因此变更资料应符合相关程序。

③单价不同，却混算：如独立柱模板和框架柱模板施工，其单价不同，计量时应分开计算。

④强行退场的结算处理：对于未按合同完成劳务工作任务的队伍，应按合同相关规定执行劳务结算（合同中一般会明确相关计算规则及处罚措施）。

⑤劳务结算前均需项目部提供的验收交接单方可到相关部门办理结算。

⑥施工单位审核结算的人员要熟练掌握工程量计算规则、工程造价计价程序，确保劳务分包结算价格的准确性。此外，还要坚持深入现场，掌握工程动态，了解图工程是否按图纸和工程变更施工，没做的部分是否有变更通知，在变更的基础是是否再次变更。劳务分包的结算不能只是对图纸和工程变更进行审核，还应深入现场进行细致认真的核对，确保劳务分包结算的质量，防止劳务分包单位高估冒算。

4. 做好劳务结算的应对措施

一个工程项目是由多个单位工程组成，单位工程又由分部工程，一直细分至工序，其子目非常繁多，施工条件亦复杂不一，想要做好工程必须做好各项计划安排，过程要做好控制，事后做好各项资料汇总及办理决算。劳务结算为基础，为施工单位成本核算的基础之一。劳务分包施工前，做好合同交底工作。重点说明合同的主要工作内容、工期、工程量计算规则等。

明确劳务结算程序：虽然劳务结算为基础，为施工单位成本核算的基础之一，但是劳务企业的最终结算亦应按照建设单位计过价，按图纸内容完成的合格工作量。且施工单位应建立详细的劳务结算台账。日常及时记录施工日志，详细记载各工序班组施工情况，以便能为后期结算提供依据。施工中做好安全教育工作，同时做好现场质量管理工作，在保证质量的前提下达到进度要求。施工过程中做好劳务班组协调工作，如钢筋班组、模板班组、脚手架班组的协调工作，做好各工序间的协调工作。

劳务分包管理，涉及劳务分包管理的选择、合同签订、施工过程中的管理以及后期的结算，如何做好劳务分包的管理，应做好全过程控制，同时应设立劳务分包招标管理机构，由招标管理机构统一组织招标管理及相关部门参与、指导、监督工作。

二、劳务班组管理模式

劳务管理是建筑企业成本控制的关键，劳务管理成效如何直接影响建筑企业经营效益高低。目前，建筑企业劳务管理中还存在诸多缺陷，进行劳务管理改革创新势在必行。劳务班组管理模式具有众多优势，掌握劳务班组管理模式特点，采取有效措施提升劳务班组管理水平，这是摆在我们面前的重要课题。

1. 建筑企业劳务管理中存在问题

由于建筑企业有自身特点，劳务分包呈现多层次多元化特征，劳务管理已经成为建筑企业管理难点，不同工程中的劳务管理又有个性差异，厘清建筑企业劳务管理中存在的问题，才能找到解决瓶颈问题的方法。

（1）建筑劳务成本持续上涨

随着城市化进程的快速发展，建筑从业人员数量和规模日益扩大。就深圳而言，建筑工人并不紧缺，但优秀建筑技术型工人还是比较紧张的。招聘优秀建筑工人需要提升薪金，劳务费自然就要上涨。即使普遍建筑工，其工薪也是逐年提升，而且涨幅都比较大。像混凝土主体浇筑劳务费用就达到工程施工成本的20%以上，装修工程劳务费用比例更高。这无疑要助推建筑企业劳务成本上涨。

（2）建筑企业劳务管理松散

建筑企业劳务管理有自身特点。由于多次分包，管理体系比较松散，管理措施难有作为。各个控制环节的管理，很容易出现管理真空。一旦出现劳务资源不可控、成本不可控等问题，将会导致合同履行逾期、成本预算难落实等问题，这对施工单位和建设单位都是不利的。另外，建筑工人大多是农民工，队伍缺乏稳定性，这也给管理带来一些困难。如果出现人员大幅度调整情况，也会影响施工进度和质量。因为多层分包，如果出现"包公头"拖欠工人工资等恶性事件，对建筑企业发展造成的负面影响也是不可估量的。

（3）建筑劳务成本控制缺陷

建筑企业劳务成本控制，这是建筑企业管理核心内容。工程建设有多层面多维度控制体系，建设单位有专门控制机构和人员常驻建设工地，建设施工监理也会全程介入进行成本质量控制，施工方技术人员管理人员，也需要对建设各个环节进行质量成本把关控制。虽然控制系统众多，但在一些控制环节，还会出现一些缺陷和漏洞。多层分包，自然是多层管理，各个建设单位缺少协作，甚至相互拆台，都会给成本控制造成难题。施工人员素质低下，难以保证施工质量，对原材料造成浪费，这都需要进行成本控制管理。

2. 建筑企业劳务班组组织的几种形式

建筑企业劳务班组管理有众多方式可供选择，对班组组织管理模式进行比对筛选，这是建筑企业劳务管理的首要任务。施工劳务组织有多种形式，大体分类如下：

（1）施工企业将工程项目肢解后（或扣除主材）全部发包给几家大施工单位，国外来华建筑企业一般采用这种模式。此类施工企业主要从事比较纯粹的项目管理，一般不直接管理劳务班组，也不直接采购周转材料，成本比较容易控制。这种管理模式是我国建筑法规所规避的。

（2）施工企业将全部的项目劳务按照工种分配原则，直接发包给较大的劳务班组。大班组肢解分包给小班组，这是传统型的施工项目管理方式。一般施工企业常采用的模式，其特点是各班组直接成本低，但总包项目部管理成本较高。因为特殊工种多，容易人浮于事，材料容易浪费。

大型项目需要多层次的分包并不是只有中国建筑施工采用模式。一般国外建筑施工更需要层层分包，至少经过四级，从总承包→专业分包→劳务分包商→作业工人。一个有点规模的项目分包商需要众多劳务班组作业，几家或几十家。作业班组流动性很强，队伍不够稳定，管理难度较大。发包层次多，需要总包和专业分包商有较高的管理素质和协调能力，任何一级环节违约都会对工程造成重要影响，甚至要承担违约索赔。

（3）施工总包单位扣除主材后（钢筋、混凝土、沙、石），将项目主体结构劳务直接包给一个综合型的作业大班组，或将主体结构机械设备周转材料（模板、钢管）打包发包给一个施工老板，这就是行业一般俗称的"清包工"。建筑企业的特点是利润薄，资金周转率高，如果什么都自己购买或租赁，其成本控制并不容易。这种模式有一种弊端，就是容易出现以包代管，施工质量比较难控制。

3. 建筑企业劳务班组管理模式实施措施及效果

建筑企业劳务班组管理是一项系统工程，要建立各种管理体系，分包班组进出场管理、施工现场进度管理、劳务班组成本管理和实施班组管理效果等内容，都需要采取具体措施来实现。建筑企业劳务班组管理模式，应该是建筑企业劳务管理明智选择。建筑企业劳务班组管理模式对分包责任、合同约定、施工管理和利益界定等内容，都进行了针对性优化，其管理优势明显。

（1）明晰分包责任

劳务分包需要界定责权利，这是班组管理模式管理的首要条件。从分包招投标开始，就要对招标文件中明确班组管理模式，要将具体要求列出明示在回标标书上。对报价形式的要求、对班组管理的承诺、对分包界面的规定、派驻管理人员的构成等情况，都需要给予明示。便于合理选择分包并对过程管理进行事前控制。

（2）精细合同约定

班组分包需要签订分包合同，班组成员和班组长姓名要建立花名册，便于总包对分包的管理延伸到班组。合同界定总包分包管理权限，并明示总包管理人员姓名、岗位、职责，便于形成有效管理系统。分包之后，分包班组要与工人签订劳动合同，明确劳务报酬计价方式，工人工作职责。合同符合国家相关规定，总包要参与见证。

（3）规范施工管理

建筑工程施工阶段是工程控制管理重要环节，分包商要做好班组构建引进，分包管理要和总包管理人共同对班组进行管理，对具体班组的工作分配、核量、核价等内容，要进行合理控制。对班组工人的分配组合调整，对薪资发放记录管理，总包和分包都要参与见证。建筑企业项目部与管理人员，以及班组签订责任书，明确各个施工阶段的责任和义务，并对相关奖惩制度落实情况进行管理。

（4）界定利益分配

总包与分包商共同组建管理体系，分包商利益不因为班组管理而改变，总包对分包商的责权利和工作界面进行明确界定，并对合同履行情况进行检查，确定分包商利益分配。如果分包商和班组工人能够圆满执行合同约定，总包会尽量维护分包商和班组工人应得利益。分包要全力配合总包进行劳务资源调配，充分发挥班组作业效率。

建筑企业选择劳务班组管理模式，能够有效提升成本控制水平，确保各方利益不受损失。劳务班组管理，因为有较为突出管理优势，已经被众多建筑企业所接受。现代建筑企业面临新的发展机遇，加强企业劳务管理，提高劳务管理含金量，对企业发展有重要助推作用。施工管理内容繁杂，一个环节出现问题，都有可能影响工程大局。政府相关部门对企业管理控制支持不够，这势必影响班组管理模式的顺利推广。企业要投入更多力量，努力完善劳务班组管理系统，通过合适的层级，对劳务进行逐项分解，降低管理成本，提高管理效率，这样才能确保建筑行业的健康有序发展。

4.加强建筑施工企业劳务队伍规范管理

（1）正确认识和客观评价劳务队伍在建筑中的作用和价值

一些心术不正、心态失衡的劳务队伍，出于私利损害建筑企业的形象和信誉，有的劳务队伍抓住建筑企业管理上的漏洞，以其为"把柄"要挟、敲诈，有的劳务队伍以"退场经营"为手段谋取不正当利益，这些现象已经成为劳务队伍负面评价的根本来源，也是建筑施工企业使用劳务队伍时最大的顾虑。但是，也应该客观地看到，虽然素质良莠不齐仍是我国劳务队伍的基本状况，但与20世纪八九十年代相比，目前我国建筑行业的劳务队伍已不再是"散兵游勇"，人员结构也发生了根本性变化，平均文化程度已显著提高，加上国家有关法律日益健全，劳务队伍的纪律性也得到明显加强，整体和主流是好的，发生以上问题的劳务队伍毕竟是少数，绝大多数劳务队伍是重合同，守信用，真心实意与建筑施工企业合作，特别渴望与建筑企业构建长期合作的伙伴关系，在获取经济效益的同时，寻求自身发展壮大。绝大多数组织良好的劳务队伍，都期待能够获得长远发展、长足发展。为了获取施工企业的长期青睐与合作，他们比较注重维护用工单位的利益，诚实信用，搞好在建，干好手头的活路，从安全、质量、形象、工期等各方面赢得建筑企业的肯定和褒扬，一般情况下，不可能也不愿意与建筑施工企业发生不愉快，甚至干出龌龊的事情，砸自己的饭碗，丢自己的市场。因此，建筑施工企业遇到不良劳务队伍"退场经营"或采取威胁手段要挟建筑企业等行径，在依据法律与合同据理力争直至诉诸司法的同时，更应反思自身管理上的问题：是否引进队伍时把关不严？管理是否存在漏洞？管理过程中是否出现腐败？

总之，不能"只见树木不见森林""一叶障目不见泰山"，过分看重当前劳务队伍中存在的问题，在健全管理体系、严格管理制度，尽量堵住劳务队伍的可乘之机的同时，将劳务队伍看作想干活、肯干活、愿干活、尽可能干好活的重要力量，否则，便失去了可以依靠的基本力量。只有清醒地认识到这一点，建筑企业才能制订针对性强，能够实现长远发展、实现双赢的制度措施，才能更加有效地加强劳务队伍规范管理。

（2）建立健全劳务队伍管理专门机构，变多头管理为集中管理，建立劳务队伍退出机制和保障机制，有效加强对劳务队伍的专项管理

我国许多大型建筑施工企业年产值上百亿元，甚至几百亿元，项目遍及全国各地甚至世界各国，使用着成百上千支，人数多达几万至几十万不等的劳务大军。但绝大多数建筑企业内部，没有设立专门管理本企业大量劳务队伍的专职机构，劳务队伍管理工作被割裂为几块。这种管理方式，将一个完整的、系统的涉及内容相当丰富、广泛的劳务队伍管理

割裂成几大块，但由于专业或业务限制，各部门的分管领导以及各领导管理的侧重点各不相同，也难以抽出更多精力去深入研究自己分管部门涉及的劳务分包管理业务，涉及劳务管理的各部门之间又缺乏必要的、深入的沟通交流和研究，结果只能是大家都在管，但谁也难以用心管、深入管，对于庞大的劳务大军管理，就可能出现"真空"，发生问题自然在所难免。

劳务队伍是建筑企业规模快速扩张、快速发展的重要依靠力量，是企业和谐稳定的重要因素，如果管理不到位，劳务队伍的作用不仅得不到充分的发挥，还容易滋生腐败。国有大型建筑施工企业必须建立专职的管理机构，将分散的管理职能集中到一个部门，由一个分管领导负责，变多头管理为集中管理，以充分整合劳务管理资源，集中相关的人力、物力、财力、智力。

集中化管理，能够发挥专职管理人员的主观能动性和创造性，规避劳务队伍利用多头管理缺陷和不足，有利于加强劳务队伍的自律，有利于劳务队伍管理主责部门依托现有的信息化技术和平台，建立健全劳务队伍管理信息系统，对本单位的劳务队伍进行集中监控和动态管理，随时掌控各项目劳务队伍管理和运行情况，及时发现项目管理中的隐患和问题，加强过程控制，保障项目稳健运行。同时，集中化管理，也有助于深入研究分析劳务管理中的问题，及时全面把控和掌握劳务队伍的情况和动态，整章建制抓好执行和落实，有效加强对劳务队伍的管理、定期考核、培训、信誉评价和及时调整，甚至可以吸收优秀劳务工加入到建筑企业，增强建筑企业对劳务工的凝聚力和吸引力。

我们这样做还是不够的，同时还应建立健全劳务队伍退出机制和保障机制，对那些在施工过程中不遵守企业管理制度和各项规定，我行我素，不服从管理，或者质量信誉评价较差，或者给企业形象和信誉造成负面影响等的劳务队伍，坚决予以清退，并录入劳务队伍管理信息系统"黑名单"，彻底取消其参与企业任何项目劳务的资格。同时，对于履约能力强、经营诚信度高的劳务队伍，应建立相对稳定的长期合作关系，企业范围内的项目所需劳务优先为其提供。

（3）强化引入责任，加强源头控制，把好劳务队伍进入建筑企业的"入口关"，规范劳务队伍引进

把好劳务队伍的"入口关"，强化引入责任，规范劳务队伍引进，加强源头控制，是加强劳务队伍规范管理的关键环节和重要前提。目前，国有建筑施工企业的劳务队伍引进，绝大多数单位措施制度齐全，实行公开招标、领导班子集体决定。但现实情况往往是形式上集体决策，实际上看主要领导脸色行事，企业主管部门或者上级甚至上上级等更大的领导层层打招呼的现象更是屡见不鲜。由于决定权与使用管理权的脱节，现场需要使用劳务队伍时，项目部主要领导根本无权做主，班子其他成员更不必说，甚至，项目班子为了迎合上级，还得想方设法为领导介绍的劳务队伍创造条件中标。

因此，我们与其遮遮掩掩，不如敞开大门，放手引进劳务队伍，建立劳务队伍储备，由企业择优选择，形成良性竞争。只要具备一定资格条件，都可以推荐介绍劳务队伍，一

视同仁参加劳务招投标，不搞任何特殊，不享任何特权，领导干部同样可以公开推荐。建立劳务队伍"推荐人负责制"，明确规定只有经过推荐人签认的劳务队伍，才具有按照招投标管理办法参与项目劳务分包投标的资格。这种方式，既可以解决建筑企业或项目选择劳务队伍必须考虑领导意图的问题，又可以解决领导干部因介绍队伍违反廉洁从业规定的担忧，还可以赋予广大职工群众监督权。当然，权责必须对等，推荐队伍，就应该承担责任，推荐者必须负起关注、动态掌握和监管劳务队伍的责任，特别是劳务队伍因自身原因被清退出场时，须承担连带责任。这一措施，在这里原来所在的中铁二局某公司执行后效果良好，该公司也因劳务队伍管理逐步加强，三年内从负债累累濒临破产走上了扭亏为盈良性发展的道路。这期间，该公司也有一些推荐劳务队伍的领导干部，因承担连带责任而受到降职、免职和经济处罚。

（4）加强劳务队伍管理过程控制，把住"六道关口"，有效规范劳务队伍管理

要加强劳务队伍规范管理，必须从劳务队伍中标项目后参与项目的每一个环节入手，加强过程控制，把住"六道关口"，恪守管理规范，严格管理流程。

一是要把好合同签订关，严格坚持未签合同或协议不得进场施工。否则，易为项目和企业埋下隐患，给单位造成不必要的损失。建筑施工企业要坚守这项制度规定，这也是建筑企业多年来从"血的教训"中得来的经典总结，先签合同，起码对双方责权利有个约定，尤其对劳务队伍具有一定的约束力，至少能够规避一些风险，让项目和企业利益在遭遇不良劳务队伍的不良行为时能够获得法律上的必要保护和支持。

二是要把好劳务单价确定关。先定单价至关重要，可以堵塞劳务队伍在施工过程中寻求各种借口、编造各种理由抬高劳务单价的渠道和路径，可以有效保证项目和企业的利益。当然，劳务单价一定要科学合理，必须考虑劳务队伍一定的利润空间。一般来讲，上级核定的红线单价已经充分考虑了包括劳务队伍利润在内的多种因素，具有较为灵活的操控空间，因此，项目部给予劳务队伍的劳务单价必须控制在上级核定的红线单价内，未经审批，不得擅自突破和超越。

三是要把好施工过程关，严格坚持安全规范和质量标准。绝大多数劳务队伍为了达到其不良目的，总会在施工过程中千方百计寻求施工单位管理监控上的不足或漏洞，违反安全规程投机取巧或降低质量标准偷工减料，由此给工程项目埋下安全质量隐患，给企业种下"风险"，甚至可能最终成为其要挟建筑企业的"死穴"或"命脉"。因此，必须严格坚持安全规范和质量标准，加强劳务队伍的施工过程监控，消除安全质量隐患，降低和杜绝企业风险。

四是要把好验工计价关，严禁超验超拔。对劳务队伍的验工计价，必须按照企业的管理规定，由相关的多个参与主体严格遵循流程规范，如实验工，如实计价，不得超验超拔。对于变更设计部分，必须具备完善的手续方可验工计价，以避免给项目和企业造成损失。

五是要把好资金拨付关，严格坚持合理控制有效使用资金原则。资金是保障项目正常运转的重要因素。对劳务队伍资金的拨付，必须控制在合理的验工计价范围内，不得超拔，

这是基本原则。同时，要监控拨付给劳务队伍的资金的流向，监督或协助劳务队伍支付发生在本项目的材料款、人工费和机械费，防止劳务队伍将本项目的资金挪作他用，以便影响本项目的施工生产的正常进行。

六是要把好清算关，严格坚持审批制。要严格按照企业的管理制度和流程实施对劳务队伍的清算，哪些该给，哪些不该给，该给多少，双方必须要明确，清楚；尤其是超越一定额度的补偿或变更，项目部不得擅自决定，必须经上级审批。同时，要督促劳务队伍廓清其与本项目有关的所有债权债务和责任义务，方可作彻底清算。

（5）加强企业自身内部管理，严控安全质量，严格廉洁从业，尽量避免出现可能被劳务队伍拿捏的"死穴"或"命脉"

"苍蝇不叮无缝的蛋"，不良劳务队伍之所以能够要挟或敲诈用工单位得逞，根本原因是企业自身内部管理有问题或者存在漏洞，从而成为对方的"把柄"或者"筹码"。企业的各项规章制度必须严格执行，不得打折扣，尤其涉及安全、质量管理方面的政策、措施和规定，更是不能有丝毫的马虎。劳务队伍是整个施工过程的参与者和见证者，任何涉及工程安全、质量的隐患或问题或不足，都可能是今后引发施工企业信誉、形象受损的重大风险源，可能成为劳务队伍要挟施工企业的"死穴"或"命脉"。腐败问题，也是劳务队伍要挟建筑施工企业的重要"筹码"，一朝被腐蚀，就可能成为别有用心劳务队伍要挟个人或企业的"利器"或"定时炸弹"。在劳务队伍引进、管理过程中，建筑施工企业的领导干部和管理人员，必须坚决执行廉洁从业的各项规定，廉洁从业，抵制住个别劳务队伍为了谋取不当利益而发出的"糖衣炮弹"的攻击和诱惑。

通过以上分析与设计，要做好劳务队伍管理工作，并非难事。只要我们少些私心杂念，多些公开透明；少些以权谋私损公肥私，多些企业利益集体利益；少些个人独断，多些民主参与；少些吃拿卡要，多些帮助服务，这"四少四多"，就是管好劳务队伍的"制胜法宝"。要旨在于：管好劳务队伍，首要的管好自己，管好自己，就一定能管好劳务队伍；帮助劳务队伍就是帮助企业自己。

（6）改善建筑劳务队伍的社会环境，为建筑施工企业劳务队伍的规范管理提供保障

做好劳务队伍管理工作是建筑施工企业的事情，但建筑劳务队伍外部的社会环境，给建筑施工企业劳务队伍管理增加了难度和困难。在我们对劳务队伍管理的实际工作中深深地感觉到有的问题是政府和社会应该做好的事情。一是政府进一步投入资金，加大培训，提高劳务人员的整体素质。劳务人员中大量的是农民工，其文化水平较低，没有职业技能，不懂法。对他们进行培训，提高素质，这样可以减少一些摩擦，减少在管理上的矛盾。二是建立和规范劳务行为的法规，有助于劳务队伍管理。当前，规范劳务行为的法规滞后，没有形成规范的建筑劳务交易平台。除个别地区的劳务分包交易已进入有形建筑市场外，全国大部分地区的分包劳务交易基本还停留在使用"包工头""私招滥雇农民工""挂靠农村包工队"的初级阶段。因此，劳务人员的合法权益得不到保证。所以，这些劳务人员的心思一半用在工作上，一半用在对付劳务企业和建筑施工企业。在建立和发展劳务企业

的相关法规滞后的情况下，许多包工头宁愿挂靠、私下雇工，不愿注册为合法的企业，接受规范的市场管理。这样给建筑施工企业劳务队伍的规范管理带来很多弊端，影响着企业劳务队伍的规范管理。因此，政府要加快劳务行为法规的完善和建设，扫平障碍，为建筑施工企业劳务队伍的规范管理提供保障。三是要尊重劳务人员，使他们在心灵上得到平衡，遵守管理制度，服从管理。在社会上，普遍歧视建筑劳务队伍，劳务企业及劳务人员地位低。从客观上使他们的心理受到了较大创伤，发生与规范管理不和谐的言行也就层出不穷，在规范管理上也增加了难度。所以，在社会上，我们要尊重劳务人员，特别是我们的建筑施工企业更应该做好，这样在规范管理的对象上就有良好的基础。涉及影响劳务队伍规范管理的社会环境，随着时间的推移，社会大环境的变化，会出现这样或者那样的问题，我们都要去面对和解决，创造一个良好地外部的社会环境，促使建筑施工企业劳务队伍规范管理的顺利进行。

第二节　材料管理

在实际的工程建设中，做好建筑材料的管理工作，不仅可以有效地降低建筑成本，而且也保障了工程质量。在竞争日渐激烈的建筑市场中，做好风险管理，实现规范、预警及风险转移已经成为建筑企业面临的新问题。建筑材料的管理在整个施工过程中具有举足轻重的作用，它的目的就是用具有优良性价比的建筑材料来使生产、施工得到满足，在施工过程中对材料的数量和质量进行有效控制，将工程的材料成本控制在最小范围内。因此，做好建筑材料的管理，对保证工程质量、降低施工企业生产成本、提高施工企业经济效益具有非常重大的意义。

一、建筑施工材料管理的方法

1. 施工前的材料预算管理

质量管理在管理方案控制和制订之前就要针对其目标制定出严格的控制依据和控制措施。事先进行周密的调查、规划，并创造必要的物质条件。做好在现场材料进行管理中的各种管理方案和管理技术要求，首先要做好施工前的准备。如果准备不周而仓促开工，在其管理的过程中势必会出现各种不利因素的出现，如各种混乱和其他管理中的缺陷，使得在管理够工作中出现其各种被动状态。

材料供应部门必须按照材料计划，并根据施工进度，有计地组织材料进场。做好市场调查，在材料选择的过程中要采用货比三家的方法进行价格和质量的监测，掌握建筑材料的市场行情，取得材料采购中的主动权。在货物采集的过程中要通过对各方进行协调和配合，积累过去各种材料和资料的应用方式和订购数量。合理地制订出对各种材料质量和数量的利用方式，避免造成不必要的浪费。根据施工需要，按计划有条不紊地供应所需材料。合理的安排当前各种材料贮备工作，减少资金的占用量和占用措施是当前发展的前提关键。这就需要择优选购，尽量做到先本地，后外地；先批发，后零售；比质量，比价格，比运距和算成本，防止材料舍近求远，重复倒运，加强经济核算，努力降低采购成本，最终选择运费少、质量好、价格低的供应单位。

2. 施工材料的储存堆放管理

材料储存是材料管理的中间环节，对实物管理起着至关重要地作用。储存环节一旦管理混乱、把关不严，将导致整个材料管理的混乱。这个环节容易出现的问题主要有以下几个方面：

（1）疏于防火、防盗、防潮等安全措施。

（2）库房材料摆放零乱，无标明品名、厂家、生产日期、型号、规格等的标识卡片。

（3）没有登记材料收、发、存台账，无月度、季度材料收支动态表。

（4）仓管人员给采购人员出具假入库单，同采购人员共同实施违法活动，或者与领料人员合谋将库存材料领出卖掉或私分。

（5）仓管人员故意刁难供货方，以索取好处费。

3. 施工过程中的材料管理

认真执行材料验收、发放、退料、回收制度。建立健全原记录和各种台账，按日组织盘点，抓好业务核算。首先，坚持材料进场验收，防止损亏数量，认真做好现场材料的计量验收和台账记录，不同材料和不同的运输方式，采取不同的验收方法进行验收。如遇数量不足、质量差的情况，要及时退回，并进行索赔。其次，严格执行限额领料制度。控制材料消耗。施工技术人员根据工程需要制订详细的材料定额使用量计划，对施工班组下料进行合理使用指导，对超定额用料，经过原因分析后审批方可出库。第三，根据本日材料消耗数，联系本月实际完成的工程量，分析材料消耗水平和节超原因，制订材料节约使用的措施，分别落实给有关人员，并根据尚可使用数，从总量上控制今后的材料消耗，而且要保证有所节约。第四，做好余料的回收和利用，为考核材料的实际消耗水平，提供正确的数据。

现场平面规划要从实际出发，因地制宜，堆料场所应当尽可能靠近使用地点及施工机械停放的位置，避免二次搬运，造成人工和机械地重复投入，不能选在影响正式工程施工作业的位置，避免仓库、料场的搬家，现场运输道路要坚实，循环畅通，装卸方便，符合防潮、防水、防雨和管理要求。

4. 材料进、出仓的管理

及时准确提供材料的进出仓数量，以提高材料计划采购的准确性。首先是编制单位工程材料计划，要根据工程进度计划，需要哪些材料，材料的数量必须由技术员、统计员、材料员、班长共同计算核对，层层把关，并根据施工进度及时进场，确保生产顺利开展。如果材料进场数量多了，不仅造成浪费，而且占用大量资金，会增加工程成本；提供数量不足，不仅影响生产，也增加了不必要的费用。

材料在点收入库时，验收人员应清点数量是否与发货单相符，检验质量是否符合同规定的标准，核对规格型号及计量单位是否符合规定的要求，并向供货商索取有关技术证书、产品合格证。对残次等不合格材料或因施工方案变更不需用的材料应及时通知供货商，按规定办理退货手续。而实际上，现场验收人员或者因缺乏责任心，或者因收取供货方的好处而怠于查验，致使材料数量不够或质量不符合规定要求，影响了工程质量，给企业造成损失。

5. 作好周转材料的护养和维修工作

（1）钢管、扣件、U型卡等周转材料要安规格、型号摆放整齐，并且在上次使用后要及时对其进行除锈、上油等维护工作，扣件还要检查上面的螺丝是否还能使用，不能使用的要及时更换螺丝以不影响下次的使用。方木、模板等周转材料要在使用后要按其大小、长短堆放整齐成型，从而便于统计数量。

（2）在使用时，相应的负责人员要认真盘点数量，材料员办理相应的出库手续，并由施工队负责人员在出库手续上签字确认。当工程结算后，应要求施工队把周转材料堆放整齐便于统计数量；如果归还数量小于前面应归还数量。要对施工队做出相应的处罚措施。

6. 工程收尾材料管理

搞好工程收尾，可以将主要力量和精力迅速地向新的施工项目转移。当工程接近收尾，材料使用已超过70%，要认真检查现场存料，估计未完工程的用料情况，在平衡的基础上，调整原用料计划，消减多余，补充不足，以防止工程完工后出现剩料的情况，为工程完、场地清创造条件。将拆除的临建材料尽可能考虑利用，尽量避免二次搬运。对施工中发生的垃圾、钢筋头、废料等。要尽可能的再利用，确实不能利用的要随时清理，综合利用一切资源。对于设计变更造成的多余材料，以及不再使用的料具等要随时组织退库，妥善保管。及时提出竣工工程用料情况分析资料。如果忽视收尾的管理，不仅影响转移，分散精力，而且会造成人力、物力、财力的浪费。

建筑工程随着单签社会发展其施工结构形式和生产方式不断地完善，在施工的过程中对各种管理和控制方法的要求不断地提高。在建筑项目施工过程中，做好上述一系列材料管理工作，对当前建筑工程施工中其施工质量的提高和材料成本的损耗降低有着不可估量的作用，更是当前施工企业和施工单位在施工中施工效益提高的主要关键方法。在材料管理中要进一步的细化各种管理措施和管理工作，以严谨的态度和科学经验来提高和保证施工任务的完成过程。

二、建筑施工材料的供应与管理

1. 掌握建筑施工材料的政策法规

在我国的施工建设中，大多数建筑材料的使用与采购都能找到与之相适应的法律或者文件规定。例如，《建设工程质量管理条例》就对水泥、钢材、石材、砂石、混凝土、砌墙材料、胶合板等建筑材料的使用有明确规定。同时根据《建设工程质量管理条例》的指示精神，工程项目部要对每天进入施工现场的材料填写《建设工程材料采购验收使用综合台账》，目的是保证交易数量和实际使用量的高度一致，并且要求建筑单位的有关负责人签字。

2. 制订严格的材料计划管理

在建筑材料的管理工作中，材料计划管理是必不可少的重要环节。在工程开工前，企业的材料管理部门要做好材料使用的一次性计划，为日后的供应备料提供依据。在施工过程中，随着实际的施工进度会对施工预算进行调整，要及时向材料部门提出调整，根据工程实际的执行动态情况，及时的变更及调整的建筑施工预算，并且告知企业材料部门，改变供料的月计划；作为动态供料的依据；在加工周期内，应该严格的遵守施工图纸和进度计划安排，在允许时间内制订加工计划，将其作为相关施工材料供应部门组织材料加工和向施工现场运送材料的依据，同时，还应根据施工平面图中设计的施工现场，制订施工用料计划，并报送施工材料供应部门。

3. 针对材料供应市场进行调研，确认合格的材料

在准备购进建筑材料之前，可以对市场行情进行考察调研，通常考察的主要范围有两个，一个是建筑业界，另一个是生产经营厂商。考察调研建筑业界，可以有效精准的掌握材料生产厂家的产品质量、价格状况等多方面的情况。对生产经营商进行考察调研，要对材料生产企业的质量控制体系进行重点考察，确认其是否拥有国家或者行业颁发的产品质量合格认证，还要对材料生产商的各种生产经营手续进行审核，手续是否齐全完善；同时对生产经营商的生产规模、销售业绩、售后服务等情况进行实地考察。这样是为选择质优价廉的建筑材料提供第一手资料。

4. 把好建筑施工材料的进场检验关

建筑材料验收入库时，验收方必须向供货方索要材料的防伪证明。在施工过程中，监理人员要严格的对进场材料进行质量检验，实施检验的技术人员或者单位要具有省级以上的颁发的考核合格证书，具有检验的能力，方能进行检验工作，同时对于建设的重点工程施工所用的主要建材，必须要引进第三方检测单位，以确保材料质量，把好材料的进场检验关。

5. 施工过程中的建筑材料管理

在建筑施工过程中，施工阶段是材料的消耗阶段，该过程要对施工材料进行改造和加工，因此，在材料使用过程中，要加强材料管理工作，其中心任务是妥善保管进场物资，保证施工材料的质量，同时科学合理、严格的使用各种建筑材料，将材料消耗降到最低，确保管理目标的实现。

（1）施工前的准备工作：工程施工前，要对工程进度要求进行了解和掌握，准确把握各类材料的质量要求和需求用量。为材料进场做好平面布置规划，为了方便工程施工要做好道路、仓库、场地等基础设施的相关准备。

（2）施工中的组织管理工作：对材料的进场进行合理安排，严格落实好现场的材料验收工作。准确掌握工程进度，保证材料的配套供应计划可以及时得到调整。为了杜绝浪费，减少损失，必须妥善保管好现场物资，并合理安排料具的使用。

（3）施工收尾阶段：依据具体的收尾工程，做好料具清理工作，并将多余的料具退回库房。把不用的淋湿设备进行拆除，同时还要做好对废旧物品的利用、回收工作。对材料进行统一的结算，对材料管理成效和施工项目材料消耗水平等进行总结和分析，为日后的管理提供经验。

三、做好建筑材料的价格管理

1. 把我市场行情，降低材料价格

要及时了解和掌握准确的市场信息，对建筑材料的市场价格进行大面积的广泛收集。建筑施工材料的价格收集是指对建筑材料的生产地以及市场进行详细的调查和分析，进行信息采集，该项工作量大，涉及的领域比较广泛，比较复杂，因此在进行材料价格信息收集时，必须认真细致的对市场进行调研，以便能够掌握施工材料的真实价格水平，尽量降低材料价格。

2. 掌握建筑材料市场位置，合理安排材料运输

材料的运费支出是构成材料采购费用的一项重要内容，如果做好运输费用的节约工作，材料采购的成本也可得到有效降低。通常运输费用的节约问题可以从这几方面考虑：在购定材料时，一定要考虑到运输距离，如果在材料价格基本相同的情况下，材料的性能和质量都能达到材料采购方案的要求，应该选择距离施工现场最近的地点进行采购，并且最好保证运输一次性到位，减少运输次数和装卸费用。

3. 采取合理的材料购买方式

基于这里多年的实践，并广泛吸取众多建设单位的经验，对于采购供应模式进行如下总结：

（1）业主方可以根据市场行情确定材料的价格，监理单位和承建方可以广泛参与。业主方可以直接走进市场，多方对比和选择，挑选物美价廉的材料。但是很多情况是，业主方主要用招标的形式来确定材料价格。

（2）对于在施工过程中的重要材料，可以由甲乙双方共同采购，质量也由甲乙双方共同控制，如果出现不符合质量要求的建筑材料，施工方有权拒绝使用、要坚决予以退回。

（3）在对工程进行结算时，材料价格要以实际的购买价格为基础，采用加权平均法的方式进行计算，需要注意的是这里包含运杂费。由承建方自行采购的少数辅助材料，则要按信息价。

综上所述，在建筑项施工过程中，做好上述一系列材料管理工作，对提高工程质量、降低材料损耗和节约工程成本将起到事半功倍的作用。

第三节　资料管理

施工资料是新的质量管理体系的重要组成部分，它不仅保证工程质量的重要技术手段，也是反映质量的纸质载体；同时它还是单位工程日后进行维修、管理、扩建和改建和最重要地档案资料。因此，做好施工资料管理工作，对于确保结构的安全和使用功能，提高工程质量有着十分重要地意义，但在实际工作中，许多施工单位只重视实体工程质量而轻视工程资料管理，对施工资料的收集、整理、归档工作不够重视，在施工资料编制与管理中还存在诸多问题需要进一步改进。

一、工程资料的重要性及资料员的职责要求

工程资料越来越受到建设领域的高度重视，因为它是建筑物在设计、施工过程中的全记录，是保证施工质量的重要组成部分。施工资料管理重在过程管理，作为资料员要明确自己的职责范围、技术资料的内容、资料的收集与归档管理、竣工资料的整理及装订，资料员应认真学习和掌握各有关施工规范、规程、标准以及行业主管部门颁布的文件、规定，熟悉全国质量验收记录表的格式与填写要求。在资料收集、整理工作中，应该特别强调的是严谨闭合，实事求是，对重要地技术资料应保密，对工程资料有查阅和分配权。施工项目的资料管理应实行技术负责制，逐级建立健全施工资料管理岗位责任制。

二、施工资料的组成及收集和整理

施工资料是以单位工程为组成单元，按照专业类别进行整理。

施工单位的施工资料应以各施工过程中形成的重要资料为主进行收集、整理。一般可以分为如下几个阶段进行收集和整理：工程施工前资料的收集和整理、施工过程中各分部工程资料的收集和整理、施工竣工验收阶段的资料收集和整理。

1. 工程施工前资料的收集和整理

工程施工前，应收集工程动工审批表，施工许可证，地质勘查报告，施工图纸，开工报告及施工组织设计等相关资料。

（1）熟悉图纸把各标号配合比送实验室检测、把水泥、钢筋送检、在开工前把各种材料、配和比试验报告取出。

（2）报送施工组织设计、各种安全施工方案做图纸会审、以及施工单位资质、资格证。

（3）配合建设单位做报建资料、做开工报告。

（4）开工前把水泥、钢筋送检报告、混凝土送检报告报送监理。

如果有塔吊的要报送塔吊基础施工方案并按质检站要求把安全资料收集齐全。

2. 工程施工过程各分部工程资料的收集和整理

（1）各分部工程资料一般包括原材料、半成品、成品出厂合格证和进场试验报告，施工试验报告，施工记录，预检记录，隐检记录，分部工程结构验收记录，技术交底，分项检验批验收记录，设计及变更洽商记录等。其中检验批的划分，思路要清晰这是关键。以后所有建筑、装饰的检验批隐蔽、混凝土试块留置、砂浆试块留置都是按照所划分的检验批为单元做相应的试验以主体分部工程为例，在收集和整理分部工程资料中应该注意以下几点：

（2）做好施工试验资料的收集和整理

在施工前应根据施工组织设计的要求做好钢筋、水泥、砂、石等原材料试验计划方案，做好同条件养护试验计划及钢筋焊接试验计划，在原材料送检中批量要符合要求，混凝土批量及留置组数应符合规范和标准要求。当硬性水泥储存超过一个月必须进行检验并提供复验的试验报告，符合要求才可使用，进口材料和设备应有商检证明和中文标识的质量证明文件，性能检验报告以及中文版的安装和使用及维修的要求等技术文件。

（3）做好施工记录和隐蔽工程验收记录

隐蔽工程检查记录即对隐蔽工程进行检查，并通过表格的形式将隐检的内容、项目、质量情况、检查意见和复查意见等记录下来，作为质量控制的检查依据同时也作为将来各项建筑工程的合理使用、维护、改造、扩建等所需要的重要资料。凡未经过隐蔽工程验收或验收不合格的工序，不得进行下一道工序的施工，隐检合格后方可进行下道工序的施工。施工记录是对施工过程的记录，是体现施工现场最基础的操作记录，要求详细完整。

（4）及时收集整理设计变更和工程洽商记录设计变更

工程洽商是工程竣工图编制的依据、也是工程竣工结算以及施工过程质量控制的重要依据。其内容的准确性与否直接影响竣工图的质量。因此重要强调以下两点：

①分专业整理。

②注明修改图纸的图号。若在后期的施工中，出现对前期的某一变更或其中某条款进行重新修改的情况，必须在前期修改条款上做出明确注明。收集设计变更和工程洽商记录时候，应有建设单位及监理单位的签字和盖章才生效。

（5）认真做好分部分项等质量控制资料的编写和收集

分部工程的质量验收是在分项工程验收合格的基础上，而分项工程质量验收是在检验批验收合格的基础上进行的。除了对该分部工程中所包含的分项工程的质量验收记录合格的基础上还要检查质量控制资料的完整性、主体结构的质量和功能是否符合要求以及质量观感是否合格。

（6）做好技术交底及施工日志的收集

技术交底要明确工程质量要求和安全要求，技术交底内容全面要符合相关规范和法规的要求，技术交底记录要求完整并列入工程档案，技术交底要以书面形式履行签字手续。

施工日志是项目施工的真实写照，是验收记录的原始记录，也是竣工总结和质量原因分析的依据。对施工日志的填写要求：1.施工日志要逐日填写，准确反映施工现场生产情况；2.施工日志要反映施工时间、天气情况、人员情况、施工部位以及施工机械等情况；3.施工日志记录与施工生产有关的内容，除生产情况记录和技术质量安全工作记录完整外，若施工中有安全或质量事故也要体现在施工日志中。

3.施工竣工记录的收集和整理

（1）一项工程完成后，在收集整理好各分部工程资料后，进入竣工资料的整理阶段。施工单位出具《工程竣工报告》，向建设单位和监理单位报告工程已完成，要求进入竣工验收程序并提供全套施工技术资料并交监理机构核查，监理机构核查技术资料和工程实体，认可技术资料完整齐全整理有序，工程实体已按设计合同要求完成后，交由建设单位在《工程竣工报告》上签章，签章后工程进入工程竣工验收阶段。

（2）收集监理设计勘查三方分别出具竣工验收报告资料。

（3）收集单位工程质量竣工验收记录，汇总表，工程质量主要控制资料核查记录，安全和使用功能检验资料核查及主要功能抽查记录，观感检查记录。

（4）编制竣工图。

三、工程资料的归档与移交

工程资料的归档必须是准确系统，并能够反映工程建设活动全过程的文件材料，归档文件必须是经过分类整理，并组成符合要求的案卷。

工程资料的移交应符合相应规范和当地档案馆的要求进行移交。

综上所述工程资料必须做到及时性，真实性，准确性完整性以外还要符合相关规范的要求。

通过对建设工程参建的五方责任主体资料进行分析研究，总结出了各方应收集整理的资料内容和要求，对资料的管理方法提供了指导意见，为以后的建设工程项目施工技术资料管理提供了依据。

四、工程资料管理问题与对策

1.存在的主要问题

（1）原始资料收集不齐全，复印件未加盖保存单位公章，资料有效性值得怀疑。

（2）施工资料填写不规范，内容不完整，记录流于形式，未能真实地反映工程实际情况。

（3）施工记录资料签认手续不全，个别有代签现象。

（4）施工资料与工程建设不同步，竣工项目资料未及时归档。

（5）分类组卷不规范，不便于查阅。

2.问题产生的根本原因

这些主要问题的存在最终将导致施工资料无法全面地反映工程实体质量状况，也不能有效落实工程质量责任制，并给工程竣工档案编制、工程使用和维护带来极大的困难。分析其产生的根本原因，主要有三个方面。

（1）施工单位对工程资料管理工作不重视，没有健全的工程资料管理制度或者管理制度落实不到位。

（2）施工单位资料管理及操作人员业务素质低，没有经过专业培训，不具备资料管理水平或操作能力。

（3）监理人员对工程资料的编制和管理工作任其自然，没有及时核查和督促。

3. 解决问题的有效途径

（1）全面提升素质

首先，施工企业要健全施工资料管理制度，设立专门的管理机构负责施工资料的管理工作。其次，定期组织资料管理人员和操作人员进行业务培训或者参加建设主管部门举办的资料员上岗培训，提高他们的专业知识水平和工作责任心，为做好施工资料的编制和管理工作打好基础。第三，结合工程实际，每个项目部配备1～2名具备资料员上岗资格的技术人员负责施工资料的编制和管理工作。第四，监理人员对施工资料要及时核查、签认并督促施工单位做好施工资料的编制与管理工作。同时，施工企业要将施工资料管理工作列入业务考核范围，从思想意识上重视资料管理工作。定期对各项目部的资料管理工作进行检查评比，奖优罚劣。

（2）注重收集资料

由于施工资料形成的周期较长、来源广泛、形式多样，因此建设工程施工资料要从建设初期的原始资料开始随工程进度同步收集。收集的资料应真实反映工程的实际状况，具有永久和长期保存价值的资料必须完整、准确和系统。施工资料收集的要求：首先，施工单位应按项目管理的要求指派专人（一般为项目资料员）负责施工资料的收集、报审、保管工作；其次，注意施工资料收集的真实性、有效性和及时性。第三，资料收集整理时要尽可能采用原件，如复印件，应注明原件存放单位并由存放单位加盖公章。

（3）规范填写资料

工程资料管理要求施工资料真实、准确、完整，如实反映工程建设的实际状况。如何真实反映工程建设的实际状况，关键在于资料的填写应把握八个环节：

①如实地反映工程施工、监理和验收的过程和实际情况。

②紧密结合相关的规范、标准要求，准确记录。

③记录表格尽量使用标准格式。

④文字记录清楚，图表记录清晰。

⑤签字齐全，验收记录、验收日期完整。

⑥验收记录履行程序正确，流程完备。

⑦单位、分部、分项工程和检验批划分要合理。

⑧验收意见文字简练、用词规范、尽量使用标准规范用词，避免使用基本符合等用词。

4. 合理的分类组卷，分类组卷的五项原则

（1）工程资料应按单位工程组卷。

（2）卷内资料排列顺序应依据卷内资料构成而定，一般顺序为封面、目录、资料部分、备考表和封底。组成的案卷应美观、整齐。

（3）卷内存在多类工程资料时，同类资料按自然形成的顺序和时间排列，不同资料之间的排列可按照建设工程文件归档整理规范要求顺序排列。

（4）案卷不宜过厚，要求一般不超过40mm且案卷不应有重复资料。

（5）对于专业化程度高、施工工艺复杂、通常由专业分包施工的分部工程应分别单独组卷，如钢结构、幕墙、电梯、智能建筑等分部工程均应单独组卷。

5. 分类组卷的四项内容

工程资料分类组卷按照性质分为四大类，即工程技术档案资料、工程质量保证资料、工程质量验收记录资料和工程竣工图。

工程技术档案资料包括内容：开工、竣工报告设计，项目经理、技术人员聘任文件类按有关规定归档保存，施工组织设计，图纸会审记录，技术交底记录，设计变更通知，地质勘查报告，定位测量记录，基础处理记录，沉降观测记录，混凝土浇筑令，工程技术复核记录，质量事故处理记录，施工日志，建设工程合同，工程质量保修书，工程预（结）算书以及施工项目总结等。

工程质量保证资料包括原材料、构配件、设备及器具的质量证明文件和进场试验报告等，这些资料要反映施工过程中质量的保证措施和控制情况。各专业工程质量保证资料按照建筑与结构、给排水、建筑电气、通风与空调、电梯、建筑智能六个分部将图纸会审、设计变更、原材料及构配件的合格证及复试报告、各种试验、检查（测）记录等分别组卷。尤其是混凝土、砂浆试块抗压强度试验报告和评定记录；土壤试验记录、打桩记录；地基验槽记录；结构吊装、结构验收记录；隐蔽验收记录；锅炉烘炉、煮炉、设备试运转记录；电气设备试验、调整记录；绝缘、接地电阻测试记录；电梯的空、满、超载运行记录等资料应齐全。

工程质量验收资料按建筑工程质量验收统一标准GB50300-2001要求按单位工程、分部、分项工程及室外工程分别进行编制，主要包括：质量管理体系检查记录；检验批、分项、分部、单位工程质量验收记录；质量控制资料检查记录；安全和功能检验资料核查记录；观感质量综合检查记录等。工程竣工图应逐张在图标上方空白处加盖竣工图章。竣工图章的内容应包括：发包人、承包人、监理人等单位名称、编制人、审核人、编制时间等。

6. 及时归档保存

建设工程施工资料是工程使用、管理、维修和改扩建的原始依据，如果缺少了这项重要依据，就会给今后的工作带来不便，因此，工程竣工验收前，施工单位技术负责人首先应对本单位形成的施工资料进行竣工前检查，然后报监理单位审查，经监理审查后，由建设单位按照国家有关规定和城建档案管理要求，组织相关单位对汇总的工程资料进行验收，

符合要求后方可组织工程竣工验收。工程竣工验收通过后，施工单位要按照合同约定的时间、套数将施工资料移交建设单位并办理移交手续。凡列入城建档案管理范围的工程资料竣工验收 6 个月内由建设单位汇总后移交城建档案馆保存。

施工资料管理是贯穿于建设工程始末的一项重要工作，它与工程同步，工程资料必须真实地反映工程的实际情况，具有永久和长期保存价值的文件材料必须完整，准确，系统，各种程序责任者的签章手续必须齐全。施工单位应本着预防为主的原则，管理好施工资料，以达到施工资料能够真实地保证和反映施工进度及工程质量，具有可预控性和可追溯性的目的。

第四节 档案管理

一、施工单位在建设工程档案管理中的主要职责

（1）实行技术负责人负责制，逐级建立健全施工文件管理岗位责任制。配备专职档案管理员，负责施工资料的管理工作。工程项目的施工文件应设专门的部门（专人）负责收集和管理。

（2）建设工程实行施工总承包的，由施工总承包单位负责收集、汇总各分包单位形成的工程档案，各分包单位应将本单位形成的工程文件整理、立卷后及时移交总承包单位。

（3）可以按照施工合同的约定，接受建设单位的委托进行工程档案的组织和编制工作。

（4）按要求在竣工前将施工文件整理汇总完毕，再移交建设单位进行工程竣工验收。

（5）负责编制的施工文件的套数不得少于地方城建档案管理部门要求，但应有完整的施工文件移交建设单位及自行保存。

二、施工文件档案管理的主要内容

施工文件档案管理的内容主要包括：工程施工技术管理资料、工程质量控制资料、工程施工质量验收资料、竣工图四大部分。

1. 工程施工技术管理资料

工程施工技术管理资料是建设工程施工全过程中的真实记录，是施工各阶段客观产生的施工技术文件。主要内容包括，图纸会审记录文件，工程开工报告相关资料（开工报告表、开工报告），技术、安全交底记录文件，施工组织设计（项目管理规划）文件，施工日志记录文件，设计变更文件，工程洽商记录文件，工程测量记录文件，施工记录文件，工程质量事故记录文件以及工程竣工文件。

2. 工程质量控制资料

工程质量控制资料是建设工程施工全过程全面反映工程质量控制和保证的依据性证明资料。应包括原材料、构配件、器具及设备等的质量证明、合格证明、进场材料试验报告，施工试验记录，隐蔽工程检查记录等。

3. 工程施工质量验收资料

工程施工质量验收资料是建设工程施工全过程中按照国家现行工程质量检验标准，对施工项目进行单位工程、分部工程、分项工程及检验批的划分，再由检验批、分项工程、分部工程、单位工程逐级对工程质量做出综合评定的工程质量验收资料。但是，由于各行业、各部门的专业特点不同，各类工程的检验评定均有相应的技术标准，工程质量验收资料的建立均应按相关的技术标准办理。

4. 竣工图

竣工图是指工程竣工验收后，真实反映建设工程项目施工结果的图样。它是真实、准确、完整反映和记录各种地下和地上建筑物、构筑物等详细情况的技术文件，是工程竣工验收、投产或交付使用后进行维修、扩建、改建的依据，是生产（使用）单位必须长期妥善保存和进行备案的重要工程档案资料。竣工图的编制整理、审核盖章、交接验收按国家对竣工图的要求办理。承包人应根据施工合同约定，提交合格的竣工图。

三、施工文件的立卷

立卷是指按照一定的原则和方法，将有保存价值的文件分门别类整理成案卷。

1. 立卷的基本原则

施工文件档案的立卷应遵循工程文件的自然形成规律，保持卷内工程前期文件、施工技术文件和竣工图之间的有机联系，便于档案的保管和利用。

（1）一个建设工程由多个单位工程组成时，工程文件按单位工程立卷。

（2）施工文件资料应根据工程资料的分类和"专业工程分类编码参考表"进行立卷。

（3）卷内资料排列顺序要依据卷内的资料构成而定，一般顺序为封面、目录、文件部分、备考表、封底。组成的案卷力求美观、整齐。

（4）卷内资料若有多种资料时，同类资料按日期顺序排列，不同资料之间的排列顺序应按资料的编号顺序排列。

2. 立卷的具体要求

（1）施工文件可按单位工程、分部工程、专业、阶段等组卷，竣工验收文件按单位工程、专业组卷。

（2）竣工图可按单位工程、专业等进行组卷，每一专业根据图纸多少组成一卷或多卷。

（3）立卷过程中宜遵循下列要求：案卷不宜过厚，一般不宜超过40mm，案卷内不应有重份文件，不同载体的文件一般应分别组卷。

3. 卷内文件的排列

文字材料按事项、专业顺序排列。同一事项的请示与批复、同一文件的印本与定稿、主件与附件不能分开，并按批复在前，请示在后，印本在前、定稿在后，主件在前、附件在后的顺序排列。图纸按专业排列，同专业图纸按图号顺序排列。既有文字材料又有图纸的案卷，文字材料排前，图纸在后。

4. 案卷的装订

案卷可采用装订与不装订两种形式。文字材料必须装订。既有文字材料，又有图纸的案卷应装订。不同幅面的工程图纸应按《技术制图复制图的折叠方法》统一折叠成 A4 幅面，图标栏外露在外面。

四、施工文件的归档

归档指文件形成单位完成其工作任务后，将形成的文件整理立卷后，按规定移交相关管理机构。

1. 施工文件的归档范围：

对与工程建设有关的重要活动、记载工程建设主要过程和现状、具有保存价值的各种载体文件，均应收集齐全，整理立卷后归档。

2. 归档文件的质量要求：

（1）归档的文件应为原件。

（2）工程文件的内容及其深度必须符合国家有关工程勘察、设计、施工、监理等方面的技术规范、标准和规程。

（3）工程文件的内容必须真实、准确。与工程实际相符合。

（4）工程文件应采用耐久性强的书写材料，如碳素墨水、蓝黑墨水，不得使用易褪色的书写材料，如红色墨水、纯蓝墨水、圆珠笔、复写纸、铅笔等。

（5）工程文件应字迹清楚，图样清晰，图表整洁，签字盖章手续完备。

（6）工程文件的纸张应采用能够长期保存的韧力大、耐久性强的纸张。图纸一般采用蓝晒图，竣工图应是新蓝图。

（7）所有竣工图均应加盖竣工图章。

3. 施工文件归档的时间和相关要求：

（1）根据建设程序和工程特点，归档可以分阶段分期进行，也可以在单位或分部工程通过竣工验收后进行。

（2）施工单位应当在工程竣工验收前，将形成的有关工程档案向建设单位归档。

（3）施工单位在收齐工程文件整理立卷后，建设单位、监理单位应根据城建档案管理机构的要求对档案文件完整、准确、系统情况和案卷质量进行审查。审查合格后向建设单位移交。

（4）工程档案一般不少于两套，一套由建设单位保管，一套（原件）移交当地城建档案馆。

（5）施工单位向建设单位移交档案时，应编制移交清单，双方签字、盖章后方可交接。

六、建设施工企业工程档案管理存在的问题

目前我国在建筑施工企业工程档案管理工作方面始终存在着一系列问题，这些问题严重影响了工程档案管理的进程。而法制意识薄弱，档案整理工作不到位，部分单位档案项目人员的素质较低等都造成了工程项目方案整理的误区。为了尽快改变这一现状，各个单位的领导人员必须要及时认识到这些问题，并且针对不同的问题及时采取相对应的解决对策。例如，单位应该首先提高对于工程档案管理工作的重视程度，不断地改革并且完善管理制度，提高所有工程档案管理工作人员的工作意识和责任意识。

1. 工程档案管理人员的法制意识薄弱

法制意识薄弱，很多工作人员对于档案管理工作的重视程度较低，部分单位甚至认为档案管理工作在建筑施工企业中无关痛痒，他们仅仅认为建筑施工主要与项目实体有关，不能全面、正确地看待建筑施工工作，认为工程档案的管理是档案部门的工作，不与自己相干。造成这样的原因首先是管理上的欠缺，其次是档案意识上的匮乏，致使工程档案工作无法展开，没有负责人，组织机构不完善，管理方面不到位，档案处理上问题多。所以很多时候往往是建筑施工工程要竣工验收时，各单位才进行补收档案工作，由于平常不重视档案项目工作，使得档案只能依靠少数人回忆来进行填补，严重损害了工程档案的原始真实和完整准确。所以，我们要加大对于工作人员的道德法律观念培养，积极落实相关政策法规，坚决做到从源头杜绝这些行为。

2. 部分单位档案项目人员的素质较低

很多工程项目的档案管理人员（资料员）没有接受过档案专业培训，很多是由一些非专业的人员来兼职做这一工作，单位并没有聘用专业的管理人员。因为这些非专业的人员缺乏专业性知识，所以在进行工作时只是模仿其他单位的做法，然后通过自己的个人判断来整理档案，这样的档案不仅质量不高，而且有很多的弊端，不能将档案完全、精确、系统、规范地展现出来。人员素质较低的直接体现就是档案整理的不全面甚至于有错误现象。这些现象的出现在影响日后查询的同时也给企业发展带来了潜藏的危险，不利于企业的健康有效发展。

3. 档案管理手段比较陈旧

如今，建筑施工企业的工程档案内容主要是建筑施工的工程概况、各个阶段基本的施工工作、总结等等。但是档案记载的语言非常僵化抽象，不够科学、系统，有的信息资料不能完整、全面地反映建筑工程的真实情况，同样也不能准确无误地评价一个建筑施工企业。建筑施工企业的工程档案管理工作基本上都是手工操作，管理手段比较落后，缺乏现

代化的操作设备和管理手段。而且档案材料收集的办法也比较简单，严重缺乏实时性和系统性，在很大程度上影响了建筑施工企业的工程档案管理工作作用的发挥。

4. 档案保管工作不到位

很多建筑施工单位的档案保管工作仅仅是在管的层面，对这项工作的重视程度有很大的欠缺，档案在建筑施工中没有起到应有的作用。而且目前有很多建筑施工单位的档案观念差，严重影响了档案保管工作的开展，甚至有不少单位认为档案保管工作仅仅只有人事档案，而却忽略了自身的真正体现价值的主体档案，这样直接影响到了建筑施工单位的发展和档案的利用。这些现象也是导致档案工作者在单位没有地位，可有可无的主要原因。我们必须要提高管理层对于档案保管工作重要性的意识，不仅让他们看到工程档案保管的重要性，更要让他们知道相关的保管人员对于活动的重要性。

七、加强工程项目档案的收集与归档工作的有效措施

1. 强化档案管理人员的培训

在工程项目档案的收集和归档过程中，项目档案管理人员扮演了极其重要地角色，他们是进行档案归档的主要力量，而在我国现阶段，许多企业所出现的问题就是档案管理人员的整体素养比较低。为了尽快改变这一现象，各个企业必须要不断地加大对于档案管理人员的培训力度，从而不断提高他们的工作能力和工作素养。例如，企业可以定期地对档案管理人员进行专业知识培训，法制教育培训等，在培训过程中应该聘请专业的人员对他们进行培训，在培训结束之后，还应该对他们的培训成果进行考核。最后，根据他们的考核成绩给予一定的奖励和惩罚，从而不断地提高档案管理人员工作的积极性。另外，企业也应该鼓励所有的档案管理人员进行自主学习，根据他们的工作表现来决定他们的薪资情况，进而更好地增加他们自主学习的兴趣。

2. 应用多种档案管理基本方法

建筑施工企业的档案内容是多样性的。我们应该采用多种手段相结合的综合收集法。一是定期收集法，就是各个管理部门和档案管理工作人员，在企业或者项目每年定期举办的活动、会议中，做的相关活动记录，这些记录都是定期的，有规律可言的，一般情况下，都是按照建筑施工的时间定期收集，整理分类，并且定期向管理部门移交。二是随时收集法，在颁奖、培训等不定期的情况下形成的档案资料，根据掌握的实际情况，及时向有关部门报告。三是跟踪收集法，一般情况下，各个施工单位在进行建筑施工工程的过程中，对他们的施工情况进行一定的调查和了解，这就需要进行跟踪收集法，根据活动地点和时间进行有效跟踪收集。

3. 建立健全的建筑施工企业工程档案的保管制度

一个完善的档案保管制度在建筑施工企业工程档案的管理过程中起到了一定的推动和约束作用，为了更好地确保工程档案管理和工作的高效进行，企业必须要根据自身目前实

际的情况，及时建立健全工程档案保管制度。例如，企业应该成立专门的档案保管部门，在档案收集整理人员将档案整理好之后及时地向档案保管部门归档，然后档案保管人员应及时对这些档案进行保管，并且必须要确保这些档案的安全性。当有关部门或者人员需要利用这些档案时，必须要经过单位领导人员的批准，并且还应该持有相关的手续，档案保管人员才能将档案借给他们。另外，档案保管部门应该将所有档案放置在保管库房中，除了单位领导人员和档案保管人员，其他工作人员一律不能随便进入档案保管库房中。

4. 及时制订一个合理有效的档案利用机制

我们知道，档案管理工作就是对建筑企业所有的工程项目进行详细的记录，并且必须要准确标注出各个工程的时间以及顺序，因此，这些档案都具有极其重要地作用，它们具有较高的价值，如果能好好地利用这些档案，必定能使企业在发展过程中不断地创造佳绩。因此，建筑企业必须要尽快制订一个合理有效档案利用机制。例如，企业在做投标标书时，相关部门就应该充分利用档案资源，经由正确的渠道，手续，借出所需要的档案，来更好地完成工作。但必须强调的是经过相关手续借出的档案必须在规定时间内将档案归还，在归还的时候。档案保管人员需要检查档案的完整性，确保档案没有发生损坏或者缺失。如果一旦发现档案发生了损坏或者缺失，必须尽快向上级汇报，并且对利用档案人员进行严厉地惩罚，同时，及时了解并且补充好档案缺失损坏的内容。

总而言之，做好我国建筑施工企业的工程档案的管理具有非常重要地作用，因此，我国相关部门必须要不断地提高对于建筑施工企业的工程档案管理工作的重视程度。例如，我国相关部门可以针对我国建筑施工企业的工程档案管理所存在的问题，及时制订并且颁发相对应的解决对策。另外，政府也应该适当地增加对于建筑施工企业的工程档案管理工作的资金投入力度。

第五节　合同管理

一、建筑施工企业合同管理的主要内容

建设工程合同是承包人进行工程建设和发包人支付工程价款的依据，是约束双方义务和权利的具有法律效力的文书。合同的内容从双方的一般责任、施工组织设计及支付、材料设备供应、工程变更、竣工与结算、到争议与违约、索赔等方面都做了明确的规定，这也是建筑施工单位合同管理的主要内容。按具体过程可将合同管理的内容分为：合同的订立、合同的履行、和施工合同索赔等三方面。

1. 合同的订立

（1）合同条款应准确，明晰。现代建筑工程的规模越来越大，相应的合同关系越来

越复杂，为了实现合同管理的目标，合同的条款也越来越多。因此，我们在合同的订立过程中，条款定义一定要清楚准确，双方责任界限明确。合同条款应是肯定型的、具体的、可执行的。针对一个具体问题，各方责任义务应十分明确且对合同条款的解释应统一。

（2）合同当事人双方利益的一致性。以往的工程合同强调制衡，所以合同重点在于双方责任和权益的互相制约，权力和工作的相互制衡。但是合同中过多的制约措施会造成项目实施中过多的障碍、低效率和高成本。过分强调合同双方利益的不一致性，容易导致许多非理性行为的发生。这在合同中有明显体现。

（3）合同条款应符合工程管理的需要。主要体现在适用的工作程序，如质量管理程序、付款程序、变更设计程序等；确立能够调动双方积极性的管理机制，从而使承包人有管理和革新的积极性、创造性及合作的态度；合同适应工程的应用，行文清晰、简洁、易读、易懂，尽可能使用工程语言和表达方式，而不是法律语言；合同标准化，采用颁布的标准合同文本；灵活性，合同文本不要受标准合同文本的约束，应根据具体工程灵活处理。

2. 合同的履行

如果订立合同是基础，那么履行合同则是关键。在合同履行过程中，发包人按照合同约定的时间和方式，以工程师确认符合质量要求完成的项目工程量和对应的清单单价计算的价款额，再计入确定的变更金额、索赔金额、工程价款调整金额等完成合同规定的全部工程内容，经验收合格交付业主，质保期满退还承包人质保金后，整个合同就算履行完毕。因此合同的履行贯穿工程项目管理的全过程的。为了做好合同的履行，我们应注意以下几个方面的问题：

（1）首先，施工合同签订后，承包人应敦促发包人向建设主管部门办理合同备案手续，通过备案审查，以防止合同违规、违法及明显有失公平的现象发生。

（2）建筑施工企业应设立专门的部门和专门的人员进行合同管理工作。在合同履行过程中应制订相应的合同管理措施，向合同的执行者进行合同交底，使现场的施工管理人员了解合同条款的内容，使现场施工管理人员依据合同履行职责，不要依靠自己的主观认识和个人经验履行合同，避免在合同的履约过程中发生违约行为。

（3）在合同履约过程中争议的解决。在合同的履行过程中，承包商应以"伙伴关系"来处理各方关系，尽量化解矛盾。合同双方应本着诚实，守信的原则，若出现纠纷，尽量采取协商，调解的方式（尽量避免采用仲裁和诉讼的方式）解决，避免双方出现对立情绪而影响合同的履行。

3. 施工合同索赔

施工合同索赔是一项很复杂、很困难的工作。因为要做好施工索赔，必须熟悉工程项目的全部合同文件，并能熟练地应用有关合同条款。凡是有丰富承包施工经验、合同管理水平较高的承包人，其索赔要求的成功率就较大。然而不是索赔一提交索赔报告就能成功的，有时候还可能遇到业主的反索赔，因而施工索赔策略的应用也是合同管理过程中的重要内容。

（1）承包人在签订合同期间应认真研究招标文件，仔细勘察施工现场，分析招标文件中的缺陷，探索可能索赔的机会，为索赔成功埋下伏笔，准备依据。

（2）在索赔的过程中，承包人还应注意索赔的时效性。一般施工合同中都有施工索赔时效的规定，索赔方在索赔事件发生后约定的期限内不行使索赔权的，视为放弃索赔权利。承包商的合同索赔只有在索赔时效内才是有效的。当索赔事件发生时，承包商应尽快请监理工程师到达现场，并请示其做出书面指示。同时，对拟索赔事件全过程进行录像或详细记录，作为索赔证据。承包人应在合同规定的时限内向工程师提交书面索赔通知。最后，要按施工合同中索赔程序规定的时限报送索赔证据资料和索赔要求的其他内容。

（3）索赔本来应视为承包人与业主之间正常的经济往来，然而从心理学的角度来讲，业主总是认为索赔是一种消极的不合作的行为，而且每当业主看到关于索赔的字眼就反感。因此，承包人在索赔报告的编写过程中尽量不以索赔报告的形式向业主索赔。另外，在编写索赔报告时尽量不要用"索赔"二字，这对索赔的成功是非常重要地。

建筑施工合同管理贯穿工程实施的全过程，承包人应在全面履行合同义务的前提下，取得收入，实现盈利，其赢利水平在很大程度上取决于其合同管理的水平。因此，建筑施工企业应建立健全自身的合同管理制度，改变自身观念，提高认识，完善合同管理制度，提高合同管理能力。

二、建筑施工企业加强合同管理的必要性

（1）建筑施工企业合同管理是项目管理的核心，是整个项目管理的关键，合同管理对项目承包的经济效益有重大影响。合同管理涉及项目的质量管理、安全管理、进度管理、成本管理、索赔管理、物资管理、信息管理等方面，作为工程项目管理的核心，只有加强合同管理，才能避免亏损，取得工程赢利。

（2）随着进一步改革开放，我国的工程项目进一步与国际接轨，逐渐按国际惯例进行管理。按国际惯例进行工程项目管理包括三个核心内容，即按国际通行的程序进行招标、采用国际工程合同条件、按合同条件进行严格的合同管理。目前我国已实行建设监理制度，按国际惯例，监理工程师的职责就是进行严格的合同管理，这对建筑企业是一种压力。如果不提高合同管理水平，在工程实施过程中业主、监理、施工单位的管理水平就不平衡，而作为承包人的建筑施工企业就会处于更不利的地位。

（3）中国加入世贸组织后，更多的外国工程设计公司和承包人进入了中国的建筑市场，他们凭借强大的资金、技术和管理优势，将对国内的建筑施工企业造成很大的压力，使国内竞争更加激烈。这也迫使国内的施工企业必须加强合同管理，在激烈的竞争中才不至于被淘汰。

三、建筑企业合同管理的现状

1. 合同法律环境差

我国建筑行业的合同法律体系还不够完善，部分法律条文不够严谨。有些地方有法不依、执法不严的现象比较严重，违法不究时有发生。

2. 业主行为不规范

由于国内建筑市场竞争激烈，业主常常提出比较苛刻的合同条件，过多地强调了承包方的权利义务，对业主的制约条款相对较少，特别是对业主违约、赔偿等方面的约定不具体、不明确，也缺乏行之有效的处罚办法。施工合同有失公平和公正，履约双方的责权严重不对称。施工企业明知不合理，但迫于维持生存养活职工而违心接受不公正待遇。

3. 合同法律意识淡薄

施工企业的经营运作不规范，缺乏强烈、敏锐的合同法律意识，不习惯按合同办事。建筑企业有时不通过严格的招投标程序，就签署巨额的工程项目合同，不根据工程项目和企业自身的具体情况来订立合同条款，对合同条款亦不作详细推敲，对违约责任、违约条件等不作具体明确的约定，合同订立流于形式，双方的责权利不明，给工程合同纠纷、合同损失和经济风险埋下了隐患。订立的合同形同虚设，合同风险自然不言而喻。在合同履行期间，合同管理工作又不规范，往来函件、工程签证缺乏必要的记录和保管，发生问题后扯皮不断，相互推诿。

4. 企业合同管理人员的整体素质偏低

目前建筑企业从事建设工程项目合同管理的人员大多数是非专业出身，有的是工程施工、管理部门的技术人员和管理人员，也有的是刚走出校门的学生，人员的思想素质、业务能力参差不齐。目前缺乏合同管理专业人才，已成为影响企业管理和发展的瓶颈制约。

四、提高建筑施工合同管理水平的对策

1. 强化合同管理意识

建筑企业内部应该强化合同意识，强化法制观念，加强对《建筑法》《招标投标法》《合同法》等法律、法规的学习，使相关人员能够熟悉和使用这些法律、法规。实施企业人力资源战略培训计划，是提高企业合同管理水平的根本途径。提高和改善企业的合同管理人才素质，可采用自己培养、外部聘用或与专业合同管理研究机构建立合作关系等方式，例如定期组织合同管理经验交流会、邀请合同管理专家讲学、定向培养合同管理专业人员、以及从人才市场和高校毕业生中引入合同管理人才，组织企业中高层领导人员和有关职能人员进行合同管理培训。选拔具有一定合同管理素质的管理人员进入领导层，设立合同管理专项奖励基金等有效手段，在企业范围内营造重视合同管理、尊重合同管理人才的氛围。

2. 建立和完善合同管理制度

建筑企业还应深入研究合同管理活动不同阶段的具体特征、要求、管理控制手段、工作侧重点等问题，结合企业合同管理和实际管理水平，建立科学的合同管理制度，强化合同管理职能，建立审查制度、合同交底、责任分解、工作报送、合同变更管理、合同后评价等制度。统一管理施工队和挂靠企业的合同，突出合同管理的关键点，将企业的合同管理活动制度化、规范化、标准化，保证合同管理的整体质量。

3. 建立和完善合同文本

建立合同信息管理系统。因其管理资源状况、历史经验等因素的影响，不同建筑企业的合同管理工作都具有其特色，即使是以同一标准文本为蓝本，在最终工程合同文本中亦会呈现出一定的独特性。因此，为规范企业的合同管理，保证合同管理的效率和效益，建筑企业有必要根据本企业合同管理特点和优势，根据《建设工程施工合同示范文本》，综合考虑工程类型、业主管理风格、项目管理方式等不同要素，建立本企业的合同标准文本。同时，根据企业经营战略目标，密切关注阁内外有关标准文本及其各自经营地理区域内合同履约环境协商、适应性的发展变化，根据企业合同管理工作积累的经验教训，及时补充和完善合同文本。由于合同种类多、数量大，合同变更频繁，且在履约中往来函件和资料较多，故合同管理系统性强，施工企业如果仅仅依靠人工管理，则费时费力，信息传递慢，而管理不能及时到位，必将造成合同损失，尤其是时效性要求高的索赔中，若不能按时提供必要的合同履约信息，将会导致索赔失效。因此，在信息技术高速发展的今天，合同管理应建立在信息管理的基础上，施工企业应大力推行合同管理信息化，建立企业合同信息管理系统，以提高企业合同管理的效率，提高企业的合同管理和经营管理水平。

第六章 建筑工程项目管理

第一节 建筑工程项目进度管理

一、工程进度管理的基本概念

对工程进度的管理需要采用科学的方法，来确定工程的进度目标，合理编制建设进度计划，安排好建筑资源供应，有效加强施工进度的管理，确保在保证工程质量和施工安全的基础上，按照既定工期实现建设计划。

在建筑工程的施工过程中，任何施工计划都不会是固定不变的，受到人员、资金、气候等诸多因素的影响，很可能会致使工程的实际进度偏差于计划进度，那么及时发现导致偏差产生的原因，并采取科学的补救措施，也可以重新制定新的施工方案，从而保证工程的建设任务如期完成。

加强工程建设的进度管理，首先要按照进度的总目标编制施工计划，同时要做好优化资源配置工作，对工程各阶段的作业内容要充分了解，对施工时间和作业程序要掌握好，在具体的施工过程中，要经常检查工程进度是否在按照施工计划在进行，一旦进度出现偏差情况，就要认真调查分析，及时采取调整补救措施，或者修改原定计划，追赶后面的施工作业时间，保证工程的总体目标不变。

二、施工进度管理的重要内容

1. 人的作用是至关重要地

在建设工程这个复杂的系统中，人是最核心，最主要的影响因素，可以这样说，人才素质的高低直接决定着工程进度以及建设的质量，这是一切之中最关键的分子，也会引起每一个建设单位的重视的。在工程项目的建设岗位中，尽管职责不同，但是目的都应该是一样的，保质保量，高速高效是管理人员应该进行控制的。

施工的管理人员要严格按照施工方案进行执行，对于已经施工的一定要做好监督检查，保证施工的进度顺利进行。工程建设是严格和科学的，同时要求也在不断提高，尽管有的人在这方面已经有比较多的经验，也不应该不按照计划执行，所以必要的监督还是很有必要的。由于工程项目是一个比较庞大的系统，一个项目与计划有偏差，肯定会造成比较严重的影响，最终给施工单位和实际的使用者造成无法挽回的损失。

关于如何保证工程的质量，高素质的施工人员还是必须应该具备的，专业技术一定有一些基本的了解，施工单位应该做一些基本的培训进行帮助。此外应该注意相关部门之间的协调配合，在具体的图案设计，以及重要地审核过程中，尽量及时，不要拖延时间，以免影响工期。

2. 资金是一切的保证

财务实力是任何一个施工单位的命脉之所在，是保证工程项目顺利开展按期完成的最重要因素，施工人员以及相关的物质材料，都需要充足的财力进行支撑，所以资金对项目建设的进度影响重要性不言而喻。只要及时给施工人员发放工资才会保证他们的积极性，给供应商钱款，物质材料才会源源不断地被提供出来。

3. 物质资料是基础

任何活动都离不开物质资料的支撑，工程项目建设需要的材料非常多，对于质量的要求也是多种多样，这是直接关系到建筑质量好坏的最重要因素。材料影响施工进度也是很明显的一个事实，最起码的一点就是，假如建设需要的材料供应不及时，工程就要停工，会给建设单位造成很大的损失，同时加入质量无法保证，这也是不会被允许的。

现代工程项目建设的复杂性，技术已经成为一个越来越重要地因素，关键的技术对于工程建设的影响是巨大的，一个先进的技术设备可以成倍的提高生产效率，提高工程建设的速度。技术因素实际上也是物质资料的重要组成部分，先进的技术设备更是建设中所不可或缺的。

三、工程进度管理的重要环节

工程进度管理一般包括以下几个重要环节：编制工程进度计划、工程进度控制和工程进度的调整三个方面。

1. 编制工程进度计划

编制工程计划是按照合同工期的要求，使用科学的方法编制的控制总体工程进度以及制订保证计划实施的具体措施。在编制工程计划时要严格按照合同要求，认真考虑地理地形特征、气候特征以及其他的方面会对工程造成影响的因素，统筹人力、物力、财力等多方面的因素进行。

2. 工程进度控制

在统筹考虑工程进度的基础上，对工程进度进行预见性分析，分析工程进度是不是能够按照编制的工程进度计划进行，如果出现问题要立即采取相应措施，调整现场施工布局，调配相关资源，从而改善施工进度，使施工进度能够按照工程进度计划有序进行。

3. 工程进度的调整

在施工过程中，由于资源变化、重大自然灾害、气候因素等原因，或者业主的原因导致工程工期发生变化，这时就需要进行工期调整。在工期调整时，要按照目前施工的实际进度，按照关键线路和非关键线路进行调整。

所谓的施工进度管理，实质上就是对于工程建设过程中的人、财、物管理控制，保证工期顺利执行的过程，同时对于工程项目及时地进行评估，提出一些有价值的策略。

四、施工进度管理现状与改进措施

1. 执行的现状

自我国当前的建筑工程的进度管理执行的实际情况来看；其中，一方面，那些大型工程的建设项目，其执行的情况比较的良好，进度的相应计划也比较完善；但是，由个人、企事业的相关单位以及地方所出资地中小型的项目却存在着很多的问题。例如，将项目前期的相关工作忽视，将项目的技术经济的有关论证与可行性的相关研究简化，甚至于不做施工的组织设计等；而是单纯的考虑到项目的投资所产生的相应经济的效益，缺少对于施工的工期地合理的分析以及对于施工技术的能力地了解。以主观的臆想判断施工的工期，进而造成了承包方有关资源的不科学、合理的投入；投资者自身也因为不科学、合理的工期而造成了永久的物资以及设备在采购之上，出现混乱进而遭受不必要的损失。在另一个方面，作为建筑工程的承包方；也存在着对中小型的工程项目的不重视倾向。在进行施工相关的组织设计时候，只是应付了事，做的粗枝烂叶；对于工程项目的本身缺少科学、合理的分析与认真、仔细的态度；并且大部分只套用一个固定的模式，其针对性很差；对于项目的有关施工缺乏实际的具体指导的意义，更有甚者还会对施工产生误导。还有一部分的承包方缺少完整、系统的工程施工的相应组织设计，进而造成了施工过程之中，资源的配置之上的浪费或者不足；最终使得对建筑工程的实施的过程之中对三大目标的相应控制处于一个被动地位置之上；严重一些的甚至还可能失控。

2. 施工组织问题

（1）根据项目的规模、项目各分项工程和各部门的逻辑关系以及项目设备物资需求编制组建项目组织机构，此项目改进后的组织机构图。改进后的组织机构图一方面，在道路作业队方面可以对道路施工设备物资做到一个整体统筹调控，同时可以把道路施工分为几个作业面，把各个作业面按工序逻辑关系和时间前后关系组成一个道路施工网络图，达到循环施工的目的，形成流水作业；另一方面，在桥涵作业队上，改进的组织可以做到对桥涵工程做到整体管理，可以对相关的物资、设备、人员进行统一调配管理，能够更为有效的利用项目的物资、设备、人员配备，进而有效地加强各个作业面的协调管理工作。

（2）加强项目信息传输与沟通的管理工程，以期做到项目信息能够及时有效地得到传达和反馈，并及时准确地反映到工程施工网络计划图中，随便掌握项目的实际进度情况，同时加强对项目实际进度情况进行分析和研究，针对具体的工程进度偏差或问题采取有效的措施和方法，进而对工程进度计划进行改进和优化，以保证进度目标的实现，从而实现项目进度管理的动态控制。

3. 施工技术问题解决改进方法

（1）加强技术交底工作，针对每一项工程、工序，施工技术部门都要对现场施工人员进行技术讲解与沟通，保证现场施工人员对施工技术和图纸等各方面资料做到正确全面的理解和掌握。

（2）严格例会制度，要定期召开例会，不定期的召开生产会议，保证管理部门和技术部门与施工现场进行及时有效的信息传达与沟通，从信息管理角度加强施工进度的管理工作。

（3）加强施工人员技术培训工作，增强现场施工人员对施工技术和图纸的理解掌握能力，进而避免技术或理解失误导致施工进度被影响的问题的出现。

（4）加强现场监督检查力度，对施工现场进行经常性的检查，确保及时发现问题，及时解决问题。

4. 人员设备物资问题解决改进方法

（1）针对人员结构，一是需要增加技术人员的配备数量，以及专业人员的齐全；二是需要加强施工人员技术培训。在技术人员配备方面，较为合理的人员配备情况表如改进后主要管理、技术人员表。改进后的主要管理和技术人员配备情况，一方面在技术人员数量上有所增加，可以提高项目人员的整体管理水平，同时也能有效的保证相关工作的顺利实施。

（2）设备配备以及备件方面可以考虑参考已有类似项目的设备，和备件配备数量进行准备。比如自卸车的数量应考虑与土方设备数量的搭配以及现场运输距离的远近关系配备一定量的富余。另外就是设备备件需要着重考虑常用备件和重点设备备件的储备，诸如对工程量起着决定性作用的土方设备，和对桥梁施工有决定作用的双导梁架桥机等机械设备的关键配件。

（3）物资配备上一方面，可以参考已有类似项目的物资配备情况进行物资准备；另一方面在物资调配管理上需要加强项目的物资统筹管理力度，以保证项目物资得到充分有效的利用。

5. 其他问题解决对策

（1）甲方问题解决改进方法。尽早引入监理机构，借助监理机构的技术加强自身技术力量，弥补自身经验不足的问题。招标技术力量雄厚和经验丰富的承包方，加强施工过程的管理控制工作，以期达到进度目标要求。资金方面，一是招标寻求资金充足的承包方，项目初期可以垫资实施项目；二是通过金融机构，在项目初期考虑借贷实施项目；三是尽早筹备资金，以保证项目实施时资金及时到位。项目方面应尽早做好各方面的前期准备工作，诸如项目资料和项目实施所涉及的征地、拆迁等方面的工作。

（2）监理方问题解决改进方法。

①向甲方申请，争取尽早介入工程项目，掌握甲方和乙方的相关情况，做好项目前期的资料技术准备工作。

②加强质量监督，确保工程项目质量的同时加强自身的主动性，积极对项目的进度执行情况进行监督和督促，从管理上保证项目进度目标的实现。

③加强监理工程师技术水平，以期在进入工程项目后尽快地满足项目质量的监督检验需求和对项目进度管理的控制水平。

建设工程进度管理是建设工程三大控制目标之一，总目标是建设工期。建设工程总工期不仅影响着工程的总费用，还直接决定了工程能否及时产生效益。建设工程进度计划实施过程中目标明确，但资源有限，不确定因素多，干扰因素多，这些因素有客观的、主观的，主客观条件的不断变化，计划也随着改变，因此，在项目施工过程中应该运用科学的进度控制方法，不断掌握计划的实施状况，并将实际情况与计划进行对比分析，必要时采取有效措施，使项目进度按预定的目标进行，确保目标的实现。

五、建筑工程进度控制

1. 进度控制的概念

进度控制是采用科学的方法确定进度目标，编制进度计划与资源供应计划，进行进度控制，在与质量、费用、安全目标协调的基础上，实现工期目标。

任何计划在实施过程中都不是一成不变的，由于受到各种因素的影响必然会导致项目实际进度与计划进度产生偏差，及时发现偏差，找出发生偏差的原因，采取补救措施或者执行新的计划从而使目标尽可能实现。

建设工程进度控制是指对工程项目建设各阶段的工作内容、工作程序、持续时间和衔接关系根据进度总目标及资源优化配置的原则编制计划并付诸实施，然后在进度计划的实施过程中经常检查实际进度是否按计划要求进行，对出现的偏差情况进行分析，采取补救措施或调整、修改原计划后再付诸实施，如此循环，直到建设工程竣工验收交付使用。

2. 施工进度控制原理

（1）组织管理原理

工程项目实行进度计划控制。首先必须编制工程项目的各种进度计划，包括工程项目进度总计划、单位工程进度计划、分部分项工程进度计划、季度和月（旬）作业计划等。其次必须组织工程项目实施的各专业队伍，工程项目经理和有关劳动调配、材料设备、采购运输等各职能部门都按照施工进度规定的要求实施。最后还应有一个项目进度检查控制系统。自公司经理、项目经理，一直到作业班组都设有专门职能部门或人员负责检查汇报，整理实际施工进度资料，并与计划进度进行比较和调整。

（2）经济技术原理

为确保进度目标的实现，应编制与施工进度计划相适应的资源需求计划即资金需求计划、人力和物力需求计划，以反应工程施工的各时段所需要的资源。通过对资源需求的分析，可发现所编制的进度计划实现的可能性，如果资源条件不具备，则应调整进度计划。在编制工程成本计划时，应考虑加快工程进度所需要的资金，不同的设计理念、设计方案会对工程进度产生不同的影响，在工程进度受阻时，应分析是否存在设计技术的影响因素，为实现进度目标有无设计变更的必要和是否可能变更。施工方案对工程进度有直接的影响，在工程进度受阻时，应分析是否存在施工技术的影响因素，为实现进度目标有无改变施工技术、施工方法和施工机械的可能性。

（3）信息反馈原理

施工的实际进度通过信息反馈给基层工程项目进度控制的工作人员，在分工职责的范围内，经过对其加工，再将信息逐级反馈，直到主控制室，主控制室整理统计各方面的信息，经比较分析做出决策，调整进度计划，仍使其符合预定工期目标。

（4）动态控制原理

工程项目进度控制是一个不断进行的动态控制过程，也是一个循环的进行过程。当实际进度与计划进度不一致时，便产生超前或落后的偏差。分析偏差的原因，采用相应的措施，调整原来计划，纠正偏差，使调整后的计划与原计划在原计划的某个控制节点上吻合，继续按其进行施工活动，并且尽量发挥组织管理的作用，使实际工作按计划进行，实现工程进度的主动控制和动态控制。项目的进度计划控制全过程，就是计划、实施、检查、比较分析、确定调整措施、纠偏、再计划的主动控制和动态控制的循环过程。

（5）网络计划技术原理

在工程项目进度的控制中利用网络计划技术原理编制进度计划，根据收集的实际进度信息，比较和分析进度计划，又利用网络计划的工期优化、工期与成本优化和资源优化的理论调整计划。

3.施工进度控制的内容

（1）提高对施工前准备工作的认识

工程项目施工准备是施工生产的重要组成部分，认真做好施工前的技术准备、物质准备等工作，对合理供应资源、加快施工进度、提高工程质量、确保施工安全等方面都发挥着重要作用。

（2）制订切实可操作的施工组织设计和进度计划

施工组织设计要紧密工程实际，不流于形式，计划是控制的前提，没有计划，就谈不上控制。编制施工进度计划，就是确定一个控制工期的计划值，并制订出保证计划实现的有效措施，保证计划合同工期的完成。

在编制施工进度计划时，应重点考虑以下几方面：所动用的人力和施工设备是否能满足完成计划工程量的需要；基本工作程序是否合理、实用；施工设备是否配套，规模和技术状态是否良好；如何规划运输通道；工人的操作水平如何；工作空间分析；是否预留足够的清理现场的时间；材料、劳动力的供应计划是否符合进度计划的要求等。

（3）进度计划的贯彻

检查各层次的计划，形成严密的计划保证系统；层层签订承包合同或下达施工任务书；计划全面交底，发动群众实施计划。

（4）进度计划的实施

为了保证施工进度计划的实施，必须着重抓好以下几项工作：一是建立各层次的计划，形成计划保证系统。工程项目的所有施工进度计划都是围绕一个总任务而编制的，在贯彻执行时应当首先检查是否协调一致，计划目标是否互相衔接，是否组成一个计划实施的保证体系。二是做好计划交底，全面实施计划。项目经理、施工队和作业班组之间分别签订承包合同，在计划实施前要进行计划交底工作，按计划目标明确规定合同工期，相互承担的经济责任、权限和利益，保证项目阶段各项任务目标以及时间进度的实现。三是做好施工过程中的协调工作。施工过程中的协调就是施工各阶段、环节、专业和工种的紧密配合，是进度调整的主要实现手段。

（5）施工进度计划的跟踪检查

在工程项目的实施过程中，为了实现进度控制，应经常地、定期地跟踪检查施工实际进度情况。一是跟踪检查施工实际进度。这是项目施工进度控制的关键，其目的是收集实际进度的有关数据。检查和收集资料一般采用绘制进度报表或定期召开进度工作汇报会的方式。为保证汇报资料的准确性，进度控制工作人员要经常到现场看工程项目的实际进度。二是整理统计检查数据。收集到的工程项目实际进度数据，要按计划控制的工作项目进行统计，形成与计划进度具有可比性的数据。三是对比实际进度与计划进度。将收集的资料整理和统计成具有与计划进度可比性的数据后，用工程项目实际进度与计划进度进行比较。常用方法有横道图比较法、S曲线比较法、香蕉曲线比较法、前锋线比较法和列表比较法等。通过比较观察实际进度与计划进度是否一致，若不一致要及时加以纠偏、调整。

4. 施工进度控制的方法

为了较好地实现建设工程的目标，就要在明确影响进度的因素的基础上，充分利用各种资源，采取科学有效的措施对进度进行控制，实现工期目标。进度控制可以采取以下几种方法：

（1）推行 CM 承发包模式

采取 CM 承发包模式对建设工程的分阶段设计，分阶段发包和分阶段施工。该模式有利于项目的集中管理，设计与施工充分搭接。监理工程师在设计阶段参与实施，对设计提出合理化建议，使设计方案的施工可行性和合理性在设计阶段就得以考虑，可减少设计变更引起的工期延迟。为实现设计与施工、施工与施工的合理搭接，一般应合理安排设备招标及采购，以避免因设备供应引起工期延迟。

（2）采用科学适用的计划方法

采用网络计划技术以及其他计划方法可有效对建设工程进度的动态控制。

网络计划能够明确地表达各项工作的逻辑关系，便于分析各项工作之间的相互影响及处理它们之间的协作关系。通过对网络计划时间参数的计算，可以找出关键路线和关键工作。在关键工作上所花费的时间直接决定了项目的总工期，因此网络计划有利于进度控制人员抓住主要矛盾，明确进度控制中的工作重点，在一定工期、成本、资源条件下获得最佳的计划安排，以达到缩短工期、提高工效、降低成本的目的。网络计划还可以反映出各项工作所具有的机动时间，这种机动时间可以用来支援关键工作，也可以用来优化网络计划，降低单位时间资源需求量。

（3）电子计算机的应用

制订建设工程进度计划是一件非常巨大的工作量，且往往还需对进度计划进行优化调整。如果仅靠人工进行网络计划的绘制、计算、优化、调整是非常困难的，这就需要专业人员借助电子计算机完成这些工作。目前已经有非常多的较为成熟的软件可以辅助建设工程进度控制，如梦龙网络计划软件，微软的 project 系列。

目前数据库技术已经广泛应用到多个领域。由于影响建设工程进度计划的因素多，计划执行过程中经常的检查纠偏，对产生问题原因的分析会产生相当大数据量，因此可以借助数据库技术辅助进度控制。首先在进度计划实施前把总的进度计划的数据输入到数据库中，然后再把计划执行过程中检查得到的实际完成的工作量的数据也输入到数据库中，接着将实际进度与计划进度进行对比，把分析出来的原因以及改进的措施或者新的计划也输入到数据库中，然后进行下一阶段的工作，重复上述过程直到整个项目的完成。利用数据库技术可以长期保存这些数据防止数据丢失，可以使相关人员有效利用各个阶段产生的数据，方便数据查询，使在后期进行项目评价或被用作工程实例参照时各种数据一目了然，有利于发挥巨大的效益。

（4）采取组织措施

在进度计划执行的过程中要明确工作人员的任务和责任，实行业绩考核制度。建立好工程进度的检查制度，工程进度报告制度，进度计划的审核制度和进度计划实施过程中的检查分析制度。要定期举行进度协调会议，明确会议的时间、地点、参加人员，在会议中去交流问题、分析问题、解决问题。应重视对图纸的审查和对工程变更和设计变更的管理。

（5）合理配置资源

完成一项工程任务的所需的人力、材料、机械设备和资金这些资源量基本上是不变的，某一时间能够投入项目上的资源往往有上限。应该合理安排各项工作的开始时间和结束时间，在资源限制条件下，使工期延长最少。

（6）调动施工单位的积极性

施工单位完成的进度情况应和他们获得的经济效益直接挂钩。除建设单位要及时办理工程预付款及工程进度款治愈手续外，还要对工期的提前给予奖励，对工期延误收取误期损失赔偿金，从而调动施工单位的积极性。

（7）提高现场管理人员的素质

施工现场管理人员的素质高低也对工程进度的控制有着很大的影响。因此，要建立一支政治素质高、业务技术强的基建队伍，以适应新形势的需要。现场管理人员在对工程进度的检查管理过程中应当熟悉规范要求，实事求是，尊重事实，能够及时地发现问题并采取有效的措施去解决问题。

5. 建筑工程进度控制的具体措施

（1）施工资源保证措施

首先应做好实现进度计划的资金保证措施，根据各阶段详细的工作流程图来制订资金使用计划，严格进度款拨付签署制度，落实工程款支付保证措施。资金及时到位后，要根据物资采购计划做好材料的采购工作，对每道工序所需的材料、构件、配件要进行严格的质量检验、试验、见证取样复试等，保证材料的质量，以免影响工程质量和进度。施工所需的机械设备要及时到位，并对这些设备严格检查，及时发现和排除故障。机械设备操作人员应持证上岗，按操作规程作业，保证机械的正常使用，提高施工效率，按进度计划完成任务。

（2）施工组织措施

①建立控制目标体系，明确责任分工。建筑工程能否顺利实施和完成，能否如期实现控制目标，与是否有一个强有力的项目管理班子密不可分。根据项目施工的自身特点，项目部应明确各级管理人员的分工与职责，落实各自的任务与目标。要对总目标进行分解，确定各个分部，各个阶段的进度控制目标，并明确责任人。

②编制项目实施总进度计划。项目实施总进度计划为项目实施起控制作用的工期目标，是确定施工承包合同工期条款的依据，是审核施工单位提交的施工计划的依据，也是确定和审核施工进度与设计进度、材料设备供应进度、资金、资源计划是否协调的依据。

③建立工程进度报告制度及进度信息沟通网络；建立进度计划审核制度和进度计划实施中的检查分析制度。

④建立进度协调会议制度，包括协调会议举行的时间、地点，协调会议的参加人员等。

⑤建立图纸审查、工程变更和设计变更管理制度。

（3）进度计划在实施过程中的调整

在进度计划的实施中，由于各种不确定因素的影响，实际进度与计划进度存在差异，为保证在合同工期内竣工，就必须对进度计划进行必要的调整和补充，这时用网络计划技术进行调整和控制较为方便和有效。

①关键工序的调整。利用三班倒，增加劳动力，增加设备等措施，最大可能的加快时间代替原来的工序所需要时间，加快关键工序是最重要地。当关键工序缩短后，可能非关键工序变成关键工序，若仍无法满足时间要求的话，那么对新的关键工序也要进行调整，

可采用延长一些非关键工序的持续时间或非关键工序中调动一些资源到关键工序上等手段，来缩短关键工序的持续时间。如仍然不能满足工期要求时，应从新的工艺方案等方面开辟新的施工顺序和相互关系，比较有效的方法是采用平行作业代替流水作业，但弊病是大面积展开容易造成窝工，同时对影响的工序进行劳动力补充使之加快进度，所以劳动力在时间上的均衡更为重要。

②生产要素的调配。生产要素是指劳动力，机械设备，材料等，它是构成施工生产的最基本组成部分，也是施工资源的重要组成部分。生产要素的合理配置是进度计划得以实现的重要环节。

（4）采用进度表控制工程进度

进度表是监理工程师要求承包人每月按实际完成的工程进度和现金流动情况向监理工程师提交的报表，这种报表应由下列两项资料组成：一是工程现金流动计划图，应附上已付款项曲线；二是工程实施计划条形图，应附上已完成工程条形图。承包人提供上述进度表，由监理工程师进行详细审查，向业主报告。当月进度报表反映的实际进度和计划进度失去平衡时，监理工程师应对这种不平衡情况进行详细的分析，结合现场记录和各分项所控制的进度以及实际完成的工程和工程支付的实际情况进行综合性评价。

①采用网络计划控制工程进度。用网络法制订施工计划和控制工程进度，可以使工序安排紧凑，便于抓住关键，保证施工机械、人力、财力、时间均获得合理的分配和利用。因此承包人在制订工程进度计划时，采用网络法确定本工程关键线路是相当重要地。监理工程师除要求承包人制订网络计划外，监理机构内部也要求监理人员随时用网络计划检查工程进度。

②采用工程曲线控制工程进度。分项工程进度控制通常是在分项工程计划的条形图上画出每个工程项目的实际开工日期、施工持续时间和竣工日期，这种方法比较简单直观，但就整个工程而言，不能反映实际进度与计划进度的对比情况。采用工程曲线法进行工程进度的控制则比较全面。

（5）加强工程进度的安全管理

项目的参建各方均有相应的责任，安全管理的目的在保障生命和财产安全的前提下，使工程能够顺利进展。为了保证工程的安全施工，建设单位在开工前应该向施工单位提供有效的施工图纸、基建文件和施工现场及邻近区域内的供水、排水、供气、供电、供热、通信和广播电视等地下管线资料，还应提供相邻建筑物和地下工程的有关资料，以免施工时发生意外，影响工程进度。勘察单位必须对所提供的勘察文件的真实性和准确性负责，以满足工程安全生产的需要；设计单位应当按相关法律、法规和工程建设强制性标准进行设计，防止因设计不合理导致生产安全事故的发生。对涉及施工安全的重点部位和环节在设计文件中应予以注明，并对防范生产安全事故提出指导意见。

总之，工程进度管理指项目管理者围绕目标工期要求编制计划，付诸实施且在此过程中经常检查计划的实际执行情况，分析进度偏差原因并在此基础上不断调整，修改计划直至工程竣工交付使用。建筑工程进度控制和管理是一项复杂的工作，项目管理者应通过科学的管理手段，加强施工组织和管理，采用先进的施工工艺和技术，提高施工效率，保证工程按进度计划完成。

第二节　建筑工程项目质量管理

一、概念

1. 工程项目质量

从项目作为一次性的活动来看，项目质量体现在由工作分解结构反映出的项目范围内所有的阶段、子项目、项目工作单元的质量所构成，也即项目的工作质量；从项目作为一项最终产品来看，项目质量体现在其性能或者使用价值上，也即项目的产品质量。项目活动是应业主的要求进行的。不同的业主有着不同的质量要求，其意图已反映在项目合同中。因此，项目质量除必须符合有关标准和法规外，还必须满足项目合同条款的要求，项目合同是进行项目质量管理的主要依据之一。由于项目活动是一种特殊的物质生产过程，其生产组织特有的流动性、综合性、劳动密集型及协作关系的复杂性，均增加了项目质量保证的难度。

2. 项目质量管理

项目的质量管理主要是为了确保项目按照设计者规定的要求满意地完成，它包括使整个项目的所有功能活动能够按照原有的质量及目标要求得以实施，质量管理主要是依赖于质量计划、质量控制、质量保证及质量改进所形成的质量保证系统来实现的。

3. 项目质量控制

项目质量控制是指在明确的质量目标条件下通过行动方案和资源配置的计划、实施、检查和监督来实现预期目标的过程。质量控制是质量管理的一部分，是实现项目管理三大控制的重点。质量控制包括工程建设中的作业技术和管理活动控制。在工程建设中应充分认识到质量控制的重要性，做好质量控制工作，使建设产品符合质量要求和需要。质量控制的目标是要贯彻执行建设工程质量法规和强制性规范，正确配置生产要素和采用科学管理方法，实现工程项目预期的使用功能和质量标准。

二、工程项目质量管理要求

工程项目质量控制包括事前控制、事中控制和事后控制，这 3 个阶段构成质量控制的系统过程。事前控制就是要加强主动控制，要求预先针对如何实现质量目标进行周密合理的质量计划安排，事前控制包括质量目标的计划预控和质量活动的准备阶段控制。事中控制是针对工程质量形成过程中的控制，事中控制包括自控和他人监控两大环节，自控主要是质量产生过程中的自我约束行为，他人监控主要来自内部管理者的质量监控和外部力量的监控，当然加强自我监控是至关重要的。事后控制是指质量活动结果的评价认定和对偏差的纠正。这三大过程控制是一个有机的系统过程，不是孤立和截然分开的。

1. 工程项目质量控制贯穿于项目实施全过程

（1）在工程项目决策阶段，要认真审查可行性研究，使工程项目的质量标准符合业主的要求，并应与投资目标协调；使工程项目与所在地的环境相协调，避免产生环境污染，使工程项目的经济效益和社会效益得到充分发挥。

（2）在工程项目设计阶段，要通过设计招标，组织设计方案竞赛，从中选择优秀设计单位。为了有效地控制设计质量，就必须对设计进行质量跟踪，定期对设计文件进行审核。在设计过程中和阶段设计完成时，以设计招标文件（含设计任务书、地质勘查报告等）、设计合同、咨询合同、政府有关批文、各项技术规范、气象、地区等自然条件及相关资料为依据，对设计文件进行深入细致的审核。

（3）在工程项目施工阶段，要组织工程项目施工招标，依据工程质量保证措施和施工方案以及其他因素，从中选择优秀的承包商。委托项目监理单位对施工单位质量管理体系的实施状况进行监控；监督检查在工序施工过程中的施工人员、施工机械设备、施工方法、工艺或操作是否处于良好状态，是否符合保证质量的要求；做好设计变更的控制工作；做好施工过程中的检查验收工作；做好工程质量问题和质量事故的处理，当出现不合格产品时，应要求施工单位采取措施予以整改，并跟踪检查，直到合格为止；当施工现场出现质量异常情况，又未采取有效措施、隐蔽作业未经检验而擅自封闭、未经同意擅自修改设计图纸、使用不合格原材料或构配件时，应下达停工指令，纠正后下达复工指令；要对工程材料、混凝土试块、受力钢筋等实行取样送检制度；对从事计量作业的操作人员技术水平进行审核，对其计量作业结果进行评价和确认。

2. 工程项目质量管理应遵循的原则

（1）质量第一原则。"百年大计，质量第一"工程建设与国民经济的发展和人民生活的改善息息相关。质量的好坏，直接关系到国家繁荣富强，关系到人民生命财产的安全，关系到子孙幸福，所以必须树立强烈的"质量第一"的思想。

（2）预防为主原则。对于工程项目的质量，我们应从过去消极防守的事后检验变为积极预防的事先管理。因为好的建筑产品是好的设计、好的施工所产生的，不是检查出来的。必须在项目管理的全过程中，事先采取各种措施，消灭种种不合质量要求的因素，以保证建筑产品质量。如果各质量因素预先得到保证，工程项目的质量就有了可靠的前提条件。

（3）为用户服务原则。建设工程项目，是为了满足用户的要求，尤其要满足用户对质量的要求。进行质量控制，就是要把为用户服务的原则，作为工程项目管理的出发点，贯穿到各项工作中去。同时，要在项目内部树立"下道工序就是用户"的思想。各个部门，各种工种、各种人员都有个前、后的工作顺序，在自己这道工序的工作一定要保证质量，凡达不到质量要求不能交给下道工序，一定要使"下道工序"这个用户感到满意。

（4）用数据说话原则。质量控制必须建立在有效的数据基础上，必须依靠能够确切反映客观实际的数字和资料，否则就谈不上科学的管理。一切以数据说话，就需要用数理统计方法，对工程实体或工作对象进行科学的分析和整理，从积累的大量数据中，找出控制质量的规律性，从而研究工程质量的波动情况，寻求影响工程质量的主次原因，采取改进质量的有效措施，掌握保证和提高工程质量的客观规律，以保证工程项目的优质建设。

三、建筑施工质量管理的特点

1.受多种因素影响

首先该项目不仅对项目决策，材料，机械，施工工艺，操作方法质量的直接和间接影响，建筑工人等人为因素的质量，环境因素也影响了地域，区域资源。这些因素都直接性或间接性的影响着质量，所以在研究过程中我们必须要全力以赴的考虑好这些问题，把影响因素降到最小。有法不依市场不规范、工程质量监督管理均不够完善，一线施工人员素质偏低都是影响该项目的因素，若不加大审查，必定结果最终一败涂地，一发不可收拾。

2.质量波动

项目不能基于一个固定质量的生产线，并通常在露天生产，没有稳定的生产环境，受外界环境影响十分严重，所以没有固定的流水线和完备的环境等一系列外在条件使之产生质量波动。

3.质量有很大的变化

生产项目强调协调性，连续性和整体性，任何一个环节出现问题，均会使整个系统受项目影响，都会使质量发生很大的变化，所以质量的变异不可忽视。主要因为项目施工没有固定的流水线和自动性，同时也没有规范的生产工艺和完备的检测技术。

四、影响建筑施工质量管理的因素

施工质量控制是一种过程性、纠正性和把关性的质量控制。只有严格对施工全过程进行质量控制，即包括各项施工准备阶段的控制，施工过程中的质量控制和竣工阶段的控制，才能实现项目质量目标。影响建筑工程项目施工质量的因素有施工单位本身以及外在的一些因素，主要由以下几个方面：

1.人员因素

工程质量是靠人操作出来的更是管理出来的。要做好一个项目，少不了有一个精明的建设方、一个素质全面和能力强的项目经理、一支有操作经验和技术过硬的施工队伍。对于高层建筑施工的控制，不论是单体高层建筑还是小区的群体高层建筑施工，首先都应从控制"人"开始。

作为项目的建设方，在考察和选择施工单位时，往往看重的是施工单位资质等级、技术水平、工程业绩和经济实力，对该单位组织机构形式和拟将投入该项目的人员状况的重视，也主要是通过施工单位提供的书面文件得以了解。在市场竞争极其残酷的今天，借牌、挂牌、分包、转包现象层出不穷，个人借靠拿项目的不在少数。因此，如何选好属于具有资质单位的将被选派作为项目的带头人？是建设方认真思索的课题。

2. 材料和半成品因素

建筑材料、构配件和半成品等，它是工程建设的物质条件，工程质量的基础。有了高水平的建筑材料和半成品的质量，才会有高水平的工程质量。抓质量必须抓材料和半成品的质量，抓管理必须高度重视材料的管理。采用节约措施绝对不能对质量有丝毫削弱。新材料必须经过鉴定并掌握它的加工和使用技术，方能使其成为质量保证的新因素。针对建材市场产品质量混杂情况，对材料和半成品实行施工全过程的质量预控是很有必要的。如施工项目所有的主要材料必须严格按设计图纸要求，应又符合规范要求的质保书，对没有或者项目不全的质保书，不符合要求的，不得使用。

五、施工过程中的质量控制

1. "三线"的施工控制

建筑物的轴线、标高、垂直度是建筑物的经络，控制不好，对高层建筑的质量影响很大。对高层建筑的轴线、标高、垂直度控制来说，由于涉及面广，施工环境复杂，操作技术难度大，经常会发生位移或不准现象。"三线"的控制是高层建筑施工的一大难点。所以，在施工过程中，必须严把"三线"的质量关，做好严格管理，加大监督力度。

2. 建筑的混凝土强度控制

现代建筑由于混凝土用量大，施工周期长，气候及工作条件影响因素多，有时会发生混凝土强度离散性大，甚至不合格。那么如何克服和控制好混凝土的强度这一关呢？施工过程中，要认真做好以下技术控制工作：

（1）配合比的选定：工程开工前，一般均要按设计要求配制不同强度等级的混凝土，并都要到质量监督管理部门认定的具有资质的试验机构做级配试验，待级配报告出来后，根据级配做配合比试验（实验室配比），在实际施工时照此执行。

（2）加强混凝土强度评定：剔除试块制作的不规范现象。当混凝土试块的强度测试大于设计强度时，是否就是强度评定合格了呢？《混凝土强度检验评定标准》(GBJ107)规定，混凝土强度应分批进行检验评定。一个验收批的混凝土应由强度等级相同、龄期相同以及生产工艺条件和配合比基本相同的混凝土组成。

3. 过程的质量控制

建筑工程的质量，都是在人们操作过程中一步一步形成的。只有做好施工过程的质量控制，把每一个过程质量做成精品，才能保证整个建筑最终是合格或优良品。现在国家实行建筑工程质量终身制，参与建筑施工的人员都有责任。测量技术人员，对"三线"测量复核的精度和准确度负完全责任，对测量放线用的仪器和机具要做好维护和送检工作；材料采购人员对所采购符合设计和规范要求的材料质量负责；操作班组对自己操作过程质量负责；项目试验检测员对按施工验收规范严格取样送检负责；项目技术员对按图纸设计、规范、施工方案要求提出的材料采购计划和成品半成品加工计划的质量负责；项目施工员对自己所负责指挥施工的分部分项工程质量负责；项目质量检查员肩负双重职责，严格按图纸设计、规范、规程进行过程检查，发现问题及时向项目经理反映，必要时，直接向公司领导反映；项目技术负责人对项目的施工技术质量负责；项目经理对整个工程质量负责，是项目的第一质量责任人。公司主管部门应该定期或不定期对项目的过程质量进行全面检查。一句话：建立和完善过程质量控制管理制度，并认真实施。

六、建筑工程质量管理措施

1. 建立健全的管理体系有效保障工程施工质量

要保障工程施工管理的顺利进行，建筑工程施工企业首先要结合自身的特征和施工管理的特点性能，对管理体系进行规划和完善。一个合格的工程管理体系，应该同时具备以下几个职能：质量管理的职能、成本管理的职能和施工安全管理职能。单方面通过某一职能是不够的，需要通过各部门的职能共同作用，才能提高工程施工管理水平。诸如，在工程施工的管理过程中，现场的技术操作人员不但需要对施工中的各项材料和设备进行检查审核，而且要对施工人员的人身安全进行管理，以杜绝存在安全隐患的施工行为。在另一方面，甚至还要关注施工过程中材料的使用问题，来保障施工过程中的成本管理顺利进行。所以综上所述，融合好有关职能，可以在很大程度上提高施工现场管理水平，提升施工质量。

2. 提高施工者业务素质

人，作为控制的对象，是避免产生失误；作为控制的动力，是充分调动人的积极性，发挥"人的因素第一"的主导作用。一是规范项目法人行为；二是加强施工企业的全面质量管理、护强化质量意识。必须坚持"以人为本，始于教育、终于教育。"通过教育提高全体职工的质量意识，激发质量责任感，使全体职工树立起正确的"质量观"和"顾客观"，树立起"质量是企业的生命"的观念。领导者的素质和技术层的整体素质，是提高工作质量和工程质量的关键。施工管理人员，班组长和操作人员的技能和知识应满足工程质量对人员素质的要求。从事特殊工种和关键工序的人员必须持证上岗。

3. 对建筑施工材料的质量要严格把关

建筑施工的原材料，作为工程项目施工的重要实体构成，其质量的优劣直接影响着工程项目施工的质量。根据国家的《建筑材料标准规范》和企业的《建筑材料管理办法》，对建筑物质承包商提供的建筑材料，要进行严格的质量检验，保证通过严格的评定后，才可以对该承包商的材料进行采购，然后根据其质量的标准和施工的实际需要，进行订货和运输，在材料收货的时候，对不符合质量标准的材料不验收。

4. 强化施工现场的机械管理

设备是人的生产能力的延伸，是现代工程建设必要的物质保障。而机械设备的寿命、生产效率，一方面取决于设备本身的质量及性能的优劣，因此，机械管理首先要根据工艺特点及技术要求，选择质量达标的施工设备；另一方面也取决于设备的使用情况，只要使用正确，保养良好，便能够降低磨损，使其工作效率得以稳定发挥，寿命得以延长，具体而言要做到如下几点：

（1）使用正确是工程现场机械管理的中心环节。机械设备的使用规范及安全操作规程存在的概念模糊，内容空乏等问题，往往会导致其得不到正确的使用。因此，必须对此加以明确，要明确操作人员在操作过程中必须注意的事项，包含现场清理、状态检查、使用者的技能要求、岗位责任、使用规范等多方面内容。

（2）加强机械设备的检测和保养，这是设备管理的基础环节，对设备的工作效率的充分发挥起着奠基作用。这要根据生产和技术的不断变化的要求制订和修订设备维修保养制度并加以贯彻实施。要对设备进行日常的清洁、润滑、紧固和调整；实行设备的分级保养；设备退场时，要利用工地的调转空隙，对设备进行整修，确保正常使用。

5. 积极创设良好的施工环境

影响建设工程质量的因素较多，特别是很多外界因素都能给工程质量带来影响，但环境因素是影响较大的一个。其涉及了方方面面的内容，例如：工程地质、气象、通风、污染等因素。环境因素对工程质量不仅影响大，而且这种影响并非固定不变的，气象变化多端，影响也是不一样的。而温度、湿度、大风、暴雨、酷暑、严寒都会对工程质量直接影响。在施工前需要了解工程的特点和条件，针对实际的环境因素，采取有效的预防措施。

总之，建筑工程质量管理是一个从始到终的系统工程。提高建筑工程整体施工质量的管理水平，不但要依靠各专业人员本身的施工水平，同时在很大程度上取决于各专业人员之间的相互配合。工程的施工质量是决定工程最终产品质量的关键。工程的施工阶段，应制订完整的、详细的、符合实际的质量管理目标，通过各种途径和手段，以质量控制为中心，进行全过程和全方位的控制管理，只有这样，才能保证工程质量管理目标的最终实现。

第三节　建筑工程安全管理

一、工程安全管理的概念与制度

1.定义

工程安全管理是指对建设活动过程中所涉及的安全进行的管理，包括建设行政主管部门对建设活动中的安全问题所进行的行业管理，和从事建设活动的主体对自己建设活动的安全生产所进行的企业管理。从事建设活动的主体所进行的安全生产管理包括建设单位对安全生产的管理，设计单位对安全生产的管理，施工单位对建设工程安全生产的管理等。

《建筑法》第三十六条规定"建筑工程安全生产管理必须坚持安全第一、预防为主的方针，建立健全安全生产的责任制度和群防群治制度。"

所谓坚持安全第一、预防为主的方针，是指将建设工程安全管理放到第一位，采取有效措施控制不安全因素的发展与扩大，把可能发生的事故消灭在萌芽状态。预防为主是指在建筑生产活动中，针对建筑生产的特点，对生产要素采取管理措施，有效地控制不安全因素的发展与扩大，把可能发生的事故消灭在萌芽状态，以保证生产活动中人的安全与健康。

2.安全生产管理体制

完善安全生产管理体制，建立健全安全生产管理制度、安全生产管理机构和安全生产责任制是安全生产管理的重要内容，也是实现安全生产目标管理的组织保证。

我国的安全生产管理体制是"企业负责、行业管理、国家监察、群众监督、劳动者遵章守纪。"行业管理是指行业主管部门根据"管生产必须管安全的原则"，管理本行业的安全生产工作，建立安全管理机构，配备安全技术干部，组织贯彻执行国家安全生产法律、法规；制订行业的安全规章制度和安全规范标准；对本行业安全生产工作进行计划、组织、监督、检查和考核。建设部负责全国建筑行业的安全生产工作。

国家监察，是指由国家安全生产监督管理部门按照国务院要求实施国家劳动安全监察。国家监察是一种执法监察，主要是监察国家法规政策的执法情况，预防和纠正违反法律法规的问题。它不干预企事业内部执行法律法规的方法、措施和步骤等具体事务，不能代替行业管理部门的日常管理和安全检查。

保护职工的安全健康是工会的职责。工会对危害职工安全健康的现象有抵制、纠正以及控告的权利。这是一种自下而上的群众监督。这种监督与国家安全监察和行政管理相辅相成。从事故发生原因来看，大都与职工的违章行为有直接关系。

工程安全管理基本制度在长期的生产实践中，我国已经总结出了一套行之有效的工程安全管理基本制度。《建筑法》第五章中专门明确了安全生产责任制度、劳动安全生产教育培训制度。

（1）安全生产责任制度

安全生产责任制度是建筑生产中最基本的安全管理制度，是所有安全规章制度的核心。安全生产责任制度是指将各种不同的安全责任落实到负有安全管理责任的人员和具体岗位人员身上的一种制度。安全生产责任制的主要内容包括：一是从事建筑活动主体的负责人的责任制。比如，建筑施工企业的法定代表人要对本企业的安全负主要的安全责任；二是从事建筑活动主体的职能机构或职能处室负责人及其工作人员的安全生产责任制。比如，建筑企业根据需要设置的安全处室或者专职安全人员要对安全负责；三是岗位人员的安全生产责任制。岗位人员必须对安全负责。从事特种作业的安全人员必须进行培训，经过考试合格后方能上岗作业。

（2）群防群治制度

群防群治制度，是职工群众进行预防和治理安全的制度。这一制度也是"安全第一、预防为主"的具体体现，同时也是群众路线在安全工作中的具体体现，是企业进行民主管理的重要内容。这一制度要求建筑企业职工在施工中应当遵守有关生产的法律、法规和建筑行业安全规章、规程，不得违章作业；对于危及生命安全和身体健康的行为有权提出批评、检举和控告。

（3）安全生产教育培训制度

安全生产教育培训制度，是对广大干部职工进行安全教育培训，提高安全意识，增加安全知识和技能的制度。

（4）安全生产检查制度

安全生产检查制度，是上级管理部门或企业自身对安全生产状况进行定期或不定期检查的制度。通过检查可以发现问题，查出隐患，从而采取有效措施，堵塞漏洞，把事故消灭在发生之前，做到防患于未然，是"预防为主"的具体体现。通过检查，还可总结出好的经验加以推广，为进一步搞好安全工作打下基础。安全检查制度是安全生产的保障。

（5）伤亡事故处理报告制度

施工中发生事故时，建筑企业应当采取紧急措施减少人员伤亡和事故损失，并按照国家有关规定及时向有关部门报告。事故处理必须遵循一定的程序，做到三不放过（事故原因查不清不放过，事故责任者和群众没有受到教育不放过，没有防范措施不放过）。通过对事故的严肃处理，可以总结出教训，为制订规程、规章提供第一手素材，做到亡羊补牢。

（6）安全责任追究制度

《建筑法》第七章法律责任中，规定建设单位、设计单位、施工单位、监理单位，由于没履行职责造成人员伤亡和事故损失的，视情节给予相应处理；情节严重的，责令停业整顿，降低资质等级或吊销资质证书；构成犯罪的，依法追究刑事责任。

2001年4月21日，国务院颁布了《国务院关于特大安全事故行政责任追究的规定》，明确了特大安全事故的行政责任。其中第二条规定，地方人民政府主要领导人和政府有关部门正职负责人对下列特大安全事故的防范、发生，依照法律、行政法规和本规定的规定有失职、渎职情形或者负有领导责任的，依照本规定给予行政处分；构成玩忽职守罪或者其他罪的，依法追究刑事责任，具体包括：

特大火灾事故；特大交通安全事故；特大建筑质量安全事故；民用爆炸物品和化学危险品特大安全事故；煤矿和其他矿山特大安全事故等。

二、影响建筑施工安全的因素

建筑项目施工安全是一个庞杂系统，按照安全管理系统规律，影响施工的安全系数的因素有四个，通常被称为"4M"要素，即人、物、环境和管理因素。人，一个人的行为是不安全事故的最直接因素；物，不安全状态的机器可能是安全事故最直接因素；环境，苛刻的生产环境会影响到人的行为与该装置的机械。环境的影响是事故中的一个重要因素构成；管理，是缺乏对事故管理的间接因素，但它是一个重要地因素，因为管理会对人、机器、环境将产生作用和影响。与此同时，人既是不安全行为的生产者也是受害者，因此，在人—物—环境和管理系统中，管理的漏洞必将造成人的行为，物的状态和环境的条件出现不安全，从而导致事故的发生。由此可知，我们研究建筑施工安全问题不能只从个别方面落实，而要在相应的体系之内同步完善。

企业是指以盈利为目的，运用各种生产要素（土地、劳动力、资本、技术和企业家才能等）在市场竞争中获取利益的单位。现代学说的观点认为企业本质就是资源优化配置系统，目的在于减少社会教育中产生的额外成本，既因为企业目的在于盈利，就有必要控制生产成本，然而一旦因为节约成本酿成安全事故，造成的财物损失，人员伤亡往往是不可弥补的，恶劣的社会影响也是难以逆转的，因此，把握安全管理要点，从上述四个因素着手加强施工安全管理是切实提高建筑施工企业现场安全管理水平的可操作切入点。在我们的例子中这四个要素主要体现在以下四个方面：

1. 管理方面

什么是管理，管理就是通过一定的手段，将人和物充分地调动起来，以最高的效益来实现所要达到的目标的过程。政府主管部门，社会相关组织及舆论，建筑项目施工单位是建设施工安全管理的主体，在安全问题上进行计划、组织、领导、控制活动。然而，我国的这些建筑安全管理主体常常出现缺位现象，严重影响了建筑施工安全管理水平的提升。

2. 人的方面

人是建设工程中最主动积极的因素。在建设工程项目安全的许多方面，涉及施工安全管理人员和一线施工工人的安全。建设项目施工管理负责人员在组织人，财，物和信息情报等资源过程中不断进行计划，组织，指挥，协调和人员的控制，管理人员通过做决策、分配资源、指导别人的行为来达到其工作的目标。而一线施工工人则直接在某岗位施工操作或进行在建产品服务的任务，只有规约自己行为遵守规章制度和操作规程的责任，而没有责任规范他人的监管工作。

3. 物的方面

建筑施工项目建设是一个物料不断转移、组合、堆砌、使用的过程。相同的结构，相同的设计方案可能涉及不同的物料，主要涉及的物料钢材，水泥，砖（包括块），劳动用品，砂，石，商品混凝土，预制混凝土，工程设备和其他必要的用品。那么，对机械设备，物料，构件，配件等等的采购应该实施有效控制，保证购买的物料符合安全管理规定和要求。建筑施工企业应落实物料现场验收及物料安全使用管理，对供方明确所需物料质量、环境和职业安全卫生标准要求。凡是建设项目所需的各类材料，从物料采购进入建筑施工现场到项目完成竣工结束清理施工现场为止，整个过程所要开展的物料管理，都是为了保证建设项目施工安全所需要对物管理的内容，物的管理的有效性直接影响施工过程的安全性。

也就是说，项目建设安全施工既需要有符合资质管理者和操作者，又需要有合格的工具设备、合乎安全标准的加工对象等，还需要有比较稳定的能源、动力等资源。

一般来说，建设项目施工单位为确保安全生产和降低施工安全事故发生率的安全管理投资金额——即建设工程施工安全成本和安全事故发生率有显著负相关关系。也就是说安全成本的投入与建筑施工的事故率成反比。

4. 环境方面

在我们的概念里，环境并不是自然的同义词，而是指以某一事物为中心，与他有交集的外部事物的集合。

建筑施工安全系统中所指的环境在狭义上是指建设项目施工过程中的现场环境。根据中华人民共和国住房和城乡建设部 2014 年 6 月修订的《建筑施工现场环境与卫生标准(JGJ146-2004)》，建筑施工企业应投入必要资金，为保证施工一线工人的健康和生命安全采取必要措施和整改，以改善一线施工工人的作业和生活环境，同时爱护生态环境，预防建设项目的施工过程对周边环境造成污染，避免各类疾病的发生。

在庞大的建筑施工安全系统环境中除了施工现场环境还应包括超越狭隘的环境内容，主要应该包含建筑施工安全软环境系统，如建筑行业发展经济形势，政府相关的政策法规，政府相关部门实施和监督情况，建筑施工技术开发施工安全水平，社会保障意识的发展和教育等方面的水平。

三、建筑施工安全管理原则

安全管理也是一门管理科学。其主要内容是防止安全事故的发生，这门科学是研究分析各种不安全因素，并运用现代安全管理原理、方法和手段，试图从各方面进行工作以期解决各种不安全的隐患问题。

建筑企业生产运作管理的一个重要地组成部分是建筑施工安全管理，主要是对相关各因素的安全方面的监督管理，也是对于管理的因素在安全方面相应的控制行为。建筑施工安全管理系统的运行必须遵循一定的基本原则。建筑施工安全管理既是建筑企业开展相应检查监督的相应举措，同时也是保障安全的重要方面。

相应的安全管理涵盖了组织相应活动的管理，建筑过程中的相应场地和工作器械的管理以及规范施工行为还有施工时采用的相关技术的监管等方面，从而对于施工整个体系中的各个单元都起到了相关作用，在建筑施工整个体系的运作中必须做到处理以下关系，落实下文提到的六原则才能使其管理行为行之有效，落到实处。

1. 建筑施工安全管理必须正确处理的五种关系

（1）安全与危险并存

安全和危险是同时出现的矛盾体，但作为一个整体，不可能单一分割剥离，正因为人类在施工过程中出现了安全隐患，才有了对应的措施预防危险。同样的，两者都是不断运动的，也就是说安全的内涵和危险的表现时刻发生着变化，进行着矛盾斗争，并向着更有利的条件逐步靠拢。所以说，绝对性质的安全和危险这样的说法都是错误的。要在可能出现的问题中寻找解决办法，提前预防从而达到相应的控制。

（2）安全与生产统一

人类生活得以维系的关键就在于物质生产。生产体系中任何元素出现了安全问题，直接影响整体的生产过程。安全是生产的前提，如果没有生产的运作就不需要安全。安全生产的管理保障了全社会最根本的物质需要的提供。生产必须有保障，如果生产事故频发，生产因此受滞，势必影响整个社会的物质需求。只有解决了安全隐患，消灭了危险情况，生产才能更好更快的得以开展。我们要尊重生产，更要尊重安全。

（3）安全与质量共生

质量在广义上讲是包括安全工作的质量，安全工作的目标也是追求安全工作的质量，所以总的来说，两者是有交际的，而且并不矛盾。很多情况下我们呼吁的安全第一，目的在于确保整个生产活动不会因为威胁停滞，相对应的质量第一的概念是对于产品本身属性能否最大使用的方面来说的。安全和质量其实也有共同点。在整个施工中安全生产和产品质量都要保证，一个都不能少。

（4）安全与速度互保

过分重视速度，而没有安全保障的施工方式是违法的。建设项目施工过程的胡干、蛮干、乱干，侥幸能快又省，没有安全保障，从而导致事故发生时的停工停产，是对企业作业速度有最大的负面作用。又好又快，就是说要在保障安全的前提下提高速率，要严格遵守相应施工规则，保障施工人员的安全。如果两者出现了矛盾，首先应该考虑适当放缓工程进度，确保安全。

（5）安全与效益兼顾

与安全相关的措施到位，必然会在保证生命财产安全前提之下使劳动水平提高，使施工人员更加放心自己的工作安全问题，更加投入，由此带来的收益能够和前期安全工作的投入抵消。这样来看，安全效益和经济效益的关系是成正比的。

在安全生产管理中适量投入资金能取得较高的经济收益，此项投入要切合企业本身经济条件并做出合理安排，既解决了安全隐患又保障了资金不被乱用。如果为了节约而忽视安全投入，或者大肆安全投入不经过合理筹划，都不是健康的安全管理。

2. 建筑施工安全管理必须坚持六项原则

（1）管生产同时管安全

在建筑施工进程中，施工安全和生产时间会出现矛盾，然而安全和生产管理的目的和目标是一致的。安全管理和生产管理是密不可分的。生产管理包括安全管理，而安全管理能否到位直接关系到生产进度和效益。我国政府明确规定："各级领导在生产管理上，我们必须负责管理安保工作。""有关公司联合机构应该从两者的要求的范畴里进行相应管理，负责安全生产"所以，一切与生产相关的机构，人员，必须参与生产和安全管理。安全管理工作是企业全体人员的工作，绝不仅仅是安全管理部门的事。也就是说管生产同时管安全，树立有效的责任体制，使得责任到位安全管理才能落实。

（2）避免安全管理盲目性

没有目标的管理是不值得信任的盲目的管理，要切合实际有效管理落实安全管理工作才能保障建筑施工一线操作者的健康和生命安全。盲目的建筑安全管理只是作秀，既浪费了大好的施工资源，安全风险因素依然存在。可以说盲目的安全管理也是对人类安全的威胁。

（3）贯彻预防为主方针

贯彻预防为主，第一点要了解安全对于生产力的重要作用，生产活动不安全，直接导致生产力受损，其次要纠正错误的生产知识，重新树立安全观，达到消弭不安全因素。认真研究在生产内容和布局结构，风险因素并要妥善解决风险。相应的检查工作当中也要认真仔细的查找出可能出现的安全隐患，负责是每一个安全工作者的态度。

（4）坚持"四全"动态管理

安全管理需要所有涉及的生产单元的人全部参与。没有完整参与的安全体系就不会有积极的效应。在安全生产中组织的作用是很重要的，全员参与的管理也是非常重要地。所有生产环节，覆盖到所有时间段的安全管理活动。因此，生产活动必须坚持全面，全员，全程，全日动态安全管理。

（5）安全管理重在控制

安全管理就是保障生产作业的安全和作业人生命的安全。就目前来看，生产状态在保证生产安全中其实有着很大的作用。所以生产过程中的相应不稳定的状态是安全管理重要地监督内容。因此不仅仅要把安全管理的重点放在整治和惩戒后果上，更要注意控制生产中的状态。

（6）管理在动态中发展提高

安全和危险是不断发展的，所以安全管理也是相应的不断发展的动态体系，安全管理的落实也是不断探索中的相关责任的定位，在这样复杂的全方位的新变化中，安全管理必须紧跟时代，在动态的状况下不断优化自身，使得自身的发展也能够紧跟改变。

四、建筑施工安全管理对策

1. 强化建筑施工安全意识

安全意识即为预警意识，指的是在工作中对自己可能存在的相应危险做出的经验预判。具有相应的预警意识，才能决定具体的建筑施工作业，将决定建筑工人和建筑产品的行为的命运。树立安全意识，最重要地是要严格执行安全规定，标准化的安全程序，做到对任何人，在任何时间是一个样，有没有监督都一样，各项工作开始前首先要思考如何严格执行安全标准。事实上，大量事故案例证明不少人既是违章施工作业者，但也是意外事故的受害者。然而，据专家介绍，要纠正一个习惯性违章作业行为需要超过 20 次的劝诫努力。同时，建筑工程施工的特点决定了其安全管理内容的复杂性和不确定性，因此，提升施工安全管理水平，提高相关主体的安全意识是庞大的系统工程。

（1）强化政府相关部门对建筑施工安全意识教育指导

现今的政府部门已经退出计划经济时期的直接行政领导，服务型政府的全新起航给社会各领域发展提供了更有利的发展机遇和更广阔的发展空间。建设工程行政监管部门较建设单位、施工单位及其他社会力量有着更高的专业威信，更多的专业信息资源和更好的行业发展理性规划。这样的高瞻远瞩的优势使得建筑施工安全监管行政部门，和相关政府部门在建筑施工安全意识宣传教育方面可以发挥不可替代的引领性作用。实效化的宣传和指导可以有效地引领建筑施工行业走出盲目粗放的发展误区，切实消除安全隐患，避免安全事故的发生。相关政府部门应指导建筑施工行业企业树立"以人为本"的安全生产观念，应始终将安全生产放在最重要地位置来对待，且将安全生产作为工程施工最主要的工作来抓。

政府相关部门也应通过较人性化的财政投资政策支持建筑施工安全意识的提升。目前，一些发达国家的建筑施工安全管理研究已经取得很大进展，并且已经在降低事故率中起到了较好的实践指导作用。而我国的建筑安全理论研究还有些初级化，以至于建筑施工安全管理理论不能作为建筑施工安全管理指南。因此，提升建筑施工现场安全管理水平必须重视理论研究，强调安全意识宣传，推动建筑施工安全管理走上科学化、普及化的道路。与之相应政府主管部门还要提高自身安全管理意识，建立建筑施工安全管理相关章程和制度，通过完整有效的制度体系，确保建筑施工安全生产工作落到实处，确保建设工程中生命和财产的安全。

（2）落实建筑施工企业安全意识培训与强化工作

建筑施工企业及其领导忽视在对一线施工人员进行建筑施工安全意识教育培训方面，有着不可推卸的责任。建筑施工企业的安全意识宣传工作较其他建筑施工安全管理主体更具有直接现实性，直接组织施工现场，直接面对建筑施工作业人员也使建筑施工企业的安全教育工作更具有可操作性。这其中包括：在建筑施工领导班子中强化企业法定代表人和主管安全生产领导的安全培训，在建筑施工队伍中加强安全教育和施工队伍的培训，使建筑施工领导班子及在一线的施工人员深入认识和了解安全生产的方针、政策和安全生产的法律、法规。努力在所有建筑施工相关人员的内心树立起"以人为本"的安全生产意识。建筑企业若想能够得到长久的经济效益，就必须让每位相关工作人员真正意识到安全管理的重要性，建筑施工人员有了安全意识及行为，才会落实安全管理工作，企业才会稳定发展，安全生产才是企业经济长久不衰的根基。

建筑企业施工需要有一定标准流程，拒绝施工人员在施工过程中，工作靠感觉、凭经验的盲目施工模式。建筑企业应强化工程部门的建筑施工安全教育和培训工作，不断提高对施工人员安全防护服务质量。对施工人员应采取有效的措施和手段，规范施工者的行为，增强他们安全生产的自觉性。

在开工前建筑施工企业和相关领导人就应宣传贯彻落实"安全生产法""建设工程安全和卫生公约"，并以此为契机，充分利用一些现代科技与媒介，比如：媒体，海报，开放式安全生产专栏，杂志专刊安全研讨会，知识竞赛等形式，积极有效的推广安全法律法规和安全操作规程，促进安全生产管理意识深入大家的心里。建筑企业通过加强宣传学习安全生产法律，法规，了解安全教育和安全技术的标准，可以对施工人员进行有效的安全行为规范的培训，大大地提高施工人员素质。综合训练的基础上，重点对事故单位以及安全监督管理的薄弱单位开展安全生产大检查，明确每个安全管理人员的责任强化建筑施工企业管理人员的培训和教育内化安全意识，提高安全管理水平。按照建设部《建筑业企业职工安全培训教育暂行规定》以及国家关于特种作业人员安全技术教育培训的规定要求，建筑企业施工人员应认真学习有关建筑施工中的安全生产法律法规，企业应及时宣传最新的安全技术规范标准，提高建筑施工人员的安全防护能力和安全责任意识。

①要注重员工的安全培训。企业对施工人员应注意安全培训和教育的重点，要对不同的施工人员进行有针对性的培训，对施工者的安全培训要防止出现走过场，让培训成为形式化，在培训的同时要保证质量和培训的时间。转岗、上岗培训不能低于20学时。安全管理机构工作人员每年都要切实参加安全技能培训和考核，法定代表人、项目经理每次参与培训时间不可低于30学时，安全管理专职人员不可低于40学时，特种作业人员不可低于20学时，其他管理人员不得少于20学时，同时提供培训服务的机构必须正规有资质。与此相应安全管理工作人员必须持证上岗并开展年度审查考核，不合格者不得上岗。

②做好建筑特殊工种和临时工的安全培训教育。特殊工种需要经过严格的培训考核，必须持证上岗，不能搞特殊化。建筑施工企业和安检部门必须提高临时工的安全意识和素养，临时工上岗前需要经过岗前培训，审查考核通过后方能进入施工操作现场。

③应采取多种手段提高施工人员的安全技术素养，切实实现施工生产程序标准化，规范化，督促施工行为超前防范，预防施工操作过程盲目进行。

④用心在建筑企业中创造丰富多样的安全文化。建筑企业应定时为施工者尤其是特殊

工种开展各种形式的安全文化活动，运用强化教育和有趣活动相结合的方式，来提高施工者对安全生产常识和安全意识。

（3）督促建筑施工作业人员内化施工安全意识

建筑施工作业人员是建筑施工安全事故的制造者同时也常常是直接受害者。在我国建筑施工行业农村进城务工人员比重较大，约占建筑施工从业人员数量的八成左右，占一线作业人员的数量的九成以上，他们从务农到城市工业环境多数不适应施工安全管理要求。同时，他们普遍来看受教育程度不高，未经培训就上岗，从事高空作业或特种作业，由于缺少的安全施工和自我保护常识，往往不按规定佩戴或者不能正确佩戴和使用劳动防护用品，认为佩戴和使用劳动防护用品没有必要常常是违章作业，盲目粗放操作，由此引发的人身伤亡和职业病时有发生。如上所述，每一个习惯性违章作业需纠正20次以上方可予以改正，列宁同志所说"正确的思想不会自动跑到受教育者脑中"，在强化政府引导，企业培训的同时做好建筑施工一线作业人员安全意识内化工作刻不容缓且任务艰巨。

对此建筑施工企业负责人以及安全管理专职人员要积极宣传"安全第一"的重要性，以安全知识技能为内容开展专业安全培训，用物质或精神奖励为手段，全面增强一线施工者的安全意识，不断提高事故防范能力，明确自己的施工行为与生命财产安全的利害关系，以落实施工安全管理目标。可参考的具体做法有：

①加强施工安全常识、技能的日常学习与培训，用典型先进安全范例和事故教训进行生动宣教，并对照相关法律、法规认真地进行分析、讨论，晓之以情，动之以理。

②积极开展经常化、制度化安全教育培训工作。应把安全常识普及学习活动贯穿于施工安全管理全过程，不能因为追赶工程进度就任意占用学习时间，或是走过场，让学习流于形式。同样重要的是要根据学习对象特点因材施教，运用多层次、多渠道和多种形式的教育方法，针对进城务工人员对安全教育宣传内容接受程度较低问题，可以适当采用典型安全事故视频、图片案例教学方式让他们直观、感性地认识到违章操作，野蛮盲目施工可能带来的血淋淋的教训，并辅以下图实例安全规章教程，以生动形象，浅显易懂的指导方式切实教会建筑施工作业人员该怎样做，不该怎样做。

③接纳新员工时落实安全教育体系：只要建筑施工企业招收新员工，尤其是一线施工作业人员必须分别由企业组织一级安全培训，项目经理部进行二级安全教育，由现场施工员、安全员及班组长开展三级安全教育。

2. 提高建筑施工安全技术

安全技术是为职工提供安全、良好的劳动条件，并预防和阻止在生产过程中的各种伤害，火灾、爆炸等事故的各种有效的技术措施和手段。建筑施工安全技术的任务主要有：引起各种的事故原因分析；研究如何防止各种事故的发生；完善的安全装备操作流程；安全措施讨论，新技术，新工艺，新设备应用。现代建筑施工安全技术的应用变危险操作为安全操作，变重体力劳动为轻便劳动、变手工作业为机械作业，通过改进装备、工作环境或作业方法，达到安全生产的目的。在建筑施工安全技术方面许多国家中已得到了迅速发展，事故预警和安全控制技术也得到了实际应用，相信这些技术在我国也必然会得到较好发展和应用。

（1）政府、社会共促建筑施工企业安全技术升级

正如上面所提到的，政府相关部门对于建筑施工行业安全技术及发展有着不可替代的宏观调控能力。政府建设和安全管理技术的发展在完善建筑施工安全管理体系的过程中起到重要作用，信息技术和 IT 技术的催化也已经成为安全管理体系中不可缺少的工具。这方面的研究已经发展经过近 10 年，积累了丰富的经验，并仍在不断发展。如何三维模型，GIS 和虚拟现实，并应用于安全管理，智能安全管理等先进的信息化工具，是目前研究的热点，在发达国家，并且将成为一种趋势。如在美国政府支持下建筑安全软件公司依托伊利诺斯大学开发了各种安全管理软件，其数据库功能强大，为使用者提供所有相关该建筑施工项目的全面信息，如建筑施工安全队伍建设、建筑施工规章制度、各种事故信息等等。用户注册后，您可以使用它来开发用于危险源辨识和施工现场的安全，安全管理计划发展评价施工安全监控软件，安全性能评估软件，从而防止施工现场安全事故的发生。

我国现阶段这个理念正在被石化，核电工业，建筑等大型企业特别是建筑业接受、参考和使用，它们在国家基础设施建设的先锋作用，他们正在探索现代科学理论和先进的安全应用管理和安全管理施工现场安全技术，解决了理论研究和实际操作的问题。我们基于现代安全管理和安全管理体系建设项目正在形成的理论框架的共同努力下，有关政府部门，社会工作者和相关行业，科研人员和安全管理的支持。

（2）建筑施工企业安全管理技术现代化

我国《中华人民共和国建筑法》第 38 条明确规定"建筑施工企业在编制施工组织设计时，应当根据建筑工程的特点制订相应的安全技术措施；对专业性较强的工程项目，应当编制专项安全施工组织设计，并采取安全技术措施。"

在这里所说的"安全技术措施"，是指在编制的施工组织设计中，为了防止人身伤害和财产损失事故和职业病防治，建设工程的特点，施工方法，采用机械，电力设备和现场的道路，环境条件，如相应的安全技术措施的实施。例如，从建筑结构中的工程方面，一些是木结构，一些是砖石结构，一些是钢结构。由于不同的结构，它们应该根据不同的结构应用不同的安全技术措施。应该指出的是，建筑设备企业的需要编制安全技术，材料，设备应该包括，材料供应计划，期限和负责人员应清楚地认识到；安全应根据技术措施，以改善劳动条件的安全和健康的影响，防止人员伤亡，职业病防治和职业中毒的措施的目的，不是要与生产，基础设施和福利措施相混淆。对于高度专业化的项目，如爆破，吊装，水下，深，模板，拆迁等项目应编制专项安全施工组织设计，并采取安全防范措施，以准备安全技术的一个特殊的程序，根据其特殊性制订相应的安全技术措施。

建筑施工企业为了企业的长远发展计划应该积极投入人力，物力和财力资源，促进企业安全管理技术升级的现代化。从良好的危险源辨识和控制建设入手，严格落实安全施工责任制，安全施工教育和培训体系，完善建立安全管理机构，配备有专职的安全管理人员，

严格做好安全检查；同时应精心施工设计工作，根据施工组织设计施工安全工作的合理组织；提前预警做好技术测试工作，设立较为明显的安全警示标志，在施工现场，还应预备做好季节性安全防范工作，临时搭建施工现场的建筑物必须符合安全要求，由于相邻建筑物可能被在建建设项目所损坏，构筑物和地下管线等，应采取特殊的措施；同时还应细致培训操作者，正确使用个人防护设备，工作人员应符合强制性标准的施工安全，规章和程序，正确使用安全设备，机械设备等。

3. 增强建筑施工安全监管

安全管理主要是为了保护相关的安全，利用政府的力量，对此类活动特殊监管。现代社会所说的监督工作，就是指管理者在希望得到更好的绩效情况下，对于监管范围内的活动进行相应检查管理的实践活动。安全监管是具有一定的强制性的专项治理活动，具有很强的实践操作性。安全监管是一门科学应遵循：客观性原则、独立原则、公开原则、重日常原则、经济原则，切实落实施工前、施工中、施工后全面安全监管。

（1）政府相关部门安全监管法制化、常态化、长效化

政府相关部门应加强安全管理技能培训，使拥有先进的技术，管理，高素质的人才走向施工现场，无论是合同工，外包工人，必须按规定进行有效的安全培训。有效行使安全生产"一票否决制"安全生产和商业智能，安全智能，项目经理资质，招投标和企业绩效和领导业绩挂钩。加大对那些负责事故的处罚，迫使企业领导高度重视，真正议程的安全性，有效地树立"安全第一"的理念，让时时处处重视安全生产措施。

在具体监管工作中，政府应该要求的施工企业管辖填写伤亡月度报告，根据相关监管部门，根据需要伤亡报告法规发生，并认真按"四不放过"（损失成因调查不明不放过，事故责任不清不放过，事故负责人和群众未受再培训不放过，预防举措不整改不放过）调查的原则，违法情况，评估和评价安全招标；相应条件不达标不允许受理招标手续，企业禁入，当你按下招标扣分业务的相应规定的项目招标；发生重大伤亡事故的企业，视情况暂停或减少投标资格的处罚程度。

（2）建筑施工企业安全监管专业化、全程化、实效化

在日常安全监督管理，首先是根据安全生产目标考核的规定，报告和监督紧密联系在一起发出施工许可证的安全性，对未建立规章制度，不设立现场安全保证体系，而不是根据特征的有效的安全措施发展的网站，没有任何现场施工安全生产文明施工承诺企业，将不予办理安全监督。对于安全监督已办理建设项目，要按照《建筑施工安全检查标准》，采取定期（每季度，半年检查，检验）和不定期安全生产，施工验收的文明标准，监督施工企业要建立和完善建筑施工安全管理，保证制度，完善安全生产规章制度，落实安全责任到人、到部门，正确处理安全与生产，安全与效益的关系，使企业做到意识到位，领导到位，责任到位，措施到位，努力降低工伤事故率。

安全生产责任人指的是项目指定的若干重点的监督，一旦施工开展，那么安全生产就要同时跟进。项目经理的安全控制点，明确全面负责制订安全管理，做出承诺，在确保安

全的条件下，对项目的安全情况做预计，有效落实安全体系，简历其责任机制，做到整个过程中对安全问题的预防，其重中之重是过程中施工前的监督和管理。

建筑企业应在施工现场开展有计划有步骤的安全生产准备工作。做好施工前的研究。记录一切可能会导致安全隐患的潜在因素。在建设施工工程现场容易发生事故的处所，开展好安全生产的宣教，认真开展安全常识及技术学习与考核，根据现场施工情况进行记录，同时做好安全技术交底工作。

依据《中华人民共和国安全生产法》，施工单位必须先行签订相应条约，明确法人责任。需要相关单位制订相应的目标，对于责任要有明确分配，另外施工过程中五十名以上一线作业必须安排专职安全员，建筑面积达到 10000 ㎡ 以上要安排 2～3 名专职安全工作人员的数量；超过 50000 ㎡ 根据专业安排专职安全员，成立施工的安全管理小组，设立各级安全管理工作人员，企业对于施工现场相应安全检查应该寻常化，保证施工全程安全。

建设施工项目部门应建立健全安全施工责任制，落实安全职责目标到每一个岗位，目标分解到每一个人。要根据建设工程特殊的条件，科学的安排所有人力，财力，物力，保证现场施工过程的安全。按照"依图施工"的根本原则，进行施工前班组安全学习活动，同时安排好所有安全预防和应急措施的验收工作，做到安全管理能掌控施工现场管理全部安全动态，一旦发现隐患，及时纠偏，规范可能的违规违纪操作。

（3）确保材料供应的质量

安全标准建筑施工物料的选择和使用是建筑安全的最根本要求。所以有关的材料管理机构需要对运抵施工现场的所有材料进行抽样检查。因此该类机构工作人员就需要更好地熟悉业务，了解不同的施工材料在各方面的规格和要求，还要妥善的存储和堆放。其中，如果检验错误，就必将导致不合格产品运用，最终将会造成极恶劣后果。

（4）电力、机具、设备的维护和保养

电力、机械设备操作人员上岗或转岗前必须持有相应资格证书，上岗后也必须遵守相应行业规则，避免出现可能的危险情况。要使对于他们的管理成体系，成制度。

（5）发现安全隐患及时制订整改措施

建筑施工安全管理人员，应该是在曾经发生的安全事故经验教训中好好归纳总结，找到规律或一般性问题，并制订相应的整改措施。相关的组织设计应该包括了可能发生的任意一个环节，主要作用在于消除潜在安全威胁，防止事故发生，以及可能出现的人身财产安全问题。施工安全的措施包括：高空及立体操作的保护；地面及深坑操作的防护；施工安全用电；机械设备的安全维护与使用；制订有针对性安全技术措施应用于新工艺、新材料、新技术和新结构；防爆防火预防自然灾害措施。

在日常施工中，如若发现安全隐患必须当场分析形成原因，即时纠偏，限期整顿改造。对施工安全事故应采取预防举措，并监督其实施过程和实施效果，同时进行跟踪验证，并保存验证记录。除以上办法还可以要建立经济奖罚制度，以经济手段，控制施工安全生产实效。

（6）发挥监理作用

安全监理贯穿整个建设工程施工过程始终，对于安全管理问题应负有主要责任，施工现场的不安全行为以及人力，物力不安全状态直接影响施工的质量，监理人员负责生产安全，充分行使监督权的权利，在建筑现场需有敏锐的观察能力，能够及时发现和纠正施工人员不安全行为或施工现场已经存在或潜在的安全隐患。如果建设工程施工单位存在的安全问题，就应被立即责令整改。可能风险排除并经安全管理权威机构审查合格后才可依复工。因此建设工程施工安全监理，构筑了施工安全防御的第二道防线。

（7）施工安全管理事后总结纳入法制化管理系统

如今我国政府已不再是指手画脚的行政领导，服务型政府的建立，使得"小政府，大社会"的趋势不可逆转，在此情形下，建筑施工安全独立监管主体不可缺位，相关非政府组织独立监管实权化可以促进建筑施工行业安全的升级。施工安全管理事后总结纳入法制化系统，才能使建筑施工一线人员，认真总结建设工程安全管理隐患，提高安全防范意识，长效地保证建筑施工现场安全。

我国建筑施工企业仍受制于政府相关部门监管机制，全社会还没有形成完整的建筑安全监管机制。现阶段我国基础设施建设如火如荼，政府监管机制已经难以适应日渐扩大的建设规模。在市场经济体制下，为了适应建筑业的发展，社会应该建立健全的监管监察队伍，鼓励有独立监管权的，有专业权威的非政府组织参与建筑施工安全监管工作，调整政府监管机制，建立具有中国特色的权威、高效和专业的建筑安全监督机构、组织和执法队伍，这样可以大大降低建筑施工事故的发生。

第四节　建筑工程风险管理

一、建筑工程风险管理概述

现代工程风险管理的理论认为任何工程项目都有风险，工程项目风险管理是决定工程项目是否成功的关键。工程项目风险管理就是对工程项目活动中涉及的风险进行识别、评估并制订相应的政策，以减少成本，最大限度地避免和减少风险事件所造成的事实效益与预期效益的偏离，安全地实现工程项目的总目标。

建筑施工项目具有复杂、庞大的特点，建筑施工项目正朝向环保化、综合化、智能化、信息化、科技化、机械化等现代化方向发展，施工单位从参加招投标与签约、施工准备、施工阶段，到竣工交付使用，都会遇到各种类型的风险，如政策性的风险、可预料的风险以及其他类型的风险等。

风险也就是将来可能发生，但是不在计划内或不期望发生的事件。风险具有两个基本的特征就是损失和不确定性。风险产生的原因一般包括人们的非正常行为、外界的干扰、事件的偶然性，为消除风险可能造成的损失与风险的代价，二者权衡的结果，客观世界与主观世界的差距而造成。有学者研究发现，建筑施工企业存在的主要风险是人才风险、管理风险、制度风险、资金风险、标准风险、技术风险、安全风险。

一些建筑工程项目都需要进行风险分析，也就是一种特殊的规划方式。对于任何一个建筑施工项目可以有较高的期望值，但是也应当做好最坏的准备。因此，面对风险管理低下和险恶的风险环境，建筑施工企业需要对企业的所有员工进行风险知识培训，强化风险意识。

二、施工企业的风险内容

项目风险因素很多，根据 FIDIC 施工合同条件的条款、按照"近因易控"的原则，即谁能最有效地防止和谁能最方便地处理风险，就由谁来承担该"风险"的原则，要求在业主和承包商之间分担风险，施工企业在施工全过程中承担的风险主要有以下几点：

1. 承担承包连带风险

《建设工程质量管理条例》明确规定，总承包单位与分包单位对分包工程的质量承担连带责任。当分包商出现质量问题，或卷款而逃时，都由部包单位承担连带后果。当前形势下，常有项目经理以公司的名义乱接工程，压价或由于本人业务能力低下原因，导致工程半途而废，无法完成工程。相应的后果施工企业要承担连带责任。许多企业因项目经理不良行为承担巨大经营风险。

2. 报价风险

随着建筑市场竞争日趋激烈，施工企业为了获得继续生存的机会，投标时竞相压价，最终只能以微利或成本价，甚至不惜以低于成本的价格承包工程。发包时要求签订固定价合同。过度竞争造成施工企业合理利益的流失，给企业正常经营和生产带来诸多困难，在施工项目承包过程中稍有管理不当，就可能亏本经营。

3. 资金风险

拖欠工程款是施工企业确知无法避免，又不得不承受的一个重大风险因素。拖欠工程款或垫资工程有越演越烈的趋势，实质上是业主把投资成本和投资风险转嫁给施工企业的不平等市场行为，大多数施工企业承受巨大的财务风险。

4. 安全生产风险

建筑企业生产经常发生安全问题，因建筑产品露天生产，建筑业历来是事故多发行业，施工企业一旦遭遇安全事故，用于抢救、处理伤亡事故的时间和费用往往很大，承受巨大的经济损失，还要遭到行业主管部门，行政管理部门通报批评，为以后的投标带来难度。

三、工程项目风险的特点

（1）风险存在的客观性和普遍性。作为损失发生的不确定性，风险是不以人们的意志为转移并超越人们主观意识的客观实在，而且在项目的全寿命周期内，风险是无处不在、无时不有的。这些说明为什么虽然人类一直希望认识和控制风险，但直到现在也只能在有限的空间和时间内改变风险存在和发生的条件，降低其发生的频率，减少损失程度，而不能也不可能完全消除风险。

（2）某一具体风险发生的偶然性和大量风险发生的必然性。任一具体风险的发生都是诸多风险因素和其他因素共同作的结果，是一种随机现象。个别风险事故的发生是偶然的、杂乱无章的，但对大量风险事故资料的观察和统计分析，发现其呈现出明显的运动规律，这就使人们有可能用概率统计方法及其他现代风险分析方法去计算风险发生的概率和损失程度，同时也导致风险管理的迅猛发展。

（3）风险的可变性。这是指在项目的整个过程中、各种风险在质和量上的变化，随着项目的进行，有些风险会得到控制，有些风险会发生并得到处理，同时在项目的每一阶段都可能产生新的风险。尤其是大型项目中，由于风险因素众多，风险的可变性更加明显。

（4）风险的多样性和多层次性。大型项目周期长、规模大、涉及范围广、风险因素数量多且种类繁杂致使大型项目在全寿命周期内面临的风险多种多样，而且大量风险因素之间的内在关系错综复杂、各风险因素与外界因素交叉影响又使风险显示出多层次性，这是大型项目中风险的主要特点之一。

四、我国工程项目风险管理的现状与问题

从总体上看，我国的工程风险管理水平仍十分落后，实行工程保险的范围极为有限，工程担保更基本上处于空白状态。

1. 责任不明确，风险管理意识不强

建筑施工企业的一些管理人员对建筑施工安全的相关文件、规范、法规、法律等了解较少，也没有把一些信息进行及时传达，没有从思想上认识到建筑施工的安全重要性，从而导致建筑施工人员安全意识不强。建筑施工企业建立的一些制度流于形式，没有认真贯彻、落实，从而很容易导致建筑安全事故的发生。

我国的一些建筑施工项目管理者和企业经营者对风险管理的重要性认识不足，风险意识不强，也没有作为项目管理的重要内容。尽管制订了一些风险管理措施，但是也只是一些建筑工程安全、进度、质量等方面的保证措施，缺乏明确和系统的风险管理目标，只是分布于施工技术方案和施工组织设计等文件。建筑施工企业管理人员缺乏专业风险管理，忽视施工技术管理，仅仅是注重业务量。

2. 风险管理机制还需要完善

我国很多建筑施工单位对风险管理没有进行明确的定位，在项目部的组织结构设置上没有考虑风险管理部门职能，缺乏专职人员从事风险管理工作。建筑施工企业风险机制还有待健全，造成抵御、化解风险的能力较差，增加了企业的运行风险。

3. 监管体系还不够完善

我国已经颁布很多建筑安全的法律、法规，已经初步构建了劳动保护、建筑安全生产的法规体系，对减少安全事故、提高企业安全生产水平。但是随着社会的发展，不断暴露出一些问题。例如缺少建筑施工安全保险实施细则、安全责任需要进一步优化。目前，监督管理措施和日常的监督管理制度没有得到应有的重视。监管体系还不够完善，手段落后，监管力度不够，资金不落实，还不能适应市场经济发展的要求。

4. 安全防护设备有待于提高，施工方案不合理缺乏针对性

实施性施工组织设计是防范安全质量事故风险的首道防线，也是工程项目有序施工和规范管理的基本依据。一些建筑施工项目，技术性操作缺乏应有的安全保障，管理结构混乱，施工现场组织混乱，缺乏必要的蓝图和计划书，专业施工方案缺乏针对性，施工组织方案设计不合理。一些典型的弊端例如悬挑架未按设计要求搭设，结点设置无详细图纸，高层架体无设计计划书，脚手架搭设方案无针对性，由此引发的安全事故触目惊心。安全防护设施一方面设施简陋，没有真正起到防护作用，另一方面设置不齐全或没有按照规定设置。个人的安全防护服装、防滑鞋等设备质量低劣和严重不足。

五、风险管理措施

1. 风险防范措施建议

（1）加强内部合同管理

合同签订要避害，在合同签订前必须熟悉和掌握国家有关法律法规，认真研读条款，分析合同文本，通过合同谈判的方式，对条款进行拾遗补阙，避免损害自身利益的条款存在。合同的客观风险法律法规、合同条件及国际惯例规定，其风险责任是合同双方无法回避。可归类为工程变更风险，市场价格风险，时效风险等。签订施工承包合同时采用施工合同洽谈权、审查权、批准权三权相对独立，相互制约的方法，减少合同中的漏洞。

（2）要适应和遵循日趋健全的外部约束机制

建设领域的制度建设日趋完善，如在招投标环节已开始全面实施投标保证，履约保证金制度。投标人在决定投标时应该"三思而后行"，避免发生出现变相垫资现象。加强银企合作，建立银行保函和其他担保互动的关系。对于即将实行全国建设领域强制实行工程保险和工程担保制度的改革方案，是施工企业风险转移的有效措施，施工企业应该重视。

（3）要全面提高自身素质，综合发挥企业优势

一方面，要有独立的估价信息，加强企业成本核算，对自己的成本水平要有充分的估

算，建立企业内部定额，只有这样企业在投标报价时才能做到"心中有数"，不至于盲目报价。另一方面，要从技术和管理方面入手，发挥自身优势，提高效率，降低成本，不断更新工，采用新技术和先进的管理模式，加大企业的"可降价空间"以适应残酷的竞争形势。只有这样企业才会发展，实力加强，抵御风险能力强。对于容易造成群死群伤等危险性较大的分部分项工程，如深基础、开挖、支护、降水及模板工程、吊装工程、脚手架工程等，应单独编制专项的施工方案，要有针对性地制订安全技术措施和企业内部监控措施。

（4）加强信息化管理，对风险进行动态管理

由于风险存在于建筑项目生命周期的全过程，应实行动态管理，贯穿于施工企业管理的各个环节。在各过程中记录清楚，手续齐全，一切问题都应明确具体地以书面形式规定，不要以口头承诺和保证，应体现有效防范和化解风险的具体条款。在此基础上建立起全面的、完善的风险管理信息系统，对投标项目在投标前应进行可行性研究，对施工过程中不断发生的各种变化进行估计，对由此带来的风险及时做出有效的反应，并做出合理调整，建立全面的、可靠的数据基础资料支持系统。

2. 建设工程的风险控制措施

风险控制是指在风险识别和风险评估的基础上采取各种措施，以减少风险、避免事故发生的措施，对于已经承包的工程项目进行风险控制目的，就是最大限度减少风险、避免事故发生，最终减少或避免财产损失和人员伤亡。

（1）工程风险回避。风险回避是指承包商设法远离、躲避可能发生的风险的行为和环境，从而达到避免风险发生的可能性。也可以说就是拒绝承担风险，这是回避风险的较常用的方法。回避风险最简单的例子就是拒绝签订合同，不过通常回避的风险更多的是针对那些可以回避的特殊风险而言。在建设工程项目中，与风险回避最相关的例子就是使用免责条款，通过使用这一条款以回避某些风险或风险所引起的后果。在回避风险的具体做法中还有两种情况：一种是承担小风险躲避大风险，即为回避某种风险需要以承担另外的风险为代价。另一种是损失一定的较小的利益而避免风险。通常是在特定的情况下，才采用这种做法，因为利益可以计算，但风险损失则是较难估计的。比如：采购生产要素时，常选择信誉好、实力强的分包商，虽然价格略高于市场的平均价格，但是分包商违约的风险就减小了。

（2）工程风险的降低。所谓降低风险，就是通过一些方法比如由大家共同分担，来降低所面临的风险。总承包商通过在分包合同中另加入误期损害赔偿条款来降低其所面临的误期损害赔偿风险。一般，风险降低措施可以分为四类；第一类是通过教育和培训来提高雇员对潜在风险的警觉；第二类是采取一些降低风险损失的保护措施；第三类是通过建立使项目实施过程前后保证一致的系统，以及鼓励人们多用"如果……会……"之类的问题。最后一类是通过对人员和财产提供保护措施。对建筑物来说，一个典型的风险降低的例子就是在建筑物内安装喷淋系统。尽管法规中也许并没有规定建筑物内必须安装喷淋系统，但是业主为降低火灾可能造成的损失而自愿的安装该系统。

（3）工程风险转移。风险转移是指在承包商不能回避风险的情况下，将自身面临的风险转移给其他主体来承担，但转移风险并不是转嫁损失，有些承包商可能无法控制的风险因素，在其他主体那里却可以得到控制。转移风险并不一定会减少风险的危害程度，它只是将风险转移给另一方来承担。在某些情况下，转移风险可能会造成风险显著增加，这是因为接受风险的一方可能没有清楚地意识到他们所面临的风险。最普遍的风险转移方式是购买保险。购买保险是一种非常有效的转移风险的手段，通过保险可以将自身面临的风险很大程度上转移给保险公司，让他们来承担风险，以将不确定性化为一个确定的费用。在建筑业中，获得保险的投保费用正在变得越来越高昂。对于建设工程项目，没有任何缺陷的建筑是无法保证的，它很有可能在项目完工后很久才会被发现。这种在建筑完工时或合同规定的缺陷责任期内无法发现的某些潜在的缺陷正是建筑业的一大特点。目前对于发现潜在缺陷后的处理安排无法很好地满足业主、承包商或设计者的利益。对于业主来说，存在一种风险，即他必须通过法律程序证明缺陷及其造成的损失是由其他方违反合同、忽略或忽视而引起的，以此来弥补业主的诉讼费和修复费等。但同时也有些业主可能因缺乏足够的资金而无法提出诉讼。对于承包商和设计者来说，他们在项目完工后许多年中都存在着对业主索赔所需承担的潜在的责任。而且，在多方关系中的连带责任，可能导致工程各方中的一方或多方，将不得不承担赔偿中的一个不合理比例。因此这也是风险转移在日后需要完善的。还有一种方法就是将风险转移给分包商。工程风险中很大一部分可以通过分散给若干分包商和生产要素供应商来处理。比如对待业主拖欠工程款的风险，可以在分包合同中规定在业主支付给总承包商后，在若干日内向分包方支付工程款。承包商在项目中投入的资源越少越好，这样一旦遇到风险还可以进退自如，不至于无法抽身。在具体的工程、项目上可以通过租赁或指令分包商自带设备等措施来减少资金、设备的沉淀。

（4）工程风险自留，那些造成损失小、重复性较高的风险是最适合于自留的。因为不是所有的风险都可以转移，或者说，将这些风险都转移是不经济的，对于这些风险就不得不自留。除此之外，在某些情况下，自留一部分风险也是合理的。通常承包商自留风险都是经过认真分析和慎重考虑之后才决定的，因为对于微不足道的风险损失，自留比转移更为有利。风险自留在操作上的具体措施有如下两点：

①"防止损失或减少损失"。所有的防止和减少损失的措施都需要一定的费用支出，但若采取某些措施，可用较少的费用就可取得较好的效果。

A 损失发生前的措施。在此阶段消除或减小损失发生的可能性。

B 损失可能发生时的措施。在损失发生时有必要的技术组织措施以减少其损失。

C 损失发生后的措施。一旦发生了风险应采取各种措施将损失降低至最低的程度。

②自我保险。自己承担可能发生的风险有时比转移风险更为有利。这是承包商自己承担风险，称为自我保险。

采取这种措施可以节约开支，承包商会积极主动地对可能发生的风险进行控制。但自我保险实际上也是一种风险，一旦发生就会造成巨大的损失。因此承包商必须具备全面素质，养成遵纪守法、严格遵守各项工艺规程的良好习惯。

3. 加强建筑施工风险管理应当采取的一些对策

（1）建立和健全建筑施工风险管理制度

近年来，我国已相继颁布了建筑施工安全生产的法规、法律，在一定的程度上，减少了建筑施工安全事故，提高了建筑企业施工水平。但随着我国建筑施工行业不断地发展，各种施工安全事故也不断发生，相关的法规、法律及制度显然不能适应市场经济发展的要求。目前主要是针对建筑施工领域存在的一些突出问题，应当尽快建立符合中国实际情况的工程担保制度和工程保险制度。要研究合理的工程保险收费标准、工程费用计入办法。

（2）做好内部合同管理

在合同签订以前应当掌握和熟悉国家的有关法律、法规，分析合同文本、认真研究条款，通过合同谈判的方式避免存在损害自身利益条款存在，对条款进行拾遗补阙。风险责任是无法避免的，可以归类为时效风险、市场价格风险、工程变更风险等。例如业主利用起草合同的便利条件和有利的竞争地位，把一部分风险转嫁给承包人。切忌盲目接受业主的某种免责条款，对可以免除责任的条款应研究透彻，要善于在合同中转移风险和限制风险。签订施工承包合同时采用施工合同批准权、审查权、洽谈权三权相互制约，相对独立的方法，尽量避免合同中的漏洞。对于分包商、劳务层签订合同时应尽量仔细，注意将双方的利、权、责交代清楚，尽可能地约束各自的行为，有必要时将违约金、罚款写入合同。对于遇到的质量劣、量不足的情况，向对方索赔，扣压货款。对于设备、材料供应商签订合同时应当注意纠纷处理、违约罚款、交货日期付款方式、包装、价格、数量的协定。

（3）选择风险管理工具，制订风险管理策略

风险对冲就是承担多个风险或引入多个风险因素，采取各种手段，使风险的影响相互抵消，使风险能够相互对冲；风险控制就是控制风险事件发生的条件、环境、动因等，来达到降低风险事件发生的可能性或减轻风险事件发生造成的损失；风险补偿就是对风险造成的损失采取一定的措施进行补偿；风险转换也就是通过战略调整等手段将风险程度降低；风险转移也就是通过签订合同把风险转移到第三方，不再直接承受风险；风险规避也就是退出、停止或回避蕴含较大风险的环境或行为，从而避免成为风险的承受者；风险承担也就是为了换取收益机会，对所面临的风险进行接受，承担风险后果。

（4）规范劳动保护，严格施工方案预控

实施性施工组织设计防范安全质量事故风险的首道防线，也是规范管理和工程项目有序施工的基本依据，要把好三个方面的关口：一是前期现场调查论证关；二是认真落实技术领先的基本原则；三是严格执行审批优化后的施工方案。要制订过程优化管理和现场执行方案，确保每一个细节、每道工序都能留下方案预控记录，每一个环节、每一个工点都能严格按方案实施预控，从而规范施工现场的管理控制。

第五节　建筑工程成本管理

一、建筑施工项目成本定义

施工项目成本是指建筑企业以施工项目为成本核算对象的施工过程中所耗费的生产资料转移价值，和劳动者的必要劳动所创造的价值的货币形式，也就是某施工项目在施工中所发生事的全部生产费用的总和，包括所消耗的主、辅材料，构配件，周转材料的摊销或租赁费，施工机械的台班费或租赁费，支付给生产工人的工资、奖金以及项目经理部以及为组织和管理工程施工所发生的全部费用支出。施工项目成本不包括劳动者为社会所创造的价值（如税金和计划利润），也不应包括不构成施工项目价值的一切非生产性支出。

施工项目成本是施工企业的产品成本，亦称工程成本，一般以项目的单位工程作为成本核算对象，通过各单位工程成本核算的综合来反映施工项目成本。

施工项目成本管理是指在保证满足工程质量、工程施工工期的前提下，对项目实施过程中所发生的费用，通过计划、组织、控制和协调等活动实现预定的成本目标，并尽可能地降低施工项目成本费用的一种科学管理活动。主要通过施工技术、施工工艺、施工组织管理、合同管理和经济手段等活动来最终达到施工项目成本控制的预定目标，获得最大限度的经济利益。

1. 施工成本管理与工期质量的关系

进度控制是依据施工任务委托合同对施工进度的要求控制施工进度。对于盲目地抢工期或延长工期都是对成本控制不利的，若是盲目地抢工期将增加各种资源的投入，拖延工期则会造成资源的限制和不合理的运用。两种情况均会增大成本。所以施工中我们必须首先依照合同工期，制订一个切合实际的工期计划，合理配置资源，并使每个施工管理人员清楚明了工期的计划和成本控制的核心。现阶段很多施工单位前期拖延工期的情况较多，主要表现在为了达到合同工期和目标工期，配置了各种相应的资源，而现场施工管理人员没有深切领会而安排计划不足，不能很好地利用资源，形成浪费闲置，既不能使工期达到预期阶段目标又增大了成本，而后期则为了完成总体目标，便进行短时间抢工期，这就需要更多的资源。因此合理的工期控制将对成本管理产生相当积极的影响。

2. 施工成本管理与质量控制的关系

质量控制贯穿于施工的全面，全员，全过程，与成本控制密切相关，提高工程质量也是实现成本目标的前提。因为质量控制的问题是造成工程质量返工和维修将额外的增大成本。一个合理优化的施工方案，新技术、新材料、新工艺、新设备的运用可能会大量的提高工程质量。这就充分说明了质量控制与成本控制的关系。

项目成本目标、工期目标和质量目标之间既有矛盾的一面，也有统一的一面。它们之间的关系是对立的统一关系，要加快进度往往需要增加投资，要提高质量往往也需要增加投资，这反映了成本与质量工期矛盾的一面，但通过有效的管理也可缩短工期，提高工程质量，降低成本，这就反映了统一的一面。

二、施工项目成本的分类

根据建筑产品的特点和成本管理的要求，施工项目成本可按不同的标准的应用范围进行划分。

（1）按成本计价的定额标准，施工项目成本可分为预算成本、计划成本和实际成本。预算成本是按建筑安装工程实物量和国家或地区或企业制订的预算定额，及取费标准计算的社会平均成本或企业平均成本，是以施工图预算为基础进行分析、预测、归集和计算确定的。预算包括直接成本和间接成本，是控制成本支出、衡量和考核项目实际成本节约或超支的重要尺度。

计划成本是在预算成本的基础上，根据企业自身的要求，结合施工项目的技术特征、自然地理特征、劳动力素质、设备情况等确定的标准成本，亦称目标成本。计划成本是控制施工项目成本支出的标准，也是成本管理的目标。实际成本，是工程项目在施工过程中实际发生的可以列入成本支出的各项费用的总和，是工程项目施工活动中劳动耗费的综合反映。

（2）按计算项目成本对象，施工项目成本可分为建设工程成本、单项工程成本、单位工程成本、分部工程成本和分项工程成本。

（3）按工程完成程度的不同，施工项目成本可分为本期施工成本、已完工程施工成本、未完工程成本和竣工施工工程成本。

（4）按生产费用与工程量关系，施工项目成本可分为固定成本和变动成本。

固定成本是指在一定的期间和一定的工程量范围内，其发生的成本额不受工程量增减变动的影响而相对固定的成本。如折旧费、大修理费、管理人员工资、办公费等。所谓固定，指其总额而言，关于分配到每个项目单位工程量上的固定费用则是变动的。

变动成本是指发生总额随着工程量的增减变动而成正比例变动的费用，如直接用于工程的材料费、实行计划工资制的人工费等。所谓变动，也是就其总额而言，对于单位分项工程上的变动费用往往是不变的。

将施工过程中发生的全部费用划分为固定成本和变动成本，对于成本管理和成本决策具有重要作用。它是成本控制的前提条件。由于固定成本是维持生产能力所必需的费用，要降低单位工程量的固定费用，只有通过提高劳动生产率，增加企业总工程量数额并降低固定成本的绝对值入手，降低成本只能是从降低单位分项工程的消耗定额入手。

（5）按成本的经济性质，施工项目成本由直接成本和间接成本组成。

①直接成本，是指施工过程中直接耗费的构成工程实体或有助于工程形成的各项支出，包括人工费、材料费、机械使用费和其他直接费，所谓其他直接费是指施工过程以外施工过程中发生的其他费用，包括冬雨季施工增加费、特殊地区施工增加费、夜间施工增加费、小型临时设施返销费及其他。

②间接成本，是指企业的各项目经理部为施工准备、组织和管理施工生产所发生的全部施工间接费支出。施工项目间接成本应包括施工现场管理人员的人工费、教育费、办公费、差旅费、固定资产使用费、管理工具用具使用费、保险费、工程保修费、劳动保护费、施工队伍调遣费、流动资金贷款利息以及其他费用等。

三、施工项目成本的构成

施工企业成本包括直接工程费和间接费两部分。

1. 直接工程费

由直接费、其他直接费、现场经费组成。

（1）直接费

直接费指施工过程中耗费的构成工程实体和有助于工程形成的各项费用，包括人工费、材料费、施工机械使用费。

①人工费。指直接从事建筑安装工程施工的生产工人开支的各项费用，包括基本工资、工资性津贴、生产工人辅助工资、职工福利费、生产工人劳动保护费。

②材料费。指施工过程中耗用的构成工程实体的原材料、辅助材料、构配件、零件、半成品的费用和周转使用材料的摊销（或租赁）费用。

③施工机械使用费。指使用施工机械作业所发生的机械使用费及机械安、拆和进出场费用。

（2）其他直接费

其他直接费指直接费以外施工过程中发生的其他费用，包括：冬、雨期施工增加费；夜间施工增加费；特殊地区施工增加费；生产工具用具使用费；检验试验费；工程定位复测、工程点交、场地清理费用等。

（3）现场经费

现场经费指为施工准备、组织施工生产和管理所需的费用，包括临时设施费和现场管理费。

①临时设施费。指施工企业为进行建筑安装工程施工所必需的生活和生产用的临时建筑物、构筑物和其他临时设施费用等.

②现场管理费。指现场管理人员的基本工资、工资性津贴、职工福利费、劳动保护费等，办公费，差旅交通费，固定资产使用费，工具用具使用费，保险费，工程保修费，工程排污费，其他费用等。

2.间接费

间接费由企业管理费和财务费用、其他费用组成。

企业管理费。指施工企业为组织施工生产经营活动所发生的管理费用，包括管理人员的基本工资、工资性津贴及按规定标准计提的职工福利费，差旅交通费，办公费，固定资产折旧、修理费，工具用具使用费，工会经费，职工教育经费，劳动保险费，职工养老保险费及待业保险费，财产、车辆保险费，各种税金，其他费用等。

财务费用。指企业为筹集资金而发生的各项费用，包括企业经营期间发生的短期贷款利息净支出、汇兑净损失、调剂外汇手续费、金融机构手续费，以及企业筹集资金发生的其他财务费用。

四、施工项目成本控制的对象

1.以施工项目成本形成的过程作为控制对象

根据对项目成本实行全面、全过程控制的要求，具体的控制内容包括：

（1）在工程投标阶段，应根据工程概况和招标文件，进行项目成本的预测，提出投标决策意见；

（2）施工准备阶段，应结合设计图纸的自审、会审和其他资料（如地质勘探资料等），编制实施性施工组织设计，通过多方案的技术经济比较，从中选择经济合理、先进可行的施工方案，编制明细而具体的成本计划，对项目成本进行事前控制；

（3）施工阶段，以施工图预算、施工预算、劳动定额、材料消耗定额和费用开支标准等，对实际发生的成本费用进行控制；

（4）竣工交付使用及保修期阶段，应对竣工验收过程发生的费用和保修费用进行控制。

2.以施工项目的职能部门、施工队和生产班组作为成本控制的对象

成本控制的具体内容是日常发生的各种费用和损失。这些费用和损失，都发生在各个部门、施工队和生产班组。因此，也应以部门、施工队和班组作为成本控制对象，接受项目经理和企业有关部门的指导、监督、检查和考评。

与此同时，项目的职能部门、施工队和班组还应对自己承担的责任成本进行自我控制。应该说，这是最直接、最有效的项目成本控制。

3.以分部分项工程作为项目成本的控制对象

为了把成本控制工作做得扎实、细致、落到实处，还应以分部分项工程作为项目成本的控制对象。在正常情况下，项目应该根据分部分项工程的实物量，参照施工预算定额，联系项目管理的技术素质、业务素质和技术组织措施的节约计划，编制包括工、料、机消耗数量、单价、金额在内的施工预算，作为对分部分项工程成本进行控制的依据。

目前，边设计、边施工的项目比较多，不可能在开工以前一次编出整个项目的施工预算，但可根据出图情况，编制分阶段的施工预算。总的来说，不论是完整的施工预算，还是分阶段的施工预算，都是进行项目成本控制的必不可少的依据。

4. 以对外经济合同作为成本控制对象

在社会主义市场经济体制下，施工项目的对外经济业务，都要以经济合同为纽带建立集约关系，以明确双方的权利和义务。在签订上述经济合同时，除了要根据业务要求规定时间、质量、结算方式和履（违）约奖罚等条款外，还必须强调要将合同的数量、单价、金额控制在预算收入以内。因为，合同金额超过预算收入，就意味着成本亏损；反之，就能降低成本。

五、建筑工程项目成本管理内容

1. 建筑施工企业开展项目成本管理的基础工作

从项目施工过程中的人工成本来看，组成人工成本最主要的是相关管理人员费用以及技术工人的费用，其中管理人员费用主要由管理人员的基本工资以及日常开支所组成，因此，应该根据项目的整体规模以及特点来确定管理人员的岗位以及数量。在进行技术工人使用计划时，应该从整个项目施工的工序搭接以及工作面的间断时间出发，合理考虑不同工作种类工人之间交叉作业时的影响，进行技术工人数量以及时间的选择。尽量在工日单价以及总工时确定的前提下，提高有效工作时间所占的比例，进而实现在较少工作日的前提下，尽量多的完成施工任务，与项目成本管理的最终目标相呼应。

从项目施工过程中的机械成本费用来看，构成机械成本的主要因素有机械的使用费用、维修费用以及进出场的费用。在当前建筑施工过程中，机械成本所占的比例变得越来越大，施工环境以及工程特点等对机械成本的影响较大。因此，在进行机械成本的计划时，应该充分考虑不同机械的使用次数、使用量、保养水平等方面的影响，合理制订出不同机械的使用单价。此外，机械使用者的操作水平也直接影响这机械的使用效率和成本问题，因此，应该将操作者水平这一因素的影响考虑到机械成本的影响因素中来，项目成本管理人员应该充分考虑以上因素，制订一个科学合理的项目成本水平。

从项目施工中工程材料费用来看，不同项目的工程材料成本也存在较大差异，项目的所在地以及项目施工时间都会对材料成本造成影响，所以，成本管理人员应该根据企业的采购实际情况出发，充分考虑施工材料的供货定价、运输以及损耗、保管费用等多个方面。项目成本管理人员应该根据项目施工地点，通过企业与供货商进行协调，进而取得最终的材料单价，然后根据不同运输手段的费用以及损耗量进行运输成本的计算，最后根据项目材料的批量、包装方式以及材料的损耗等考虑仓库的保管费用，进而获得材料总的成本费用。

通过以上工、料、机三方面的成本考虑，为接下来项目成本管理人员制订相应的成本控制计划提供必要的基础和准备。

2. 项目成本管理中的项目成本计划

通常在项目施工中，成本计划是由项目经理组织相关的施工管理人员制订出来的计划，通过成本计划可以有效地对工程成本进行预测，并且是日后开展成本管理工作的重要依据。整个项目成本计划的制订过程实际上也是成本管理人员寻找降低成本方法的过程。在进行第一次成本计划的制订时，相关项目管理人员应该根据整个工程的施工方案进行成本的逐项落实，然后将所有的成本进行汇总，将其中存在的措施性成本消耗进行分离，并将这一部分成本的降低作为整个工程成本管理的重点内容进行控制，组织相关的技术人员以及管理人员对整个项目的施工方法进行优化和改进，使措施性消耗成本降到最低。在完成成本计划的制订工作后，项目成本管理人员应该将整个成本管理目标进行逐级的下分和细化，从而让参与项目的每一位工作人员都具备清晰的成本目标，只有这样才能够真正使成本计划得到根本上的执行和实施，此外，成本计划还可以作为项目成本管理人员对施工人员的施工效率、成本控制等方面的考核依据。

在进行成本计划的改进时，相关的项目成本管理人员应该从成本降低的目标以及各种施工技术改进方法出发，对项目成本管理目标进行调整，做出相应的成本降低计划。比方说在进行施工材料的成本核算时，除去工程必需的材料使用外，尽量减少材料的不必要损耗，找出相应环节上的材料损耗量以及减耗方法。施工方法方面的成本控制，则应该由相应的技术人员进行施工方法的改进和完善，在保证工程质量的前提下，尽量减少成本的损耗。此外，项目成本管理人员还可以在工程开展前，制订一系列的奖惩制度，使工程全员都参与到项目成本管理中来。

3. 工程施工过程中的成本管理

在整个项目成本管理工作中，成本管理计划的制订只是整个成本管理工作的前奏，而施工过程中的成本管理才是整个成本管理的重要部分。

在项目施工过程中，项目经理部应该对成本实施全面的控制和管理，根据制订好的成本计划对不同部分的施工进行成本管理。相关的生产管理人员应该根据成本计划安排进行各种任务单、限额领料单等的下发。作为现场的施工管理人员应该从实际施工情况出发，对那些超出成本计划的行为进行有效地阻止和改进，此外，现场施工管理人员还应该对施工人员的劳动效率、机械效率、损耗量等进行总结记录，并将这些信息反映到项目成本管理部门。成本管理部门应该及时根据这些信息对成本计划进行调整，如果是那些由于没有考虑到的因素使得成本上升，应该及时对成本管理目标进行调整，如果是由于一些可以改进的因素造成的成本上升，那么成本管理人员应该提出相应的成本管理改进方法，并监督其实施。对那些现场成本有着直接联系的人员，应该采取必要的奖惩制度，奖励成本控制得力的人员，处罚那些成本控制不利的人员。

在建筑项目施工过程中，质量成本是所有成本控制中最为重要第一个方面。通常来讲，质量成本由控制成本和故障成本两个方面组成，而控制成本的主要目的就是为了有效地降低故障成本。对于项目成本管理人员而言，进行成本管理的目的就是尽量使控制成本与故障成本二者的总和最小化，当总的成本数一定时，应该尽量利用控制成本来换取故障成本，表面上看，二者的成本总数相同，但是后者能够使企业得到更多的经济效益。此外，在施工过程中的成本管理中，安全成本也很重要，安全成本虽然不会对整个成本计划产生影响，但是它可以降低工程中的风险成本。

在建筑工程项目成本管理中，项目成本的核算工作是其最为基本的职能，它可以全面的对工程的成本投入进行分析和总结。项目成本管理人员应该对项目中投入的人、料、机等成本的基础资料进行整理，为后面的成本核算做好准备。在成本核算中，这些基础资料的真实性直接关系着成本核算的最终结果。

4. 对项目的施工质量、施工期限、施工成本进行综合考虑

在建筑项目施工过程中，对工程的质量、工期、成本三者之间的关系要进行综合的考虑，努力达到提高资金使用效率，降低工程成本，保证工程质量和工程期限的目的。

质量控制以预防为主，适当增加质量预防费的支出，可以提高工程质量，杜绝事故的发生，其支出远小于因质量事故造成的损失，即可以获得很大的"隐性"效益。同样，正确处理工期与成本的关系，寻找最佳工期点成本，把工期成本控制在最低点，在特殊施工条件下，应比较保证工期所支付措施费与因工期延误造成的损失，孰轻孰重，反复权衡。这对于土建工程尤为重要。由于行业的特殊性，甲方往往在工程开工伊始，就单方面要求缩短工期。在此情况下应分清类别区别对待，应该首先做好沟通，据理力争保证合理工期及效益；对于关注度很高的重点工程，应做好抢工成本预测及过程控制，在尽量完成任务的同时兼顾市场与效益。

工程竣工决算通过后，应按合同规定，及时收回工程款，不能听任业主无故拖欠工程尾款，对追收欠款有显著成绩的人员应予以奖励。同时要精简机构，压缩科室冗员及附属单位人员，采取措施提高劳动效率，使在岗人员一专多能。

5. 注重人才培养. 有效配置资源

首先，注意培养优秀的成本管理专业人员，保证成本管理工作人力资源的供给，比如索赔工作，是一项素质要求很高的工作，项目经理和技术人员必须熟练掌握工程索赔的内容和技巧，抓好日常资料的收集整理工作。

在资源有效配置上，应注意资金的有效使用。随着信息网络技术的发展与广泛运用，施工企业可建立资金结算中心，对企业资金实行集中管理，充分发挥资金集中管理的作用。建立健全的企业内部融资机制，充分利用闲置资金，不仅有利于减少企业外部融资的总额，节约利息费用，也有利于统借统还，获得规模效益。

总之，为了获取正当的经济利益，企业成本管理作为最有效的手段必然会随着市场经济的发展而得到强化和发展。在施工项目管理中，项目成本管理作为重要组成部分，其地位和作用也日趋提高强化，要想让建筑企业有发展，就要搞好企业项目成本管理，需要企业经营管理人员与项目管理人员共同努力，搞好成本管理，实现建筑企业的发展。

六、施工项目成本控制的原则

建筑业工程项目成本管理，是根据企业的总体目标和工程项目的具体要求，对项目成本进行有效的组织、实施、控制、跟踪、分析和考核等的管理活动。建筑施工企业的项目成本管理，是企业生存和发展的基础和核心。我在建筑业从业二十余年，目睹业内许多企业之兴衰。许多施工企业曾兴盛一时，终而衰败，其致命原因在于工程项目成本的失控。这里试述项目成本管理的五项原则，以抛砖引玉。

1. "成本——效益" 原则

成本控制所带来的经济效益，必须大于为了进行成本控制所付出的代价，才能为企业增加效益，这就是成本控制的"成本——效益"原则。

成本管理与控制是企业增加盈利的根本途径。在收入不变的情况下，降低成本可使利润增加；在收入增加的情况下，降低成本可使利润更快增长；在收入下降的情况下，降低成本可抑制利润的下降率。即使是不完全以盈利为目的的国有公用事业部门，如果成本很高，不断亏损，其生存受到威胁，也难以在调控经济、扩大就业和改善公用事业等方面发挥作用，同时还会影响政府财政，加重纳税人负担，对国民经济不利，损害或降低存在的价值。

成本管理与控制是企业发展的基础。把成本控制在同行的先进水平上，才有迅速发展的基础。成本降低了，可以降低建造成本以扩大承接业务，业务扩大后经营基础就能得到稳固，才能保障工程安全，提高工程质量，创新设计、改善施工工艺，寻求新的开拓。

成本管理与控制是企业抵御内外压力的充分必要条件。企业在经营过程中，外有同行的竞争、政府纳税和经济环境逆转等不利因素，内有职工改善待遇和股东要求分红的压力，降低成本则可以缓冲种种矛盾，提高企业的竞争力。

2. 具体问题具体分析的原则

建筑业是一个相当特殊的行业，没有相同的成本，也没有同等的管理，所以成本管理与控制系统必须个别化，适合特定企业、部门、岗位和成本项目的实际情况，不断完善和吸取别人的成功经验，而不是完全照搬别人成功的经验。

3. 领导重视和全员参与的原则

在进行成本控制时，如果单位领导不够重视，成本控制意识不强，一般员工也会受到影响，有力使不上。或者领导虽然强调成本控制，但是一般员工不配合，同样不能达到理想的效果。所以，在进行成本控制时，要做到领导重视，全员参与，充分发挥成本控制的积极作用。

4. 全程全面成本管理与控制的原则

成本管理与控制，从时间上说，既包括对工程过程中成本的管理与控制，也包括工程勘测、设计及施工全过程、保修服务阶段的成本管理与控制，它贯穿于企业生产经营的全过程。

成本管理与控制，从内容上说，既包括产品生产成本的管理与控制，也包括产品设计及施工成本、资金筹集成本、材料采购成本、销售费用、管理费用、财务费用、质量成本、使用寿命周期成本、人力资源成本等。

（1）资金占用成本的管理与控制

资金占用成本是指企业在承接工程中所预先支付的资金，一般用相对数表示。不同工程所需的资金、资金占用成本是不同的。在西方企业中，一般情况下贷款或债券融资，资金成本较低；而股票融资资金成本较高。但是在我国，由于市场机制不健全，目前经济效益较差、很少发放或不发放现金红利的企业，股票融资的成本并不高；相反，银行贷款或债券融资却有固定的利息支付负担。企业在进行资金筹集成本的控制时，并不能仅仅从资金成本最低的某一种方式融资，而是要合理地安排各种筹资方式的结构，目的是使企业的加权平均资金成本最低。

（2）产品成本的管理与控制

对产品成本进行控制是整个成本控制工作的关键。在产品生产成本总额中，大约有70%～80%的部分在产品设计阶段基本上就确定了。在具体的生产环节，要想大幅度地降低成本是不现实的，除非偷工减料，或者重新改进设计。在工程施工过程中，工程材料、质量、进度与目标成本发生矛盾时，就要运用价值工程方法剔除过剩功能，以降低工程成本，达到技术为经济服务的目标。

（3）材料采购成本的管理与控制

材料采购成本的控制，主要是选择材料的质量、确定供应商，以达到成本控制为目的。工程项目所需的材料成本控制，在确保质量、规格、型号的情况下以市场成本最低的为订货量，但必须根据工程项目施工图计算，同实际发生相符。寻求材料好的供应商是企业在项目管理和控制成本的首要条件，掌握市场供应量、价值，必要时需要保留库存量。高于工程项目需求量或失去价值，就会形成库存积压，导致储存成本上升；低于工程项目需求量时就会导致停工待料。

（4）工程项目成本的管理与控制

标准成本制度是以标准成本为依据，通过成本差异的分析与报告，揭示成本差异产生的原因，以便及时控制成本的一种成本控制体系。标准成本制度的内容包括：标准成本的制订、成本差异的计算分析及成本差异的账务处理。以目标成本按产品分解的结果作为标准成本和日常控制的依据，将使标准成本制度与目标成本管理连接为一个有机整体，也使标准成本制订的依据更加科学。

（5）间接费用的管理与控制

对于营业费用、管理费用、财务费用等间接成本，一般采用预算控制的方法。事先制订预算，在日常的管理和控制中，要严格按照预算的规定，本着厉行节约的原则，在能够达到目标的前提下，精打细算，尽可能减少它们支出的绝对数额，提高支出的效益。

（6）质量成本的管理与控制

质量成本是指为了保证和提高工程质量而付出的代价，以及因为工程质量没有达到规定标准所造成的损失，包括预防成本、检验成本、内部损失成本、外部损失成本。其中，前两者可以合称为预防检验成本；后两者可以合称为质量损失成本。当预防检验成本较高时，质量损失成本较低；反之，如果预防检验成本较低，则质量损失成本较高。质量成本控制的目的，就在于确定一个最优的合格率，在该状态下，质量成本总和达到最低。最优合格率不一定是100%，因为要想使产品合格率提高到100%，需要在预防检验环节投入大量的人力和物力，这样才能使产品质量提高，质量损失成本就会下降。

（7）使用寿命周期成本的管理与控制

使用寿命周期成本是指客户为了取得所需要的产品，并使其发挥必要功能而付出的代价。它包括原始成本和运用维护成本两部分。用户角度的使用寿命周期成本控制，就是在决定建造建筑房屋时，既要考虑它的原始成本即建造的价格等因素，也要考虑以后使用过程中的必要支出，使二者之和达到最低。

（8）人力资源成本管理与控制

人力资源成本是指企业组织为了取得或重置人力资源而发生的成本，包括：人力资源取得成本、保持成本、发展成本、损失成本。企业在进行人力资源成本控制时，不能仅仅控制人力资源成本的绝对数，而应该更多地从相对数上做文章，吸引高水平的人才，留住人才，关注成本效益率，提高人力资源的使用效率。

5. 战略成本管理原则

市场竞争孕育了战略成本管理理论。战略成本管理可以使企业站在一个战略的高度上，全面加强成本管理，提高成本控制水平，为企业赢得持久的竞争优势。战略成本管理主要包括三个内容：

（1）价值链分析。价值链是指从原料的采购到产品的销售与服务全过程的一系列创造价值的作业。价值链涵盖公司内部和外部的作业。价值链分析的目的在于找出企业最有优势的价值链，集中主要人力和物力，使之成为企业的核心竞争力；至于薄弱的链，如果加固成本较高，则干脆直接实行业务流程外包。

（2）战略定位分析。企业可以采用的竞争战略包括成本领先战略、差别化战略等。不同的竞争战略对成本信息的需求有所不同。企业首先要对自身的优势和劣势进行分析，合理定位，采取恰当的竞争战略。然后，根据所选择的竞争战略，如成本领先战略还是差别化战略，采用适当的成本管理与控制方法。

（3）作业管理。作业管理全称是"以作业为基础的管理"，它主要是在作业成本法的基础上，分析成本产生的前因后果，区分增值作业和非增值作业，尽量消除不增值的作业，提高增值作业的效率。

第七章　建筑工程施工管理的创新

第一节　建筑工程管理创新相关理论概述

一、建筑工程施工管理创新背景

1. 建筑工程施工管理的重要性

（1）建筑施工风险的降低

风险管理是施工管理中重要地一部分，它可以有效降低不确定因素对施工项目的损害。通过风险管理，项目计划、执行状况的检查、反馈和处理，能够较早发现项目实施过程中存在的和隐含的问题，使项目决策有据可依，避免项目决策的随意性和盲目性。

（2）建筑施工效率的提高

建筑施工管理提供了一系列沟通管理、人力资源管理的方法，可以增强各施工力量的合作精神，提高项目全体人员的士气和效率。从而提高项目施工力量的综合战斗力。

（3）建筑施工成本的降低

建筑施工管理中的资源平衡、资源优化、工作分解等一系列施工管理方法和技术的使用，能尽早地制订出项目的组成，有效安排资源的使用。特别是项目中的关键资源和重点资源，从而保证项目的顺利实施，有效地降低项目成本。

2. 建筑工程项目施工管理创新的必然性

（1）加强建筑工程项目旋工管理创新符合新时代的要求。不管是在哪个行业，在新时代创新都是企业管理的灵魂。落后是要挨打的，这是历史留下来的深刻教训。近十几年来推行的建筑工程项目施工管理也并不是什么时候都适应生产力发展。在新的形势下，如何采取有效措施来监理建筑工程项目施工管理模式，是建筑施工企业乃至整个建筑界必须面对和完成的任务，只有不断加强建筑工程项目施工管理创新才能给项目施工注入强大的生命力。尤其是在国内建筑施工企业进入国际市场和国际承包商进入中国建筑施工市场以来，建筑施工企业被卷入世界经济的大循环，必须加强建筑工程项目施工管理的创新。

（2）加强建筑工程项目施工管理创新也是为了满足建设现代企业制度的需要。建筑施工企业的生存和发展依赖于建筑市场，在这样的形势下，建筑施工管理相关工作人员的经营意识、思想观念和竞争意识已经在改变，并在逐步适应时代的要求。但同时，很多建筑施工企业的管理体制并不能满足如今的建筑市场需求，应该要把加强建筑工程项目施工管理的创新作为建立现代企业制度的基础。只有通过不断地进行施工管理方面的创新，建筑企业才能够在激烈竞争的市场中明确自己的市场定位，适应不断变化的建筑市场需求，做出科学合理的决策，在变化的市场中生存和发展。

（3）加强建筑工程项目施工管理的创新也是先进管理的要求。如今的建筑市场管理不够完善，建筑施工中存在着很多问题。在工程投标中存在施工企业之间相互压价、过度竞争、低价中标的现象。承包商处于十分被动的地位，面对合同中不平等的条款和不合理的要求，业主都能够摆脱自己的责任，还有设计和监理由于各种原因也难以履行职责，常常发生职能错位的情况，种种这些的根本原因都是施工过程中管理不够先进，无法满足建筑市场建筑的要求造成的。因此，需要在加强建筑工程项目施工管理的创新方面采取措施，形成日趋完善和不断进步的先进科学管理的理论，并将其运用到建筑工程项目施工管理和企业管理当中，提高企业的竞争力。

3. 建筑工程项目施工管理的创新基本原则

（1）建筑工程项目施工管理的创新必须要适应生产力的发展要求。建筑施工管理模式与生产力发展的水平是互相制约互相联系的，要根据不同的生产力发展水平采取不同的施工管理模式。只有有效结合生产力三要素，也就是有效结合劳动对象、劳动者、劳动工具，才能在现在的建筑市场形势下发挥其潜在的水平。在现在的市场经济时期，劳动对象是很难得到的，必须要靠激烈的市场竞争才能获得。而如果不能在竞争中取得优势，不能得到劳动对象，就不能有效组合生产力诸要素，发挥出潜在的生产力，迟早会被市场淘汰。在建筑市场也是一样的道理，只有在适应建筑市场生产力需求的前提下，通过加强建筑工程施工管理的创新使得建筑企业在争夺建筑市场中立于不败之地。

（2）建筑工程项目施工管理的创新还要适应市场的需要。建筑市场是处于不断变化的环境中，任何建筑企业都要适应建筑市场才能生存，并取得经济效益。建筑企业开拓潜在市场的关键在于对建筑工程项目进行全过程管理，保证施工质量和进度，才能在建筑市场占有优势。相反，如果无法通过一定的措施保证工程质量不好，延误工期，在占有建筑市场的竞争中就会处于劣势。加强建筑工程项目施工管理的创新能够使得建筑企业在项目的执行中也具备竞争优势，更能加强其适应不但变化的建筑市场的能力。

（3）建筑工程项目施工管理的创新要有利于提升建筑企业文化品牌效应。要想在千变万化的建筑市场中生存和发展，在竞争激烈的建筑市场中准确定位自身，就必须要加强建筑工程项目施工管理创新。相反，如果不能以提升建筑企业文化品牌效应为基础加强建筑企业项目施工管理创新，就不能具备应变能力，就会在建筑市场激烈的竞争中被淘汰。所以在加强建筑工程项目施工管理创新过程中要考虑什么措施才能有利于提高企业的文化及品牌效应，这是一个极其重要地问题。

4. 工程项目施工管理创新的积极意义

（1）工程项目施工管理创新有利于现代企业制度的建设

市场经济的飞速发展，要求建筑施工企业的管理方式从传统的计划定额型向现代经营管理理念转变，即面向市场，经受经济规律的优胜劣汰。但是在实际情况中，部分企业的管理体制还停留在责权不明、约束有限、机制僵化的传统阶段。显而易见地，只有从施工管理方式的创新方面着手，才能解决好工程项目与企业之间的关系，促进工程项目顺利完工，从而进一步促进施工企业推进现代企业制度建设。

（2）工程项目施工管理创新有利于市场的不断完善和发展

我国现阶段建筑市场发展尚不完善，相互压价、地方保护、合同不规范和施工监理不到位等违背市场经济运行规律的不良竞争和现实问题大量存在。工程项目施工管理的创新能够在一定程度上规避不良行为的发生，顺应市场经济的潮流，促进建筑市场的不断完善和发展。

（3）工程项目施工管理创新有利于科技进步和先进管理方式的渗透

随着世界经济一体化趋势的加深，我国科技事业取得突飞猛进的发展，与此同时，国外领先的管理方式也逐渐被广泛接受。建筑项目施工的创新化管理要求企业将日益完善的科学管理理论及时运用于项目施工管理和企业管理当中，及时转化为生产力，提高企业的竞争力。我国建筑行业在此影响下，一大批管理水平较高、技术研发能力较强、拥有自主知识产权的优秀企业先后建立，大力推进我国建筑行业的科技进步，提高我国现有生产力水平。

在如今的建筑市场的形势下，建筑施工企业要想在激烈的竞争中生存与发展，就必须要加强建筑工程项目施工管理的创新。而项目部是企业的子公司，体现着企业的实力，代表着企业的形象，是企业的一个缩影，并对施工质量的控制起着关键性的作用。如今的施工阶段中有很多的施工问题，需要加强建筑工程施工管理创新才能保证建筑工程的质量，才能使建筑企业不断地发展壮大。

二、加强建筑工程施工管理创新

1. 项目施工管理过程中存在的问题

（1）观念落后，风险意识不足

部分建筑施工企业观念落后，集中表现为风险意识的不足。管理层对市场的解读不够透彻，将潜在的市场风险、产品风险、财务风险和人才流失风险全都归结于市场，无法认识到管理手段的陈旧落后和资源配置的缺陷，更不能做到深层次地整改。

（2）管理模式陈旧落后

部分建筑施工企业依旧沿用计划经济时期的传统管理方式，以行政手段和硬性指令指挥企业按计划定额组织生产经营活动，使建筑施工企业无法根据工程项目工程建设的客观规律对生产要素进行优化配置，造成资产利用率低下。

（3）施工队伍技术水准欠缺

目前我国建筑施工企业的一线建设参与者，主要是广大的农民工群体，由于受教育程度的限制，农民工群体技术水平相应偏低是不争的事实。同时，工程项目大多是大规模户外作业，工作环境相对恶劣，无法吸引高素质的人才加入。

2. 建筑工程施工管理创新方案

（1）创新建筑工程施工管理思想

在建筑工程施工管理过程中思想上的创新是关键，思想的创新是建筑企业市场核心竞争力提高的重要因素，建筑工程管理整体要得以创新，就必须不断地完善和更新管理思想。就建筑企业来讲，企业管理者的重视程度的高低是非常重要地，增加经费方面的投入，吸引和培养人才，提高自身的创新意识，以科学先进的思想管理建筑工程施工，以市场的需求为基准点，深刻地认识到建筑施工企业思想创新的重要性、长期性和紧迫性，将建筑工程施工管理创新与企业的发展战略放在等同的位置，并彻底落实创新的各项工作。

（2）创新建筑工程施工管理体制

建筑工程施工管理科学化、规范化的核心就是创新管理体制，其建筑工程的管理体制得以创新，更利于施工管理的科学化、规范化。在创新建筑工程施工管理体制过程中，可参照国内外先进的管理经验、方法和理念，并将其进行整理，取其精华用于建筑工程施工管理中，制订出符合国内建筑市场实际需求的施工管理体制。另外，在制订建筑工程施工管理体制时，应遵循三项原则即客观、合理和科学的原则，在施工中只有将施工管理体制作为保障，并做好施工过程的全面管理，才能确保建筑工程在规定的工期内保质保量的竣工。例如针对中标大型工程项目的企业来讲，是可以采取公司直管方式的，企业组建项目经理部，组织、协调和管理整个工程项目，分公司投入资源，企业对建筑工程进行评价和监控，这样可以有效地提高工程效益、优化配置。针对中标中小项目的企业来讲，是可以采取委托管理方式的，由分公司进行管理，施工企业只对工程项目进行质量监督和技术指导，分公司负责施工项目的协调和管理等工作，并根据合同中的明确规定需要承担相应的责任，进而调动分公司管理的积极性，发挥企业自身的优势，提高整体效益。

（3）创新建筑工程施工管理机制

建筑企业市场竞争力不断得以增强的关键就是施工管理机制的创新，对于施工企业来讲管理机制创新，换言之就是加强企业的内部管理，引进先进科学的现代化管理机制。建设行之有效的建筑施工管理内部机制应从以下几方面入手：第一，创建内部管理的激励机制，以此来激发出企业全体工作人员的创造力和工作积极性，为企业各类人才的脱颖而出创造有力的环境；第二，根据企业发展的实际情况建立约束机制，是指工程项目在建设过程中应遵循国家的相关政策和方针，约束管理者和全体职工遵守企业的规章制度；第三，为规范企业项目部的决策行为，还需要建立决策和风险机制，使企业的决策行为遵循科学民主的决策程序，避免市场风险的出现。

（4）创新建筑工程施工管理模式

建筑企业本身在生产过程中具有较大的不均衡特点，其具有季节性、阶段性和流动性，所以在建筑工程的施工管理模式上可以参考和借鉴国外相对成熟的、科学的管理模式，同时结合国内建筑市场和自身发展的实际需求，对目前的建筑工程施工管理模式进行创新，可以从下面几方面：第一，建立符合市场需求的、合理的、科学的施工组织体系；第二，运用科学的、实用性强的施工项目计划方法和科学有效的控制方法。从以上几方面入手，创新建筑工程施工管理模式，使施工管理水平得到整体的提高。

（5）创新建筑工程施工管理技术

创新建筑工程施工管理技术，可为建筑工程机制和建筑工程体质的创新提供可靠的保障和支持。建筑工程施工管理技术的创新是指建筑单位运用新的施工工艺、新技术、新生产方式和管理模式，提高工程施工的管理质量，从而使企业的整体经济效益得以提高。随着我国计算信息技术的广泛普及，其在建筑施工管理技术的更新中也得到了很好的应用。建筑施工企业不仅要具备先进的管理手段而且还要具备较高的施工技术水平，而先进的管理手段是需要借助计算机而实现的，在建筑工程施工管理中运用计算机技术，是提高企业管理水平的最佳手段。目前在建筑企业中运用信息技术的局限性还是很大的，应用范围较小，企业方面可以通过相关的培训，来提高职工们对计算机的应用能力，无论是企业的管理人员还是施工人员都要接受新技术的培训，并将此作为业绩考核的重要组成内容。

3. 加强建筑施工管理创新的措施

（1）要把选准项目经理，建好项目管理层。作为加强工程项目管理的"龙头"

首先，要实行项目经理职业化管理。项目经理应从受过正规培训、具有项目经理资格证书的人员中选拔。要制订项目经理任用制度，健全项目经理管理制度，明确项目经理的责、权、利、险，遏制不良现象。

同时要加强项目经理后备人选的培养和作风建设，让他们有机会在项目经理、项目副经理、项目经理助理或见习项目经理岗位上锻炼。并不断提高其思想政治水平和职业道德水平，提高业务素质。

其次，要坚持精干高效，结构合理、"一岗多责、一专多能"的原则，做到对项目机构的设置和人员编制弹性化，对项目部管理层人员要根据项目的不同特点和不同阶段的要求，在各项目之间合理组合和有效流动，实行派遣与聘用相结合的机制，根据项目大小和管理人员性格、特长、管理技能等因素合理组合。

（2）要把项目评估、合同签订。作为加强工程项目管理的基础

当前不少施工企业对项目评估、测算的地位和作用认识不足：有的评估、测算的权限不明确，方法不科学；有的评估、测算滞后，激励、约束不到位，缺乏动态跟踪考核，造成项目管理失控，项目盈亏到竣工时算总账。

为解决好这个问题，必须抓好四个方面的工作：一是要提高认识。在思想上切实把项目评估、测算作为加强项目管理的基础，堵塞效益流失的第一道关口来认识。自觉地搞好

评估和测算；二要加强评估、测算的组织领导，要成立专门的领导小组，有专人负责，有科学的评估、测算指标体系；三要依法签订承包经营合同，上缴风险保证会、委派主办会计；四要认真进行项目运行中的监督、检查、指导和考核。帮助项目经理及时纠正经营管理偏差，确保项目目标实现。

（3）要把深化责任成本管理。作为加强工程项目管理的"核心"

①建立继全项目责任成本集约化管理体系体系应包括责任、策划、控制、核算和分析评价五方面内容。一要明确成本费用发生的项目部门、分队（班组）和岗位应负的成本效益责任，使成本与经济活动紧密挂钩；二要分时段对成本发生进行预测、决策、计划、预算等方面的策划。制订成本费用管理标准；三要综合运用强制或弹性纠偏手段，围绕增效及时发现和解决偏离管理标准的问题；四要认真加工和处理成本会计信息，以期改善管理、降本增效；在要按期进行成本偏差和效益责任的分析评价，严格业绩考核和奖惩兑现。

②堵住"四个漏洞"，实行"六项制度"即：堵住工程分包、材料采供、设备购管和非生产性开支等效益流失渠道。实行工程二次预算分割制、材料采供质价对比招标制、购置设备开支计划审批制、管理费用开支定额制、主办会计委派制和项目经理对资金回收清欠终身负责制，杜绝项目资金沉淀和挪用。

③切实转变观念，强化成本意识一是要树立"企业管理以项目管理为中心，项目管理以成本管理为中心"的经营理念；二是要树立集约经营，精耕细作和挖潜增效的观念；三是要树立责任、成本、效益意识，营造企业整体重视，项目部全员参与，施工生产全过程控制成本费用的良好氛围。

（4）要把人力资源的优化配置。作为加强工程项目管理的重点

施工企业要根据工程项目对劳动力的需求情况，在各项目之间，对现实的和潜在的劳动力进行周密计划，有效流动，合理调配，充分调动人的积极性和创造性，提高劳动效率。项目经理部要按照动态平衡、统筹优化的原则，建立劳动力整体优化、实现劳动力供给与项目需求最佳组合的人力资源管理运行机制，对劳动力的分配和流向做出总体安排，保证劳动力与项目需求的总体平衡，并定期跟踪检查，进行有效监控和及时调整，使劳动力资源得到最大限度的利用。

（5）要把激励约束机制。作为加强工程项目管理的保证

施工企业要想保证项目生产经营的良性运转和健康发展，必须发挥好企业管理层调控和服务的两大职能，建立健全有效的激励、约束、调控机制。为此，应着重做好以下两个方面的工作：

①全面推行项目考核制度要根据项目经营承包合同书，做好项目年度和终结考核工作。

②实行严格的审计监督制度要在管理办法可行、组织制度健全、任务责任明确的基础上，重点抓好在建、竣工、分包项目的审计工作。

（6）要把加强外带劳务管理. 作为向项目管理要效益的重要途径

外部劳务工的使用与管理是施工企业适度规模扩张和追求效益最大化的有效途径。要

根据项目的实际情况和不同特点，在用工高峰期适当补充外部劳务工，做到养在社会、用在企业，召之即来，挥之即去。施工企业应积极主动地同企业周边地区的社会劳动力市场接上轨。同劳务公司或相关企业保持经常的联系，使之成为劳动力资源的"蓄水池"和供应基地。有的项目经理对劳务队伍重包轻管，以包代管，安全质量事故频发，损害了企业的信誉和形象，丢失了市场。因此，应从以下三个方面着手加强外部劳务工的管理：

①规范使用制度坚持"以我为主，为我使用，合理有序，考核业绩，注重实力"的方针，坚持劳务使用"基地化、弹性化"的制度和关键、重点岗位禁用外部劳务的制度。必须同劳务公司或相关企业签订用工协议人签订用工协议。

②加强动态管理突出"两个原则"，即：坚持"谁用工谁负责"和"教育、使用、管理并举"的原则。

③严格资质审查与分包做到资质审查"两严"、分包"三必须"。"两严"，即：严格遵循分包评价程序；严查综合实力（设备、技术、资金、业绩等）。"三必须"，即：必须签订和履行规范合法的经济合同：必须保证重难点和高技术含量工程以自有队伍为骨干：必须杜绝整体分包和层层转包。

建筑工程项目施工管理的创新对建筑施工企业的生存与发展起着越来重要地作用。项目部作为企业的派出机构是企业的分公司，是企业的缩影，代表着企业的形象，体现着企业的实力。是企业在市场的触点，是企业获得经济效益和社会效益的源泉。因此项目施工管理的有效运作是建筑施工企业的生命，唯有创新才能使生命之树常青。

第二节　标准化管理与精细化管理

一、建筑施工项目标准化管理

标准化是衡量一个国家科学管理和生产技术水平的标准，也是一个国家发展现代化的重要标志。对于企业而言，企业标准化是企业管理的基础，是企业可持续发展的有效途径，而建筑施工企业与其他企业相比较，在管理上更复杂，施工现场更是涉及到方方面面的问题，如果缺乏标准化的管理手段，企业管理必然是低效的，下面对建筑施工企业管理标准化展开讨论。

1. 建筑施工企业合约管理标准化

建筑施工企业合约管理是企业管理流程的重要组成部分，在企业创效和发展中起到支撑作用。在合约管理中要遵循态度谨慎、水平专业的原则，在此基础上开展的合约管理工作管理人员更加尽职尽责，在管理期间出现问题也能够灵活应对，从而更好地开展建筑施工企业合约管理工作。在合约管理中还要注意将投标报价、成本管理和结算管理这三个程序做好，避免出现任何的纰漏，只有这些程序做好，才能够使建筑施工企业拥有市场竞争的筹码，并使企业更好地运转和盈利。合约管理是对工程项目的全程动态管理，其包含以下内容。

（1）投标报价管理

投标报价管理由三部分组成即投标报价前期、过程和后续管理。前期管理主要是一些投标前的准备工作，如项目跟踪、投标评审、投标计划等；过程管理包括编制投标文件、保证金办理和经济技术标评审等工作；后续管理工作包括封标、送标、开标、报价交底和资料归档等。

（2）成本管理

成本管理由三部分组成即制造成本管理、成本分析管理和过程成本管理。制造成本管理中包括成本编制、评审、审批等工作；成本分析管理中包括核定成本、编制策划书、审批和执行等工作；过程成本管理中包括编制制造成本结算计划、洽谈各项变更、确认收入等工作。

（3）结算管理

结算管理包括总包工程结算、分包工程付款和结算内容。总包工程结算工作中涉及编制结算计划、提交结算书、提交项目成本分析报告、记录台账等工作；分包工程付款包括报量、审批、转账、记录台账等；分包工程结算包括报结算单、项目评审、签字办理、记录台账顺序编制等工作。

2. 建筑施工企业质量管理标准化

质量是建筑施工企业生存的根本，是提升企业市场竞争力的有效手段。质量是企业各部门领导工作的职责，建筑施工企业质量依靠的是制度化管理，健全各项管理制度，实现标准化、规范化的管理。

（1）加强工程质量监管

建筑施工企业工程质量监管的范围包括质量策划、质量培训、质量检查、质量交底等工程现场质量监管。根据施工现场实际情况，制订控制标准，采取有针对性的控制方法和检验方法，还要对施工现场进行不定期的检查，加强质量标识管理，将施工中对工程质量产生影响的因素彻底消除，使建筑施工质量全程处在受控的状态。

（2）工程质量验收管理

建筑工程质量验收要全面遵循国家规定的质量验收标准，对各工程环节进行质量验收，首先对工程项目进行自检，然后由质检专员对工程项目进行评审，最后由建设单位和监理单位进行验收，全部验收合格后要做好检验记录并备案。

（3）创优工程管理

建筑施工企业的创优工程管理，可以通过制订年度创优计划的方式，实行创优工程评定、工程申报、工程预检和迎检等工作，实施精品工程生产线，运用阶段考核、目标管理、精品策划等精品工程生产线理论，使每一道施工工序的质量都得到保证，创建客户放心满意的优质工程。

（4）质量综合管理

在工程项目质量总监例会中对项目质量信息进行讨论研究，及时分析建筑工程的质量动态情况，并提出有建设性的意见。定期统计、整理、上报工程质量情况，根据各项工程的质量报告进行分析，并积极采取有效的整改措施，跟踪质量整改的执行情况，提高建筑工程的质量管理水平。在建筑工程施工中如出现质量事故，要积极组织各部门人员对质量事故情况进行分析，执行解决对策，检查质量整改是否全面落实，将质量事故各项事宜妥善处理。

3. 建筑施工企业安全管理标准化

安全生产是建筑施工企业长期发展的重要途径，也是企业生产经营的重要内容。高空作业和流动性是建筑工程施工最为显著的特点，加之建筑工程施工的主要劳动力是以农民工为主的，建筑行业与其他行业相比较安全事故发生率较高。建筑施工企业不仅是总承包合同的履约者，同时还是工程项目生产作业的组织者和实施者，正是建筑施工企业的多个身份，决定了建筑施工企业要对安全生产作业负有重要责任。按照建筑工程安全管理实施的顺序和职能划分，安全管理包括以下几方面内容：第一，安全综合管理。安全综合管理应根据相关法律法规获取和识别，识别和评价工程项目施工中存在的危害，加以控制在工程安全生产方面的投入，防治职业病；第二，现场安全管理。现场安全管理包括文明安全施工管理、施工机械设备管理、安全防护方案审核、现场安全施工内容监督以及施工作业安全防护用品的管理等；第三，安全教育培训。安全教育培训是指对即将入场的施工人员和特种作业人员进行安全教育，以及施工中作业人员的再教育培训，加强施工现场的安全教育培训；第四，生产安全事故调查。生产安全事故调查处理主要指作业人员工伤办保险的认定。

建筑施工企业管理水平的高低，对于企业长久发展具有重要意义，建筑施工企业应重视起提高自身管理水平，提高建筑施工企业在合约管理、质量管理、安全管理和物资管理方面的标准化程度，从而提高企业的社会经济效益，实现企业的健康可持续发展。

二、建筑施工项目精细化管理

1. 建筑施工项目精细化管理的概念

精细化管理是一种理念，一种文化。它是源于发达国家（日本 20 世纪 50 年代）的一种企业管理理念，它是社会分工的精细化，以及服务质量的精细化对现代管理的必然要求，是建立在常规管理的基础上，并将常规管理引向深入的基本思想和管理模式，是一种以最大限度地减少管理所占用的资源和降低管理成本为主要目标的管理方式。现代管理学认为，科学化管理有三个层次：第一个层次是规范化，第二层次是精细化，第三个层次是个性化。

精细化管理就是落实管理责任，将管理责任具体化、明确化，它要求每一个管理者都要到位、尽职。第一次就把工作做到位，工作要日清日结，每天都要对当天的情况进行检查，发现问题及时纠正，及时处理等等。

2. 建筑施工项目精细化管理的意义

精细管理的本质意义就在于它是一种对战略和目标分解细化和落实的过程，是让企业的战略规划能有效贯彻到每个环节并发挥作用的过程，同时也是提升企业整体执行能力的一个重要途径。一个企业在确立了建设"精细管理工程"这一带有方向性的思路后，重要地就是结合企业的现状，按照"精细"的思路，找准关键问题、薄弱环节，分阶段进行，每阶段性完成一个体系，便实施运转、完善一个体系，并牵动修改相关体系，只有这样才能最终整合全部体系，实现精细管理工程在企业发展中的功能、效果、作用。同时，我们也要清醒地认识到，在实施"精细管理工程"的过程中，最为重要的是要有规范性与创新性相结合的意识。"精细"的境界就是将管理的规范性与创新性最好地结合起来，从这个角度来讲，精细管理工程具有把企业引向成功的功能和可能。

项目精细化管理，就是按照系统论的观点，对涉及工程的各种因素实施全过程进行严格的无缝隙管理，形成一环扣一环的管理链，严格遵守技术规范和操作规程，优化各工序施工工艺，克服各个细节质量缺陷，从而实现对整个项目规范化、流程化和精细化的全方位管理，形成整体工程高质量，由管理精细化到施工精细化再到项目精细化。

实施工程项目管理精细化的最终目的是要建立一套科学合理的项目管理机制，提升项目的整体执行力，提高项目实施质量，有效控制工程进度和资金的使用，有效地提高企业项目运营管理能力，创造精品工程。

3. 建筑施工项目精细化管理的制度

生产要素精细化管理生产要素是产品生产过程的输入。生产要素包括：人员、机械设备、材料、施工技术和工艺、施工组织（管理）。

工程质量最终取决于在施工现场操作设备和使用材料的施工人员，因此要以人的素质保证工程的品质，要让每一位参建者明白自己所干的工作好坏对工程全局质量的至关重要性，使他们能够自觉地严格按照操作规程去做好每一件细小的事。岗前培训以及施工期间定期学习、培训应建立档案进行精细化管理。

特殊（或关键）工种管理，对于电工、焊工、垂直运输机械作业人员等国家规定的特种作业人员，施工单位应选派已取得国家有关部门颁发的特种作业操作资格证书并有同类项目施工经验、合格的人员。并应制订安全生产、文明施工、规范操作的岗位手册。

机械设备精细化管理。机械设备管理工程建设质量受到机械化水平的限制，施工机械的性能直接影响工程质量。施工单位必须落实在合同中对机械设备的承诺并满足生产的需要。建立机械设备管理台账，制订和落实机械设备使用、维修制度以及规范操作手册，并对操作人员进行操作培训，充分发挥机械设备的性能。对于国家规定需经有关部门验收许可的设备，应完备有关程序后方可使用。

4.建筑施工项目精细化管理的实施

建筑施工企业在工程建设中实行施工项目成本管理是企业生存和发展的基础和核心。加强施工项目管理，必须详细分析施工项目的生产要素，认真研究并强化其管理。具体讲主要体现在几个方面：对生产要素进行优化配置、优化组合、动态管理、合理高效利用资源，从而实现提高项目管理综合效益，促进整体优化的目的。施工系统管理应做到：确定科学、合理的施工方案与施工工艺，采取先进的技术措施，做到低投入高产出；工程施工项目的第一责任人项目经理必须具备较高的政治素质、具有较全面的施工技术知识、具有较高的组织领导能力，能充分调动广大劳动者的积极性；施工生产过程中每一环节都要进行项目成本控制。

（1）施工组织设计

要求制订完善的实施性施工组织设计，并根据工程划分制订单位工程、分部工程、分项工程实施性施工组织设计或专项施工组织设计。施工组织应得到监理工程师的批准，一旦批准必须严格执行。要合理调配各种资源，合理配置各种生产要素，采取措施对各项生产活动进行有效的组织和控制。

（2）保证体系

建立健全质量、安全自检体系、保证体系。施工单位自检体系对施工全过程、全方位进行质量跟踪控制，是质量保证体系的第一责任者，要发挥质量保证体系第一关口的作用。

（3）质量责任制

落实质量责任制，推行全面质量管理，将质量目标分解、落实到人，将质量责任分解、落实到人，并进行质量责任登记。重点做好工序质量控制，明确工序质量、安全的目标和责任人，认真做好工序交接、签字，做到每个施工环节均可追溯。

结束语

　　我国在新中国成立之后，加大了建筑业的扶持力度，不断调整政策，研发技术。在短短几十年的时间里，建筑业已然成为国民经济的命脉，成为人们物质生活的重要物质基础。建筑业的蓬勃发展也带来了激烈的竞争，各大建筑施工企业也面临着前所未有的挑战。如何能够在激烈的竞争中占据一席之地？离不开建筑施工新技术的不断发展，虽然成果丰厚，想要在当今世界建筑行业获得重要的地位，我们仍需要更加努力的研发新型技术，并将其合理利用，才能使我们蓬勃向上发展的建筑业立于百年大业。